TROPICAL FRUIT TREE CULTIVATION TECHNOLOGY

熱帶果樹栽培技術

周娜娜　王剛　編著

目　錄

第一章　熱帶果樹栽培總論 ………………………………… 1

第一節　熱帶果樹生產概述 ………………………………… 1
　　一、熱帶果樹相關概念 ………………………………… 1
　　二、熱帶果樹栽培的特點 ……………………………… 2
　　三、熱帶果樹栽培的意義 ……………………………… 2
　　四、熱帶果樹栽培的現狀 ……………………………… 3
第二節　熱帶果樹的分類 …………………………………… 4
　　一、按生長習性分類 …………………………………… 4
　　二、按種植面積分類 …………………………………… 4
　　三、按植物學分類 ……………………………………… 4
第三節　熱帶果樹的生長週期 ……………………………… 5
　　一、果樹的年週期 ……………………………………… 5
　　二、果樹的生命週期 …………………………………… 5
第四節　熱帶果樹的育苗 …………………………………… 7
　　一、實生苗 ……………………………………………… 7
　　二、嫁接苗 ……………………………………………… 8
　　三、扦插苗 ……………………………………………… 8
　　四、壓條苗 ……………………………………………… 9
　　五、分株苗 ……………………………………………… 10

六、組培苗 …………………………………………………… 10

第二章　柑橘 …………………………………………………… 12

第一節　品種類型及苗木選擇 …………………………………… 12
一、主要品種類型 ………………………………………………… 12
二、苗木選擇 ……………………………………………………… 13

第二節　園地選擇 ………………………………………………… 13

第三節　栽植 ……………………………………………………… 14
一、栽植時間 ……………………………………………………… 14
二、栽植密度 ……………………………………………………… 14
三、栽植方法 ……………………………………………………… 14

第四節　水肥管理 ………………………………………………… 15
一、水分管理 ……………………………………………………… 15
二、肥料管理 ……………………………………………………… 15

第五節　整形修剪 ………………………………………………… 17
一、整形 …………………………………………………………… 17
二、修剪 …………………………………………………………… 17

第六節　花果管理 ………………………………………………… 18

第七節　高接換種 ………………………………………………… 19
一、柑橘對高接換種樹的要求 …………………………………… 19
二、砧穗組合 ……………………………………………………… 19
三、柑橘高接換種的時期 ………………………………………… 20
四、柑橘高接換種的部位 ………………………………………… 21
五、柑橘高接換種的方法 ………………………………………… 22
六、柑橘高接換種後的管理 ……………………………………… 23

第八節　病蟲草害防治 …………………………………………… 24
一、主要病害 ……………………………………………………… 24
二、主要蟲害 ……………………………………………………… 25

三、草害 ……………………………………………………………… 28

第九節 採收 ……………………………………………………………… 28

第三章 芒果 …………………………………………………………… 30

第一節 品種介紹 ……………………………………………………… 30
一、臺農 1 號 ……………………………………………………… 30
二、金煌芒 ………………………………………………………… 31
三、貴妃芒 ………………………………………………………… 31
四、紅玉芒 ………………………………………………………… 31
五、澳芒 …………………………………………………………… 32
六、泰國芒 ………………………………………………………… 32
七、椰香芒 ………………………………………………………… 32

第二節 壯苗培育 ……………………………………………………… 33
一、培育砧木實生苗 ……………………………………………… 33
二、培育嫁接苗 …………………………………………………… 34

第三節 建園 …………………………………………………………… 35
一、園地選擇 ……………………………………………………… 35
二、果園的開墾、規劃及種植穴的準備 ………………………… 35
三、品種的選擇 …………………………………………………… 36
四、栽植 …………………………………………………………… 36

第四節 肥水管理 ……………………………………………………… 37
一、幼樹肥水管理 ………………………………………………… 37
二、結果樹肥水管理 ……………………………………………… 37

第五節 整形修剪 ……………………………………………………… 39
一、幼齡樹的整形修剪 …………………………………………… 39
二、結果樹的修剪 ………………………………………………… 40

第六節 花果管理 ……………………………………………………… 40
一、控梢技術 ……………………………………………………… 40
二、催花技術 ……………………………………………………… 42

三、保果技術 …………………………………………………… 45
　第七節　病蟲害防治 …………………………………………… 49
　　一、主要病害 …………………………………………………… 49
　　二、主要蟲害 …………………………………………………… 51
　第八節　採收 …………………………………………………… 54
　　一、成熟度判斷 ………………………………………………… 54
　　二、採摘技術 …………………………………………………… 54

第四章　龍眼 …………………………………………………… 56

　第一節　品種介紹 ……………………………………………… 56
　　一、石硤龍眼 …………………………………………………… 56
　　二、儲良龍眼 …………………………………………………… 57
　　三、大廣眼龍眼 ………………………………………………… 57
　　四、松風本龍眼 ………………………………………………… 57
　　五、古山二號龍眼 ……………………………………………… 58
　　六、靈龍龍眼 …………………………………………………… 58
　　七、立冬本龍眼 ………………………………………………… 58
　第二節　壯苗培育 ……………………………………………… 58
　　一、嫁接苗 ……………………………………………………… 59
　　二、高空壓條育苗 ……………………………………………… 63
　第三節　建園 …………………………………………………… 63
　　一、園地選擇及規劃 …………………………………………… 63
　　二、種植穴準備 ………………………………………………… 64
　　三、栽植 ………………………………………………………… 64
　第四節　土肥水管理 …………………………………………… 65
　　一、幼年樹管理 ………………………………………………… 65
　　二、成年樹管理 ………………………………………………… 66
　　三、翻犁培土 …………………………………………………… 67
　第五節　整形修剪與樹體保護 ………………………………… 67

一、整形修剪 …………………………………………… 67
　　二、培養結果母枝 ………………………………………… 69
　　三、控冬梢 ………………………………………………… 69
　　四、高接換種和衰老樹的改造 …………………………… 70
　　五、樹體保護 ……………………………………………… 71
　第六節　花果管理 …………………………………………… 71
　　一、疏花疏果 ……………………………………………… 71
　　二、保果 …………………………………………………… 73
　第七節　病蟲害防治 ………………………………………… 74
　　一、主要病害 ……………………………………………… 74
　　二、主要蟲害 ……………………………………………… 76
　第八節　採收 ………………………………………………… 78

第五章　荔枝 …………………………………………………… 80

　第一節　品種及種苗培育 …………………………………… 80
　　一、品種介紹 ……………………………………………… 80
　　二、育苗 …………………………………………………… 82
　第二節　建園 ………………………………………………… 83
　　一、園地選擇 ……………………………………………… 83
　　二、園地規劃 ……………………………………………… 84
　第三節　栽植 ………………………………………………… 84
　　一、栽植授粉樹 …………………………………………… 84
　　二、定植密度 ……………………………………………… 85
　　三、挖定植穴 ……………………………………………… 85
　　四、定植時間 ……………………………………………… 85
　　五、栽植要求 ……………………………………………… 85
　第四節　水肥管理 …………………………………………… 86
　　一、水分管理 ……………………………………………… 86
　　二、肥料管理 ……………………………………………… 86

第五節　整形修剪 …… 88
　一、幼樹的整形修剪 …… 88
　二、結果樹的整形修剪 …… 89

第六節　控梢促花 …… 90
　一、斷根 …… 90
　二、環割 …… 90
　三、螺旋環剝 …… 90
　四、化學調控 …… 91
　五、沖梢處理 …… 91

第七節　花果管理 …… 92
　一、調控花期和花量 …… 92
　二、輔助授粉 …… 92
　三、疏果 …… 92
　四、保果 …… 92
　五、防裂果 …… 93

第八節　病蟲害防治 …… 95
　一、主要病害 …… 95
　二、主要蟲害 …… 97

第九節　採收 …… 100
　一、採收期的確定 …… 100
　二、採收時間 …… 100
　三、採收方法 …… 100
　四、採後商品化處理 …… 101

第六章　蓮霧 …… 102

第一節　品種介紹 …… 102
　一、黑金剛 …… 103
　二、紅鑽石 …… 103

三、黑珍珠……104

四、中國紅……104

五、牛奶蓮霧……104

第二節　壯苗培育……104

一、高空壓條育苗……104

二、扦插苗的培育……105

三、嫁接苗的培育……105

第三節　建園……107

一、園地的選擇……107

二、果園的規劃……107

三、種植密度……107

四、整地……107

五、栽植……108

第四節　水肥管理……108

一、水分管理……108

二、肥料管理……109

第五節　整形修剪……110

一、幼樹的整形修剪……110

二、結果樹的修剪……110

第六節　花果管理……111

一、催花……111

二、疏花、疏果……114

三、果實套袋……114

四、防寒……115

五、防裂果與落果……115

第七節　病蟲害防治……116

一、主要病害……116

二、主要蟲害……119

第八節　採收 ………………………………………………… 120
　一、果實採收 ……………………………………………… 120
　二、採後商品化處理 ……………………………………… 121

第七章　毛葉棗 ………………………………………… 122

第一節　品種介紹 …………………………………………… 122
　一、品種分類 ……………………………………………… 122
　二、主要品種 ……………………………………………… 122
第二節　壯苗培育 …………………………………………… 124
　一、培育砧木實生苗 ……………………………………… 124
　二、嫁接 …………………………………………………… 124
　三、嫁接苗的管理 ………………………………………… 125
　四、苗木出圃 ……………………………………………… 125
第三節　建園 ………………………………………………… 125
　一、園地的選擇 …………………………………………… 125
　二、園地的開墾 …………………………………………… 125
　三、栽植 …………………………………………………… 126
第四節　水肥管理 …………………………………………… 128
　一、水分管理 ……………………………………………… 128
　二、肥料管理 ……………………………………………… 128
第五節　整形修剪 …………………………………………… 130
　一、整形 …………………………………………………… 130
　二、修剪 …………………………………………………… 130
　三、搭架固枝 ……………………………………………… 131
第六節　花果管理 …………………………………………… 132
　一、產期調節 ……………………………………………… 132
　二、疏果 …………………………………………………… 133
　三、果實套袋 ……………………………………………… 133

第七節　病蟲害防治……………………………………… 133
　一、主要病害……………………………………………… 133
　二、主要蟲害……………………………………………… 135
第八節　採收……………………………………………… 136
　一、採收時間……………………………………………… 136
　二、採收方法……………………………………………… 136
　三、採後處理……………………………………………… 137

第八章　番石榴 ……………………………………… 138

第一節　品種介紹………………………………………… 138
　一、主要種類……………………………………………… 138
　二、主要品種……………………………………………… 139
第二節　壯苗培育………………………………………… 140
　一、實生苗培育…………………………………………… 140
　二、嫁接育苗……………………………………………… 141
　三、高空壓條育苗………………………………………… 141
　四、扦插育苗……………………………………………… 141
第三節　建園……………………………………………… 142
　一、園地選擇……………………………………………… 142
　二、種植穴準備…………………………………………… 142
　三、栽植…………………………………………………… 143
第四節　肥水管理………………………………………… 143
　一、肥料管理……………………………………………… 143
　二、水分管理……………………………………………… 145
第五節　整形修剪………………………………………… 146
　一、整形…………………………………………………… 146
　二、修剪…………………………………………………… 146
第六節　花果管理………………………………………… 147

一、產期調節 …………………………………………………… 147
　　二、疏花 …………………………………………………………… 148
　　三、疏果 …………………………………………………………… 148
　　四、套袋 …………………………………………………………… 148
　第七節　病蟲害防治 ………………………………………………… 148
　　一、主要病害 …………………………………………………… 148
　　二、主要蟲害 …………………………………………………… 150
　第八節　採收 ………………………………………………………… 152
　　一、採收期的確定 ……………………………………………… 152
　　二、採收時間 …………………………………………………… 152
　　三、採收工具 …………………………………………………… 152
　　四、採收方法 …………………………………………………… 152
　　五、選果 ………………………………………………………… 152
　　六、分級 ………………………………………………………… 153

第九章　椰子 ………………………………………………………… 154

　第一節　品種介紹 …………………………………………………… 154
　　一、高種椰子 …………………………………………………… 154
　　二、矮種椰子 …………………………………………………… 154
　　三、中間類型椰子 ……………………………………………… 155
　第二節　種苗培育 …………………………………………………… 156
　　一、選種果 ……………………………………………………… 156
　　二、種果催芽 …………………………………………………… 156
　　三、育苗 ………………………………………………………… 157
　第三節　園地選擇 …………………………………………………… 158
　第四節　栽植 ………………………………………………………… 159
　　一、栽植密度 …………………………………………………… 159
　　二、栽植苗齡 …………………………………………………… 159

三、栽植時間……………………………………………… 159
　　四、栽植方法……………………………………………… 159
　第五節　幼齡椰園管理…………………………………………… 160
　　一、護苗補苗……………………………………………… 160
　　二、水肥管理……………………………………………… 162
　　三、椰園除草……………………………………………… 162
　　四、幼齡椰園間作………………………………………… 162
　第六節　成齡椰園管理…………………………………………… 162
　　一、椰園清理……………………………………………… 162
　　二、中耕培土……………………………………………… 163
　　三、施肥…………………………………………………… 163
　　四、椰子樹間作與多層栽培……………………………… 164
　　五、椰園種養……………………………………………… 165
　第七節　老樹更新………………………………………………… 166
　第八節　病蟲害防治……………………………………………… 166
　　一、病害…………………………………………………… 167
　　二、蟲害…………………………………………………… 170
　第九節　採收……………………………………………………… 175

第十章　香蕉 …………………………………………………… 176

　第一節　主要種類和品種………………………………………… 176
　　一、香蕉類型及品種……………………………………… 176
　　二、大蕉類型……………………………………………… 179
　　三、粉蕉類型……………………………………………… 180
　　四、龍牙蕉及其他優稀類型……………………………… 181
　第二節　壯苗培育………………………………………………… 182
　　一、吸芽苗………………………………………………… 182
　　二、塊莖苗………………………………………………… 183

三、組織培養苗……………………………………………………183

第三節 建園……………………………………………………184
一、蕉園選址………………………………………………………184
二、整地……………………………………………………………184
三、栽植時期………………………………………………………185
四、栽植密度………………………………………………………185

第四節 水肥管理………………………………………………186
一、水分管理………………………………………………………186
二、肥料管理………………………………………………………187

第五節 植株管理………………………………………………189
一、割葉……………………………………………………………189
二、除芽……………………………………………………………189
三、防倒……………………………………………………………190
四、災後管理………………………………………………………190
五、採後砍蕉………………………………………………………191

第六節 花果管理………………………………………………191
一、校蕾和斷蕾……………………………………………………191
二、防曬……………………………………………………………192
三、抹花……………………………………………………………192
四、疏果……………………………………………………………193
五、果穗套袋………………………………………………………193
六、促進果實膨大…………………………………………………193

第七節 病蟲害防治……………………………………………194
一、主要病害………………………………………………………194
二、主要蟲害………………………………………………………196

第八節 採收……………………………………………………196
一、採收時間………………………………………………………196
二、採收方法………………………………………………………197

三、採後處理與包裝 …… 198
四、適宜的儲運條件 …… 198
五、香蕉催熟 …… 198

第十一章　鳳梨 …… 200

第一節　品種類型 …… 200
一、種類 …… 200
二、主要品種 …… 201

第二節　種苗培育 …… 203
一、小苗培育 …… 203
二、延留柄上托芽和延緩更新期育苗 …… 203
三、植株挖生長點育苗 …… 204

第三節　園地選擇 …… 204

第四節　栽植 …… 205
一、整地 …… 205
二、種苗處理 …… 205
三、定植密度 …… 206
四、定植 …… 206

第五節　幼齡鳳梨園的管理 …… 207
一、肥料管理 …… 207
二、除草 …… 207
三、培土 …… 207
四、覆蓋 …… 208
五、水分管理 …… 208

第六節　投產園的管理 …… 208
一、肥料管理 …… 208
二、中耕培土 …… 209
三、催花 …… 209

四、壯果 …………………………………………………………… 211

五、催熟 …………………………………………………………… 211

六、頂芽和裔芽管理 ……………………………………………… 211

七、果實防曬 ……………………………………………………… 212

第七節　病蟲害防治 ………………………………………………… 212

一、主要病害 ……………………………………………………… 211

二、主要蟲害 ……………………………………………………… 216

第八節　採收 …………………………………………………………… 217

一、成熟度 ………………………………………………………… 217

二、採收時期 ……………………………………………………… 218

三、採收方法 ……………………………………………………… 218

第十二章　火龍果 …………………………………………………… 220

第一節　品種介紹 ……………………………………………………… 220

一、大紅 …………………………………………………………… 220

二、金都1號 ……………………………………………………… 221

三、蜜紅 …………………………………………………………… 221

四、粵紅3號 ……………………………………………………… 221

五、雙色1號 ……………………………………………………… 221

六、紅冠1號 ……………………………………………………… 221

七、桂紅龍1號 …………………………………………………… 222

八、美龍1號 ……………………………………………………… 222

第二節　壯苗培育 ……………………………………………………… 222

一、扦插育苗 ……………………………………………………… 222

二、嫁接育苗 ……………………………………………………… 223

第三節　建園 …………………………………………………………… 225

一、園地選擇 ……………………………………………………… 225

二、果園的開墾及種植穴的準備 ………………………………… 225

三、架式選擇 ……………………………………………… 225

　　四、栽植 …………………………………………………… 226

第四節　肥水管理 …………………………………………… 226

　　一、肥料管理 ……………………………………………… 226

　　二、水分管理 ……………………………………………… 227

第五節　整形修剪 …………………………………………… 228

　　一、摘心整形 ……………………………………………… 228

　　二、修剪枝條 ……………………………………………… 228

第六節　花果管理 …………………………………………… 229

　　一、間種與人工授粉 ……………………………………… 229

　　二、疏花蕾 ………………………………………………… 229

　　三、摘除花筒 ……………………………………………… 229

　　四、人工補光促花技術 …………………………………… 230

第七節　病蟲害防治 ………………………………………… 231

　　一、主要病害 ……………………………………………… 231

　　二、主要蟲害 ……………………………………………… 233

第八節　採收 ………………………………………………… 235

第十三章　百香果 …………………………………… 236

第一節　品種介紹 …………………………………………… 236

　　一、臺農1號 ……………………………………………… 236

　　二、紫香1號 ……………………………………………… 236

　　三、滿天星 ………………………………………………… 237

　　四、黃金芭樂 ……………………………………………… 237

第二節　壯苗培育 …………………………………………… 237

　　一、實生苗 ………………………………………………… 237

　　二、扦插苗 ………………………………………………… 238

　　三、嫁接苗 ………………………………………………… 239

第三節　建園············ 241
　一、選地············ 241
　二、種植方式·········· 241
　三、架式搭建·········· 241
　四、栽苗············ 242
第四節　水肥管理·········· 243
　一、水分管理·········· 243
　二、肥料管理·········· 243
第五節　整形修剪·········· 244
　一、幼樹的整形修剪······· 244
　二、結果樹的修剪········ 245
第六節　花果管理·········· 246
　一、授粉············ 246
　二、疏花············ 246
　三、疏果············ 247
第七節　病蟲害防治········· 247
　一、主要病害·········· 247
　二、主要蟲害·········· 249
第八節　採收············ 250

第十四章　番木瓜············ 252

第一節　品種介紹·········· 252
　一、穗中紅··········· 253
　二、日升············ 253
　三、臺農2號·········· 253
　四、華抗2號·········· 253
　五、穗優2號·········· 254
　六、嶺南種··········· 254

七、穗黃……254
八、中白……254
九、紅日 2 號……255
十、美中紅……255
第二節　種苗培育……255
一、苗圃地選擇及苗床準備……255
二、營養土配製及裝袋（杯）……256
三、種子處理及播種育苗……256
四、苗期管理……256
第三節　園地選擇與整地……258
一、園地選擇……258
二、整地……258
第四節　栽植……258
一、栽植時間……258
二、栽植方法……259
三、補苗……259
第五節　水肥一體化技術……260
一、微噴灌裝置……260
二、施肥原則……260
三、施肥方法……260
四、肥料配比……261
五、水分管理……261
第六節　植株管理……262
一、定苗……262
二、矮化植株……262
三、除枯葉、摘側芽……263
四、人工輔助授粉……263
五、疏花疏果……263

六、防風 …………………………………………………………… 263

第七節　病蟲害防治 …………………………………………… 264
一、主要病害 …………………………………………………… 264
二、主要蟲害 …………………………………………………… 268

第八節　採收 …………………………………………………… 270
一、採收適期 …………………………………………………… 270
二、採收方法 …………………………………………………… 270

第十五章　無花果 …………………………………………… 272

第一節　品種類型 ……………………………………………… 272
一、無花果的類型 ……………………………………………… 272
二、無花果的品種 ……………………………………………… 273

第二節　培育壯苗 ……………………………………………… 275
一、扦插繁殖 …………………………………………………… 276
二、分株繁殖 …………………………………………………… 277
三、壓條繁殖 …………………………………………………… 278
四、嫁接繁殖 …………………………………………………… 272

第三節　園地選擇 ……………………………………………… 272
一、園地選擇 …………………………………………………… 272
二、整地 ………………………………………………………… 272
三、選苗 ………………………………………………………… 279
四、移栽 ………………………………………………………… 279
五、搭建綁枝支架 ……………………………………………… 279

第四節　水肥管理 ……………………………………………… 280
一、水分管理 …………………………………………………… 280
二、肥料管理 …………………………………………………… 280

第五節　整形修剪 ……………………………………………… 281
一、疏枝 ………………………………………………………… 281
二、摘除老葉 …………………………………………………… 281

三、摘心……281

　　四、重剪……282

第六節　病蟲草害防治……282

　　一、病害……282

　　二、蟲害……285

　　三、飛鳥……287

　　四、草害……287

第七節　採收……287

第十六章　黃皮……289

第一節　品種介紹……289

　　一、主要種類……289

　　二、主要品種……289

第二節　壯苗培育……291

　　一、砧木苗的培育……292

　　二、接穗採取……292

　　三、嫁接……293

　　四、嫁接後的管理……294

第三節　建園……295

　　一、園地的選擇及開墾……295

　　二、合理密植……295

第四節　肥水管理……296

　　一、幼齡樹施肥……296

　　二、結果樹施肥……296

　　三、排灌水……297

第五節　整形修剪……297

　　一、幼齡樹的整形修剪……297

　　二、結果樹的修剪……297

三、老樹修剪更新 …………………………………………… 298
第六節　花果管理 …………………………………………… 298
一、調整花期 ………………………………………………… 298
二、疏花 ……………………………………………………… 299
三、疏果 ……………………………………………………… 299
四、保果 ……………………………………………………… 299
第七節　病蟲害防治 ………………………………………… 300
一、主要病害 ………………………………………………… 300
二、主要蟲害 ………………………………………………… 301
第八節　採收 ………………………………………………… 302
一、採摘時間和方法 ………………………………………… 302
二、初結果樹採收 …………………………………………… 302
三、盛果期結果樹採收 ……………………………………… 302
四、即採摘即銷售 …………………………………………… 303

第一章 熱帶果樹栽培總論

第一節 熱帶果樹生產概述

一、熱帶果樹相關概念

1. 熱帶果樹

木本植物是指植物的莖內木質部發達、質地堅硬，一般直立，壽命長，能多年生長，與草本植物相對應。人們常將前者稱為樹，後者稱為草。果樹是能夠生產可食用的果實或種子，以及用作砧木的木本或多年生草本植物的總稱。適合在熱帶地區生長，有穩定的產量和品質表現的果樹，稱為熱帶果樹。熱帶果樹一般為多年生木本植物，如芒果、龍眼、荔枝等常綠喬木，生產上進行了樹形的矮化；少數為多年生的草本植物，如香蕉、鳳梨、番木瓜等，生產上栽培年限較短。木本熱帶果樹生產中經常需要嫁接苗，用於果樹嫁接中的砧木，也屬於果樹的範疇。熱帶果樹的種類比較多，生產週期長，呈季節性供應，目前多集約化經營，產品主要利用形式為鮮食。

2. 熱帶果樹栽培技術

熱帶果樹栽培技術主要研究熱帶果樹生長發育規律及其與環境條件的關係，是從果樹育苗開始，經過建園、栽植、田間管理等，獲得果實的整個過程。其基本任務是培育豐產、優質的熱帶果樹，獲得低成本、高效益的回報，滿足國內外市場對乾鮮果品及其加工

製品的需要。與其他地區的果樹栽培技術差異比較大，尤其是花果期調控技術研究的空間大，病蟲害相對比較嚴重。

3. 熱帶果樹產業

熱帶果樹產業是熱帶果樹生產鏈條的延伸，以果品升值、經濟增效為核心，包括果品的儲藏、加工、運輸、銷售等各個環節的相互銜接。熱帶果樹實現產業化發展的基本特徵是面向市場，形成某一品牌或品種行業優勢，進行規模化經營和集約化管理，實施果品產業內生產、加工、流通和銷售等鏈條上的銜接分工，以龍頭企業帶動和配套服務為依託，做到市場化運作。目前存在的產業化運作模式有：種植戶＋公司＋市場，種植戶＋合作社＋市場，或種植戶＋合作社＋公司＋市場。透過這些模式形成農工貿、產加銷一體化。

二、熱帶果樹栽培的特點

熱帶果樹栽培範圍有限。中國的熱帶地區包括海南全省、廣東省雷州半島、雲南省西雙版納州和紅河州南部等，占國土面積的 0.91％。在這些熱帶地區正常生長、能產生較高經濟效益的果樹，栽培特點與其他地區差別較大，果樹的田間管理時間較長，水果的風味獨特，在早期效益低，生產轉型慢。熱帶地區的乾濕季明顯，一年四季溫度適宜，所以病蟲害防治的難度大。但是熱帶地區的果樹花果期可調控時間長，提高管理技術並精細管理，容易實現鮮食水果的週年均衡供應，以保障果品有效供給。

三、熱帶果樹栽培的意義

熱帶果樹栽培具有很高的經濟效益，其成熟採收時間與溫帶水果不同，可以進行反季節栽培，可鮮食可加工，可內銷可出口，起著繁榮市場、拉動經濟的作用。熱帶水果具有很高的營養價值，果品富含脂肪、蛋白質、醣類、礦物質、維他命、膳食纖維和植物色素等營養物質，是生活中必不可少的食品之一。部分熱帶水果擁有

藥用和醫療保健價值，如荔枝、龍眼可以補氣養血，香蕉可以潤腸通便降血壓等。熱帶水果也產生一般植物所具有的生態環境效益，可綠化、美化、淨化環境，也可改善生態條件，還具有吸納富餘勞動力、觀光旅遊等社會功能。

四、熱帶果樹栽培的現狀

中國熱帶水果種類繁多，風味獨特，營養價值高，深受消費者喜愛。海南省屬於熱帶地區，熱帶水果豐富，海南水果產量逐年增加。海南主要生產的水果有香蕉、鳳梨、芒果、荔枝、龍眼、柑橘等。隨著經濟發展，人們對熱帶果樹的需求越來越大，海南省熱帶果樹的種植面積也逐漸增加。2019－2021年海南省部分果樹種植面積及總產量見表1-1。

表1-1 2019－2021年海南省部分果樹種植面積及產量

	年分	香蕉	鳳梨	芒果	龍眼	柑橘	火龍果
種植面積（萬 hm²）	2019	3.37	1.28	5.25	0.66	0.39	0.41
	2020	3.11	1.39	5.56	0.69	0.58	0.56
	2021	3.14	1.25	5.83	0.67	0.64	0.80
總產量（萬 t）	2019	122.21	44.81	67.58	5.47	8.32	21.07
	2020	112.50	47.38	76.27	6.08	14.59	24.63
	2021	116.02	45.08	82.99	5.48	14.11	30.91

隨著面積的增大，熱帶果樹的栽培技術水準也越來越高，基本實現了水肥一體化、專業化和規模化管理。如無病毒苗木培育、綠色生產、設施栽培、平衡施肥、節水灌溉、果實套袋、化學調控、採後保鮮等都趨於現代化。但是生產上還存在一些問題，如季節性和地域性過剩現象、果品品質和安全問題等，需要具體解決。

熱帶果樹的發展還面臨一些其他問題，如果品品質不高、產業深加工落後、水果產業化水準低、品牌意識不強等。為解決上述問

題，應不斷優化水果品種結構，合理調整生產布局，發展水果加工業，提高產品附加值，加強品質安全建設，促進國際交流合作，培育大型龍頭企業，加快海南水果產業化，加強水果品牌建設，努力提高行銷水準，加快熱帶地區物流發展，為果品運輸提供便利。

第二節　熱帶果樹的分類

一、按生長習性分類

熱帶果樹按生長習性可分為喬木果樹、灌木果樹、藤本果樹和草本果樹。其中喬木果樹有明顯的主幹，樹體高大，如芒果、荔枝、龍眼等；灌木果樹的樹冠低矮，無明顯主幹，從地面分枝呈叢生狀，如無花果、火龍果等；藤本果樹的莖細長，蔓生不能直立，必須依靠支持物才能生長，如百香果、葡萄等；草本果樹具有多年生的草質莖，如香蕉、鳳梨、番木瓜等。

二、按種植面積分類

根據種植面積進行分類，熱帶果樹可以分為大宗熱帶果樹和特色熱帶果樹。大宗熱帶果樹包括香蕉、荔枝、龍眼、芒果、鳳梨、柑橘等。特色熱帶果樹包括楊桃、火龍果、番木瓜、蓮霧、黃皮、波羅蜜、紅毛丹、西番蓮等。

三、按植物學分類

按植物學分類，熱帶果樹分為裸子植物門熱帶果樹和被子植物門熱帶果樹，其中被子植物門的雙子葉植物中有薔薇科的枇杷，藝香科的柑橘類、黃皮等，無患子科的龍眼、荔枝、紅毛丹等，桃金孃科的番石榴，番木瓜科的番木瓜，漆樹科的芒果，西番蓮科的西番蓮；被子植物門單子葉植物中有鳳梨科的鳳梨、芭蕉科的香

蕉、棕櫚科的椰棗等。

還可以按生態適應性分類，熱帶果樹分為一般熱帶果樹和真正熱帶果樹。一般熱帶果樹，如鳳梨、香蕉、番木瓜、椰子、番石榴等；真正熱帶果樹，如山竹、榴槤、腰果等。

第三節　熱帶果樹的生長週期

一、果樹的年週期

果樹的年週期是指果樹在一年中隨四季氣候變化而變化的生命活動過程，也稱為年生長週期。果樹隨著季節的變化，有規律地進行萌芽、抽梢、開花、結果、落葉、休眠等生長發育活動。熱帶果樹地上部各器官對氣候變化的反應，在形態和生理上表現出顯著的特徵，即物候規律。一般果樹的物候期，可分為：根系活動期、芽膨大期、萌芽期、新梢生長期、開花期、生理落果期、果實迅速生長期、果實成熟期、花芽分化期等。物候期具有一定的順序性，同時也具有重疊交錯及重演性。如同一株番木瓜果樹上有開花、抽梢、結果、花芽分化等幾個物候期重疊交錯出現。熱帶果樹的休眠期不明顯。

二、果樹的生命週期

熱帶果樹在其一生的發育過程中，都要經歷萌芽、生長、結實、衰老、死亡的過程，稱為果樹的生命週期。熱帶果樹在生產上的繁殖包括有性繁殖和無性繁殖。有性繁殖的果樹是由種子萌發長成的果樹個體；無性繁殖的果樹是指透過壓條、扦插、嫁接和組織培養等方法，利用果樹的營養器官繁殖獲得的果樹植株。熱帶果樹的一生包括幼樹期、結果期和衰老期三個階段。

1. 幼樹期

果樹從苗木定植到第一次結果為幼樹期。這個時期的果樹，植

株的生長只進行營養生長而不開花結果；在形態上表現為枝條生長直立、新梢生長量大、葉片小而薄。幼樹期的長短因果樹種類而異，同時與栽培技術有關，如蘋果、梨為3～4年，柑橘為3～5年，荔枝為4～10年。

> 幼樹期栽培技術措施：深翻擴穴，增施有機肥；合理整形，輕剪多留，增加枝量，培養樹體骨架等，以縮短幼樹期。

2. 初果期

果樹從初次結果到大量結果之前的時期稱為初果期。這個時期的果樹，生長旺盛，分枝量大；中、短果枝比例增多，長果枝比例減少；樹體從營養生長占絕對優勢向與生殖生長相平衡過渡。

> 初果期栽培技術措施：加強肥水管理，保證樹體需要；輕修剪，增加枝葉面積，使樹冠盡快達到最大營養面積，同時緩和樹勢，為提高產量創造良好的物質基礎；培養結果枝組，使樹冠增加大量的結果部位，迅速提高產量。

3. 盛果期

從果樹具有一定經濟產量開始，經過多年的高產穩產，到出現大小年現象為止，這一時期稱為盛果期。這個時期的果樹，樹冠和根系達到了最大生長限度；新梢生長緩和，發育枝減少，結果枝大量增加；全樹形成大量花芽，產量達到高峰；果實大小、形狀、品質完全顯示出品種特性。

> 盛果期栽培技術措施：加強肥水管理，保證果樹在盛果期對肥水的需要；均衡配備營養枝、結果枝和預備枝；做好疏花疏果工作，控制適宜的結果量，防止大小年現象過早出現；注意枝組和骨幹枝的更新。

4. 衰老期

果樹的產量開始明顯降低，直到幾乎沒有經濟產量，甚至部分植株不能正常結果以至死亡，這一時期稱為衰老期。這個時期的果樹，新梢數量明顯減少，結果枝越來越少，骨幹枝和骨幹根衰老死亡；結果少而且品質差；樹體的抗逆性顯著減弱。

> 衰老期栽培技術措施：進行樹體的更新復壯，培養更新枝，形成新樹冠，恢復樹勢，盡量保持經濟產量。

第四節 熱帶果樹的育苗

一、實生苗

> 凡是用種子繁殖培育的苗木都稱為實生苗，包括繁種苗、野生實生苗。

實生苗繁殖方法簡單，繁殖係數高，苗木的根系發達，對環境適應力強，生長迅速，壽命長，產量高。缺點是變異較大，結果遲。熱帶果樹的實生苗多用於嫁接苗的砧木或新品種繁育。有的樹種難以採用無性繁殖的，如椰子、番木瓜等可用實生苗作果苗栽植。

實生苗的培育，時間較長，過程包括採種、種子儲藏、播前種子處理、播種和苗期管理。通常將種子薄攤於陰涼通風處晾乾，不宜曝曬，熱帶地區全年可以播種。有些熱帶果樹的種子一經乾燥就喪失生命力，或本身種子的壽命短，不耐儲藏，必須隨採隨播或用濕沙儲藏。果樹苗期肥料用量不大，但要求較高，盡量用小苗專用肥，嚴格按包裝袋標明的資料配製。水肥要看苗情，如果苗過嫩，則延長澆水施肥間隔時間；反之，要增加澆水施肥次數。

二、嫁接苗

　　將植株的芽或枝接在另一植株上，使其癒合長成新植株的方法稱為嫁接，採用嫁接得到的苗木稱為嫁接苗。用於嫁接的芽或枝稱為接穗，提供根系的部分稱為砧木。

　　嫁接苗能保持母本樹的優良性狀，早結果，繁殖係數高；可利用砧木的抗性，擴大栽植範圍；可利用矮化砧來調節樹勢。此外，高接換種可有效進行大樹品種更新，在育種上可用於保存營養系變異，如芽變、枝變等。熱帶果樹常用的嫁接方法有芽接、枝接、根接。

　　嫁接後砧木和接穗削面形成癒傷組織，癒傷組織的細胞進一步分化，連接砧木與接穗的形成層，向內形成新的木質部，向外形成新的韌皮部，連通二者的輸導組織，癒合成新植株。影響嫁接成活的因素包括砧木和接穗的親和力、樹種與品種特性、砧木和接穗的品質及環境條件。同品種或同種間的親和力最強，嫁接最容易成活；砧穗生長充實的，營養物質含量高的，有利於癒合，嫁接成活率高。一般溫度20～25℃，空氣濕度高的條件下成活率高。過高或過低的溫度、乾旱、陰雨等都不利於嫁接苗成活。

三、扦插苗

　　將果樹的營養器官與母體植株分離，給予適宜的條件，促使其發育成一新植株的方法稱為扦插，採用扦插得到的苗木稱為扦插苗。用作繁殖的材料（營養器官）稱為插條。

　　根據扦插材料的不同，扦插可分為枝插和根插。枝插最常用，包括硬枝扦插和綠枝扦插。硬枝扦插是指用木質化的一年生或多年生枝條進行扦插，常用在葡萄、無花果、石榴等果樹上；綠枝扦插又稱嫩枝扦插、帶葉扦插，是利用當年生尚未木質化或半木質化的

新梢在生長期進行扦插,如百香果、火龍果可採用綠枝扦插。

　　選取枝條健壯、腋芽飽滿的枝條作插條,隨採隨插。插條的長度一般是 10～20 cm,有 3～4 個芽,上切口為平口,離最上面一個芽 1 cm 左右,距離太近插穗上部易乾枯,影響發芽;下切口可用平切口、單斜切口、雙斜切口及踵狀切口等,平切口生根均勻,斜切口常形成偏根,但斜切口與基質接觸面積大,利於形成面積較大的癒傷組織。插條上可以保留葉片 1～2 枚,大葉片可剪去 1/3～1/2,以減少蒸騰。插條長度的 1/3～1/2 埋入基質,保持基質濕潤,並遮光和保濕 1～2 週,成活後及時去除覆蓋物。

四、壓條苗

> 　　壓條是指在枝條不與母株分離的狀態下,壓入土中,使其生根後,再與母株分離,成為獨立植株的繁殖方法。採用壓條得到的苗木,稱為壓條苗。

　　壓條的方法有普通壓條、水平壓條、培土壓條和空中壓條等。普通壓條和水平壓條,可在枝條生根的部位環剝或刻傷,用樹杈等固定並覆土,頂端芽露出地面繼續生長;土壤保持濕潤,並利用摘心等措施,控制新梢旺長,促使埋入土中的部位生根。水平壓條法的繁殖係數較高。培土壓條時,將枝條基部環剝或刻傷,多次培土使其生根,起苗時,撥開土堆,從新梢基部靠近母株處剪斷,分出帶根系的小植株。此法操作簡單,但繁殖係數較低。

　　空中壓條法在整個生長季節都可以進行,春季和雨季最易成活。在母株上選擇生長健壯的 2～3 年生枝條,進行環剝或環割,用塑膠薄膜或營養缽套在傷口處,下方紮緊,使包裝材料呈漏斗狀,填入濕度為手捏成團但無水流出的基質,稍加壓實,紮緊上部。2～3 月後觀察,發根則剪離分株。不易彎曲埋土壓條的果樹,如荔枝、龍眼、柑橘、枇杷、人心果、酪梨等,常用此法進行壓條

繁殖。此法技術簡單，成活率高，但對母株傷害大。

五、分株苗

> 利用果樹的根蘗、吸芽、匍匐莖等生根後，與母株分離進行栽植的育苗方法稱為分株。採用分株繁殖得到的苗木，稱為分株苗。

分株繁殖方法包括根蘗分株法、吸芽分株法和匍匐莖分株法。

根蘗分株法，如石榴等果樹在自然條件或外界刺激下可以產生大量的不定芽，這些芽長出新枝、新根後，剪離母體成為一個獨立植株，又稱為根蘗苗。

吸芽分株法簡單，可獲得健壯種苗，香蕉、鳳梨等果樹在生產上常用。吸芽具有完整的根莖葉，與母株分離後即可成活。

有些果樹的地下莖的腋芽在生長季節能夠萌發出一段匍匐莖。匍匐莖的節位上能夠長出地上部分和新生根，剪斷匍匐莖栽植，長成新苗木，稱為匍匐莖分株法。

熱帶地區一般全年均可分株栽植，雨季開始時分株栽植成活和生長較佳。

六、組培苗

> 組培育苗是指透過無菌操作，把植物的葉、莖、花藥等器官或組織作為外植體接種在人工培養基上，在適宜的環境條件下進行離體培養，使其發育成完整植株的過程。由於該過程是在脫離母體條件下的試管內完成，因此又稱為離體苗培育或試管苗培育。
> 利用組織培養技術進行果樹繁殖的方法，又稱為微體繁殖。

組培育苗用材少、繁育週期短、繁殖率高、培養條件可人為控

制、可實現週年供應。同時，組培育苗管理方便，有利於工廠化生產和自動化控制。

　　部分熱帶果樹如香蕉、鳳梨等，利用營養體進行無性繁殖，經過數代繁殖之後，生產力下降，而且容易感染病毒，造成產量下降，果實小，品質變劣。而番木瓜等果樹雖然可以採用種子繁殖，但是植株分雌雄，不便於後期管理。透過組織培養的方法可以克服傳統育苗方法中存在的問題，具有育苗速度快、便於大規模生產種苗、種苗健壯、生長整齊的特點。而且，由於在組織培養脫分化過程中恢復了組織的胚性生長，重新分化得到的幼苗具有像實生苗一樣的生產力。組培苗生長旺盛，產量高，果實大。同時，透過莖尖培養有利於去除病毒，從而減少病毒危害。

第二章 柑　　橘

> 柑橘是橘、柑、橙、金柑、柚、枳等的總稱。柑橘的種類和品種極為豐富，多不勝數。中國的柑橘分布在北緯16°~37°，海拔最高達2 600 m。全球柑橘的種植面積和產量均居百果之首，中國柑橘種植面積和產量均居世界之首。

第一節　品種類型及苗木選擇

一、主要品種類型

（一）橙類

海南省種植面積較大的甜橙品種有瓊中綠橙、澄邁福橙、白沙紅心橙、臨高皇橙等。果實近圓形，果皮綠色至黃綠色，果肉橙黃色，有核，汁多，化渣，甜酸適度。

（二）橘類

海南青金桔，又名酸橘、青橘、山橘、年橘、綠橘，海南人俗稱公孫橘、橘仔，為海南本地野生種，是藝香科常綠小喬木，味極酸，多用於作料，一般不鮮食。

（三）柚類

熱帶地區種植的品種類型主要有沙田柚、琯溪蜜柚、儋州蜜柚、海口蜜柚等。果實個大肉厚，香甜可口，汁多。

（四）檸檬

常見的檸檬主要分為黃檸、青檸、香水檸檬三種類型，主栽品種有香水檸檬、臺灣青檸、萬寧檸檬、海南青檸檬、手指檸檬等。

二、苗木選擇

熱帶地區栽培柑橘，用於嫁接苗的砧木可以選擇江西贛南臍橙、江西紅橘、四川紅橘或廣東酸橘、紅檸檬、酸柚等，其直根系較強，水平根少，抗旱、耐熱、抗病能力強；樹較高大強壯，豐產且後勁足，適合熱帶海洋季風氣候。

砧木對接穗的生長勢有明顯影響。矮化砧、半矮化砧主要用於密植以提高果樹的早期產量，但是後期易出現黃化或者其他問題。喬化砧主要用於生長勢較弱的接穗品種，或在比較貧瘠、缺水的土壤上應用，結果比較晚，但喬化砧往往主根發達，水肥吸收能力強，植株後期表現良好。

柑橘的嫁接苗選用主幹粗度在 0.8 cm 以上，嫁接口離地面 5 cm 以上，分枝 2～3 枝，分枝長 15 cm，苗高 35 cm 以上，枝葉健全，根系發達，葉色濃綠，砧穗接合部的曲折度不大於 15° 的苗木。

第二節　園地選擇

熱帶地區柑橘建園要求土壤土層深度在 60 cm 以上，有機質含量在 1.5% 以上，土壤 pH 5.5～6.5，果園坡度低於 25° 的平地或緩坡。建園前勘測可供水源和供水量，園地規劃時應有必要的道路、排灌、蓄水和附屬建築設施。在具體規劃時，平地有積水的採用深溝高畦種植，1～4 行挖一條深溝，溝深 ≥1 m；不積水的採用

起畦種植，畦面高 40～50 cm、寬 250～300 cm；緩坡採取環山行等高梯田方式種植，臺面寬 2.5～3.0 m，內傾斜 3°～5°，平臺行間 4.5～5.0 m，梯壁面開背溝，背溝深 30～40 cm、寬 60～80 cm。

第三節　栽　　植

一、栽植時間

柑橘在熱帶地區一年四季均可栽植，一般在春、秋季栽植，以秋季栽植效果較好。秋季栽植一般在 8 月下旬至 9 月上旬，春季栽植在 2～3 月。

二、栽植密度

根據植株大小，柑橘的株行距為 2 m×3 m 或 3 m×（4～5）m。瓊中綠橙和萬寧檸檬每公頃栽 700 株左右，儋州蜜柚每公頃栽 800 株左右，海南青金桔每公頃栽 900 株左右。

三、栽植方法

栽植柑橘前 1 個月，挖好定植穴，定植穴長、寬、深為 80 cm×80 cm×80 cm。每個定植穴施腐熟有機肥 25～50 kg 和過磷酸鈣 2 kg，肥料與表土拌勻放入穴內，回填的土高出地面 10～20 cm。

栽植時，在定植穴上深挖 25～30 cm，將苗木放入定植穴中央，舒展柑橘的根系，填入細土 2/3 時，輕輕向上提苗扶正，後填土至滿，輕踏實，使根系與土壤密接，澆足定根水。栽植深度與在苗圃時相同，嫁接口露出地面 3～5 cm。

第四節　水肥管理

一、水分管理

　　苗木定植後隨時灌水，保持土壤濕潤，促發新根，確保苗木的成活率。新梢萌動期出現乾旱時要及時灌溉，以滿足新梢萌芽、生長所需的水分。灌溉可結合施肥進行。柑橘園最忌積水，雨季及時排水，旱季適時灌水，避免發生爛根或地上部生長受抑制。

二、肥料管理

(一) 肥料選擇

　　肥料種類很多，除了市面上合格適用的無機複合肥、無機複混肥、無機單位肥、生物肥、葉面肥以外，還有綠肥、餅肥、泥肥、沼氣肥、漚肥、廄肥、人畜糞尿等有機肥。

> **溫馨提示**
>
> 　　柑橘是忌氯作物，對其禁止使用任何含氯肥料。在處理有機肥時，一定要在高溫發酵腐熟的情況下才能施用。

(二) 施肥方法

　　以土壤施肥為主，配合葉面施肥。採用環狀溝施、條溝施、穴施、水肥澆施和葉面噴施等方法。種植當年，根系生長尚弱，遠施根系吸收不到養分，近施或深施容易鬆動根系，影響植株成活，最好採用水肥澆施。澆施前在樹幹周圍淺鬆土 1～2 cm，防止肥水流失，提高肥水利用率。種植後第 2 年起，採用環狀溝施或條溝施，化肥採用淺溝施，溝深 15～20 cm，農家肥、餅肥等有機肥採用深

溝施，溝長、寬、深為 100 cm×(50～70) cm×60 cm。在樹冠滴水線處挖溝，溝挖好後，將肥料均勻撒在施肥溝裡，並與土拌均勻，然後覆土。在根系施肥的基礎上，用 0.3% 尿素、0.2% 磷酸二氫鉀或含有多種微量元素的葉面肥等，單獨或配合農藥進行根外追肥。

成年的柑橘樹還採用擴穴法進行深翻改土，挖深 0.6 m、寬 0.5～0.7 m、長 1 m 的環狀溝或條溝，結合秋末冬初施肥，分層施入表土、有機肥、綠肥、廄肥，同時拌少量石灰和磷、鉀肥。環狀溝或條溝方向可定當年為南北方向，翌年為東西方向，透過 2～3 年全面完成深翻改土。

(三) 施肥量

為提高柑橘的果實品質，柑橘的施肥原則為：多施有機肥，合理施用無機肥，並結合葉片營養診斷科學配方施肥。尤其限制使用含氯化肥，結果樹年施氯化鉀不超過 250～500 g/株。

1. 幼樹

以氮肥為主，配合磷、鉀肥，少量多次施用。春、夏、秋梢抽生期施肥 6～8 次，分別在枝梢萌芽期及老熟期施用。頂芽自剪至新梢轉綠前增加根外追肥。1～3 年生幼樹單株年施純氮 200～400 g，氮、磷、鉀比例以 1：(0.3～0.4)：0.6 為宜。如瓊中綠橙，一般在每年的 11～12 月以施有機肥為主，適當配施磷、鉀肥，每株施有機肥 25～50 kg、複合肥 0.5～1.0 kg、鈣鎂磷肥 1～2 kg。施肥量應由少到多逐年增加。

2. 結果樹

柑橘進入結果期後，目標產果 100 kg/株，需要施純氮 0.6～0.8 kg，氮、磷、鉀之比以 1：(0.4～0.5)：(0.8～1) 為宜。微量元素肥則根據營養診斷進行施用，葉面噴施，按 0.1%～0.3% 濃度施用。每年施肥 3～4 次，分別為 2 月底或 3 月上旬萌芽前施肥 1 次，以複合肥為主；7 月中下旬施肥 1 次，以複合肥

為主；10月中下旬或12月下旬施基肥1次，以有機肥為主配合適量化肥。

每年採果後及時施足量的有機肥作為基肥，基肥中的氮施用量占全年的40%～50%，磷占全年的20%～25%，鉀占全年的30%。萌芽肥以氮、磷為主，氮施用量占全年的20%，磷占全年的40%～45%，鉀占全年的20%；壯果肥以氮、鉀為主，配合施用磷肥，氮施用量占全年的30%～40%，磷占全年的35%，鉀占全年的50%。

第五節　整形修剪

柑橘樹應適時修剪，培養主幹和主枝，形成自然圓頭形或自然開心形樹冠。田間管理時適時剪除病蟲枝條、衰弱枝條及無用枝條等。

一、整形

整形採用摘心、拉枝、撐枝、吊枝等方法，培育樹冠骨架枝。新植樹未分叉的要剪頂摘心，定主幹高度40～50 cm，在定幹剪口以下約20 cm的整形帶內，培育方位角度約120°、垂直角度約60°的3個主枝，每個主枝繼續選留2～3個副主枝，再配置側枝，形成緊湊、牢固的樹冠骨架。柑橘樹主枝方位角度和垂直角度不理想的，後續可以透過拉枝、撐枝、吊枝等方法進行調整。

二、修剪

幼齡柑橘樹修剪宜輕不宜重，修剪採用抹芽、打頂、疏剪、剪除、短截等方法，以抽梢擴大樹冠，培育增粗骨幹枝，增加樹冠枝梢葉片為主要目的。

修剪的重點：一是在夏、秋梢零星抽梢長 3～5 cm 時進行抹芽摘除，直至所要求統一放梢的時間才停止，促使一、二次夏、秋新梢多而整齊，充實樹冠，使幼樹速生快長。二是對生長過長的夏、秋梢，在生長量達到 20～30 cm、頂芽尚未木質化時，摘去樹冠外圍延長枝頂端 2～3 個芽，留 8～10 片葉，促使枝梢增粗，芽眼飽滿，有利分枝。由於頂端優勢的關係，打頂後要配合抹芽，把抽出最早、最旺的頂芽抹除，避免枝條延伸生長。三是對病蟲枝、乾枯枝、過密枝進行疏剪，以節省樹體養分及減少病蟲傳播。四是對霸王枝進行剪除，以減少樹體養分消耗。五是結合樹冠整形，對主枝、副主枝、側枝的延長枝短截 1/3～2/3，使剪口處 2～3 個芽抽生健壯枝梢，延伸生長。

第六節　花果管理

　　柑橘的幼齡樹主要以營養生長為主，管理不當時會有少量開花結果，如果不適度調控，會消耗樹體養分，影響抽梢和樹冠擴大，因此，幼齡樹必須做好控果促梢工作。

1. 以修剪抑制開花

　　冬季修剪以短截、回縮為主。花前修剪，強枝適當多留花，弱枝少留或不留，有葉單花多留，無葉花少留或不留。及時抹除畸形花、病蟲花等。還可以氮肥控花。10 月下旬至 11 月上旬，適當重施氮肥或葉面噴施 0.3％尿素液，能抑制柑橘的生殖生長，促進營養生長。

2. 促進開花

　　秋季採用環割、斷根、拉枝或施用促花劑等措施促進幼、旺樹花芽分化。柑橘樹的環割在 10 月底或採果後進行。

3. 人工疏果

第一次疏果在第一次生理落果後進行，疏除小果、病蟲果、畸形果和密弱果；第二次疏果在第二次生理落果結束後進行，根據葉果比進行疏果。適宜葉果比為（40～50）：1。

部分年分柑橘需要保花保果。適當抹除春梢營養枝，盛花期、謝花期和幼果期噴施細胞分裂素、赤黴素等保花保果劑，可以保花保果。

第七節　高接換種

一、柑橘對高接換種樹的要求

高接換種是指在樹冠的主枝或分枝上的較高部位進行嫁接，將原品種改換成良種。要進行高接換種的柑橘樹，樹體營養好，主幹和根系健康，沒有病蟲害，生長正常。接穗和砧木的親和性好。柑橘樹齡一般不超過 20 年，離地 10 cm 處的主幹直徑在 20 cm 以內。樹幹太粗，形成層活動能力差，嫁接成活率會受影響。用於高接換種的樹分枝部位要低，利於換種後控制樹冠高度。

用於嫁接的芽一定要飽滿，最好採用枝接，用於枝接的接芽長度在 1 cm 以上，以保證接芽有充足的營養，有利於接芽的成活和萌芽抽出好枝。

二、砧穗組合

柑橘高接的接穗品種與中間砧的親和力，關係到高接與換種的成敗。以枳砧尾張溫州蜜柑為砧木，高接宮川、龜井或山田接穗，其結果性能極好；高接香水橙，生長結果多年表現良好；高接椪柑，親和力強，樹姿開張，生長結果良好；高接錦橙，生長結果多年表現良好。枳砧甌柑高接早熟溫州蜜柑、椪柑，生長結果良好。

普通柚嫁接的文旦柚，普通柚、文旦柚高接錦橙、紐荷爾臍橙，生長結果良好，但果皮粗糙，果實比一般的稍大。金柑、朱紅橘和溫州蜜柑高接香櫞、檸檬生長結果表現較好。枳砧溫州蜜柑高接興津品種，結果較少，而樹勢強旺，著果率低。枳砧文旦柚、朱紅橘高接溫州蜜柑，生長緩慢，葉色不正常，長勢又差，而且親和力不好，成活率較低。

三、柑橘高接換種的時期

柑橘高接換種與柑橘苗木嫁接一樣，在整個生長期都可以進行，一般在2～3月和9～10月進行高接換種的成活率相對較高。但高接換種與小苗嫁接也有不同之處，主要是高接換種前或高接換種後去砧的樁頭大、傷口大、癒合慢，容易在高溫時乾枯爆裂，所以高接換種通常在春季去樁，切接與腹接相結合，在夏秋季進行腹接。去樁的時間在春季萌芽前。

春天土壤溫度開始上升，氣溫12℃左右，柑橘樹液開始流動，但還沒有發芽時進行高接換種，此時樹體透過根系從土壤中獲得水分、礦質營養，透過木質部運輸到地上部分供給萌芽抽梢的需求，也就是說，春季發芽前樹體本身積累的營養較多，加之樹的根系從土壤中吸收的營養，萌芽所需的營養可以得到充足的保障，對嫁接後萌芽抽梢非常有利。尤其在春梢萌發前1～3週嫁接成活率較高。7～8月高溫過後冬季低溫來臨前進行高接換種，此時氣溫仍較高，高接後傷口癒合快、成活率高，如有嫁接沒有成活的，可以在秋季及時進行補接，也可在第二年春季進行補接。

> **溫馨提示**
>
> 氣溫過低或強風濃霧、雨後土壤太濕、夏秋中午高溫烈日均不宜嫁接。

四、柑橘高接換種的部位

選擇較直立的主枝或分枝,在分枝點上方的15～20 cm處嫁接。在柑橘生產中,存在嫁接部位過低或過高的現象。有的20～30年樹齡,僅在主幹上接1～2個芽,未充分利用原來的樹冠骨架來恢復產量,且這1～2個芽接在較大的主幹上,傷口處難以癒合,接芽抽出的枝很易被風力或人力破壞。而嫁接部位過高,接芽太多,會造成樹冠長勢不良,原枝幹上萌蘗的抹除工作量很大。柑橘高接換種不僅要考慮更換品種,還要考慮充分利用高換樹的分枝,以確保高接換種後適當多抽枝梢,盡快形成豐產樹冠,實現早豐產早受益。在高接換種時,還必須考慮高接換種後要方便管理,結果後高換樹要盡可能長時間地繼續豐產穩產,延長樹的壽命。因此,在高接換種時特別要選擇好高接換種的嫁接部位。

柑橘高接換種時,接芽的多少,由樹冠的大小而定,一般成年樹距地面1.3～1.5 m為宜。1 m左右的樹冠,高接10個芽以內;2 m左右的樹冠,高接20～30個芽;3 m左右的樹冠,高接30～40個芽;4 m左右的樹冠,高接40～50個芽。樹冠的結構對嫁接的部位也有影響。樹幹較矮、分枝部位較低的樹,高接換種的部位也相對比較低;樹幹比較高,分枝相對較高,高接換種的部位也相對較高;對於樹幹較高、分枝少或沒有分枝的樹,高接換種可以選擇在一級分枝和主幹上進行。

柑橘樹高接換種時,嫁接點也要考慮。在分枝上進行嫁接時,嫁接部位距離分枝點不能太遠,以近為好。如果嫁接部位離分枝點太遠,經過幾次抽梢後,樹體內部很容易出現空膛現象,尤其對於一些生長勢強旺的品種,在沒有控制好枝梢長度的情況下更為明顯。

還要根據分枝的粗度選擇嫁接的具體位置。分枝直徑在5 cm以上的,嫁接部位離分枝點稍遠,第一個嫁接點離分枝點的距離應

控制在 20~30 cm 以內；分枝直徑在 5 cm 以下的，嫁接部位可以離分枝點近一些，第一個嫁接點可以控制在離分枝點 10~20 cm 以內。

嫁接部位選定後，嫁接點的位置盡量選擇平整光滑的地方，而且方向以向上為好，這樣嫁接後接芽處不易積水，接芽萌芽後抽出的枝也不易折斷。

> **溫馨提示**
>
> 切記不要把接芽嫁接在枝背光的一面，若包膜不嚴，水易進入而導致接芽積水腐爛。即使接芽萌發抽枝，長出的枝梢經風吹或果實重力作用等也很容易斷裂。

五、柑橘高接換種的方法

柑橘的高接換種可以用單芽腹接或切接，切接方式居多，少數也用劈接。春季以單芽切接為主，也可以用腹接法，其他季節多用腹接法。選擇充實、芽眼飽滿的枝條作為接穗。將接穗枝條從芽的下部斜向削出 60°的斜面，之後將接穗翻轉，使其平整面朝上，在芽上削去 2~3 mm 的表皮，控制好削皮操作的力度，去除的皮層不宜過厚也不宜過淺。同時需要保證一次削皮到位，不得出現重複削皮的操作，削皮力度控制在芽體表面不存在綠色為宜。如果芽體表面還存在綠色，就證明削皮力度不足，這對芽體的癒合程度和發芽率將帶來一定影響，而過度削皮也會導致芽體的成活率降低。芽體削好之後需要立即放置在事先準備好的清水盆中，避免在陽光下快速枯萎而無法進行後續的嫁接操作。

接前 1~2 d 鋸斷砧樁，使多餘水分蒸發，以免接口霉爛，也稱為截幹。用利刀將砧木修光滑，中間比四周略高，每個分接口下留一定數量的小枝作為輔養枝，接口方位應選在朝向主幹的一側較好，切忌選在外側以免結果後造成接口分裂。

放接穗時應選與砧木切面大小一致、長短適宜的接芽，務必使穗砧形成層兩側或一側對正，並緊貼，然後用寬0.7～0.8 cm、長20～25 cm的塑料薄膜帶包紮，封住嫁接部位保濕。包紮時除把接芽包紮好外，還應包紮接芽頂部有傷口部分，以防接芽乾枯，同時，樁頭切面應覆一層塑膠膜保鮮防乾，然後再用方塊塑膠膜覆蓋接芽頂端和整個樁頭，以防雨水進入，同時也防乾枯死亡。高接換種除春季切接時塑膠薄膜覆蓋保護的芽可以露出芽眼外，春季和夏秋季腹接的其他芽都不要露出芽眼，將芽全部包裹以防低溫凍害。

六、柑橘高接換種後的管理

高接換種後15 d進行田間檢查，如果接穗新鮮，葉柄脫落，說明已經成活，可將薄膜解開一部分，露出芽眼，但仍要紮緊。若接穗已枯死，應立即進行補接。春季切接宜在嫁接後30 d解除薄膜。夏季在嫁接後15 d解除薄膜。秋季在嫁接後25 d解除薄膜。春季腹接的一般在接後15 d斷幹，10月以後高接換種的要留到來年3月才能斷幹。柑橘接芽抽梢期間，要經常把砧木上的萌蘗摘除，促進養分集中供應接枝生長。新梢長至2 cm時，每個基枝保留兩三條新梢，多餘的疏去。春梢長至20～30 cm時及時摘心，夏秋梢長至25～30 cm時摘心，晚秋梢留三四片葉摘心。使基部長得粗壯，加速分枝。每砧有2個接穗的，應留強的1個，腹接和芽接傷口癒合後，第1次剪砧要離接口20 cm，待新梢停止生長後齊接口截斷，傷口塗上接蠟或其他保護劑。

高接換種後每月施肥一次，以高氮複合肥為主，根據柑橘樹體大小及長勢確定施肥量，配合施用有機肥，各次新梢停長後用0.3%尿素加0.3%磷酸二氫鉀以及其他葉面肥進行根外追肥，一年根外追肥五六次。高接換種果園主要病蟲害有炭疽病、潛葉蛾、蚜蟲和紅、黃蜘蛛等，根據情況及時防治。

第八節　病蟲草害防治

一、主要病害

（一）柑橘黑斑病

柑橘黑斑病為真菌性病害，主要危害果實，使果實品質降低，不耐儲藏。集中噴藥處理或深埋病果，徹底清理柑橘園，修剪病枝及病葉，並集中噴藥後粉碎，會降低黑斑病的發生。柑橘黑斑病只在幼果期進行侵染，防治該病要貫徹以噴藥保果為主的綜合防治措施。化學防治宜在每年4～10月進行，可使用滅病威或硫黃等噴施防治。

（二）柑橘潰瘍病

柑橘潰瘍病為細菌性病害，主要危害葉片、枝梢、果實和萼片，形成木栓化稍隆起的病斑。病害嚴重時引致葉片脫落，枝梢枯死，對柑橘品質及產量造成嚴重危害。發生率高達80％以上。

化學防治藥劑可選用27.12％鹼式硫酸銅懸浮劑500倍液，或77％硫酸銅鈣可濕性粉劑500倍液，或77％氫氧化銅水分散粒劑500倍液等。

（三）柑橘流膠病

柑橘流膠病為真菌性病害。柑橘樹長至1m左右、移栽兩三年時易發生柑橘流膠病，高溫是其主要的發病條件，夏季7～8月水分多、溫度高、陰雨天氣、施用未腐熟的人糞尿、氮肥施用過多等因素均可導致流膠病發病。由於該病有病斑，可用刀將病斑皮刮掉，然後塗抹波爾多漿、春雷黴素等藥劑進行防治；也可按照10∶1的比例配製生桐油＋硫黃粉的混合液塗抹防治。

（四）柑橘炭疽病

柑橘炭疽病為真菌性病害，危害嚴重且普遍，不僅柑橘生長期的枝、葉、果易感病，還會感染儲藏期的果實，導致果實腐爛。柑

橘感染炭疽病後會出現落葉、枯枝、落果等現象，嚴重影響柑橘的產量及品質。炭疽病的發病時間在 9～11 月，如遇多雨季節，則易發生急性炭疽病，發病後會導致果臍腐爛，影響產量及品質。可採用 80％代森錳鋅可濕性粉劑 800 倍液，或 80％波爾多液可濕性粉劑 500 倍液，或 77％氫氧化銅水分散粒劑 500 倍液等，兼防瘡痂病。7～8 月雨後立即用藥，防治效果更好。

二、主要蟲害

（一）柑橘木虱

1. 危害特點

柑橘新梢期主要害蟲，全年均可發生。成蟲將卵產在柑橘的嫩梢上，若蟲孵化後吸食嫩梢汁液，導致嫩梢畸變甚至凋萎，其分泌的白色蜜露還會引起煤煙病的發生。柑橘木虱還會傳播柑橘黃龍病，導致柑橘長勢減弱、生活力下降、產量降低、品質變劣，甚至導致植株枯萎和死亡。

2. 防治方法

保持柑橘樹通風透光，可有效降低柑橘木虱等蟲害的發生率。在春梢、夏梢、秋梢等新芽萌發至展葉時進行噴藥防治。可選用 55％氯氰·毒死蜱、15％啶蟲脒·氯氰菊酯，或 30％唑磷·毒死蜱，或 40％敵百蟲·氯氰菊酯，或 40％啶蟲脒·毒死蜱這類複配製劑；或者選用 10％氯氰菊酯、2.5％聯苯菊酯、10％吡蟲啉等單劑藥物搭配噴施。

（二）柑橘潛葉蛾

1. 危害特點

主要發生在柑橘的夏梢和秋梢期，以幼蟲潛入柑橘嫩葉及嫩莖皮下組織取食，使得葉背及嫩莖上布滿銀白色的彎曲隧道，導致被害葉片捲縮、畸形、硬脆，影響光合作用。柑橘幼樹發生尤其嚴重。

2. 防治方法

柑橘潛葉蛾只危害幼芽嫩葉。控零亂梢，促統一放梢，可有效降低柑橘潛葉蛾的發生。在新梢抽出 0.3 cm 或全園有 50% 果樹抽發新梢時開始噴藥，每隔 7～10 d 噴 1 次，每批梢噴 2～3 次，可選用 2.5% 高效氟氯氰菊酯水乳劑 4 000～6 000 倍液，或 1.8% 阿維菌素乳油 2 000～4 000 倍液，或 5% 氟啶脲乳油 1 500 倍液，或 20 g/L 氯蟲苯甲醯胺懸浮劑 200 倍液等防治。還可用蘇雲金桿菌防治。

（三）尺蠖

1. 危害特點

發生在每年的 4～6 月。以幼蟲取食柑橘葉片，導致葉片出現孔洞或只剩葉脈，形成禿枝，造成樹勢衰弱，產量降低；此外，大造橋蟲、大鉤翅尺蛾和外斑尺蠖的幼蟲還可取食幼果，幼果受害後出現孔洞，導致果實提前掉落或失去商品價值。

2. 防治方法

成蟲可利用其趨光性，在果園懸掛黑光燈或頻振式殺蟲燈誘殺，幼蟲則用藥劑噴殺。化學防治可用 2.5% 高效氯氟氰菊酯乳油 4 000 倍液，或 5% 甲維·高氯氟水乳劑 3 000 倍液，或 50% 蟲蟎·丁醚脲懸浮劑 6 000 倍液，或 30% 阿維·滅幼脲懸浮劑 1 500 倍液，或 12% 多殺·蟲蟎腈懸浮劑 2 500 倍液，或 2.2% 甲維·氟鈴脲乳油 4 000 倍液等噴霧。結合防治潛葉蛾、蚜蟲，統一用藥兼治。

（四）蟎類

1. 危害特點

危害熱帶地區柑橘的蟎類以柑橘全爪蟎、柑橘始葉蟎及柑橘鏽壁虱為主，全年均可發生，並以 11 月至翌年 5 月發生較重。蟎類以刺吸性口器刺吸葉片、嫩梢、果皮汁液，導致葉片畸形、果實鏽斑，嚴重時造成落葉，影響柑橘長勢，降低果實的產量及品質。

2. 防治方法

化學防治可使用洗柴合劑、石硫合劑、機油乳劑等農藥防治，避免使用有機磷、有機氯等汙染嚴重的農藥，挑治中心蟲株用藥。還可噴灑 20％噠蟎靈乳油 2 000～3 000 倍液，或 2％阿維菌素乳油 2 000 倍液，或 15％噠蟎靈乳油 1 500 倍液等防治。

(五) 捲葉蛾

1. 危害特點

主要發生在每年的 3～8 月。幼蟲可危害柑橘的嫩葉、花蕾和果實，常吐絲將葉捲折，或將數片葉、數個花蕾黏結在一起形成蟲苞，幼蟲躲入其中取食危害，或將葉片咬成缺刻或穿孔，影響嫩梢的生長；花蕾和幼果被鑽孔蛀害，致使花器凋萎及幼果脫落和腐爛，影響柑橘產量。

2. 防治方法

清除枯枝落葉和果園雜草。化學防治可使用 5％濃縮阿維菌素 6 000～10 000 倍液，或 2.5％溴氰菊酯 8 000～10 000 倍液均勻噴灑。一般在防治蚜蟲、蟎類時兼治，不單獨用藥，如蟲量過多，再單獨使用化學藥劑防治。

(六) 鳳蝶

1. 危害特點

主要發生在每年的 2～5 月，其幼蟲取食柑橘嫩葉及新梢，造成葉片殘缺不全，嚴重時只剩葉脈，形成禿枝，影響植株長勢，降低產量。

2. 防治方法

化學防治可採用 10％吡蟲啉可濕性粉劑 3 000 倍液，或 10％氯氰菊酯乳油 2 000～4 000 倍液，或 2.5％溴氰菊酯乳油 1 500～2 500 倍液，或 45％馬拉硫磷乳油 1 000～1 500 倍液，於幼蟲期均勻噴灑。

(七) 天牛

1. 危害特點

危害主要發生在每年的 4～11 月。天牛以其幼蟲蛀食柑橘的小

枝條，隨後沿著枝條向下蛀食直到主幹，或者在近地面蛀食樹幹和樹根，使得木質部出現蛀道，甚至被蛀空，造成葉片黃化，枝條枯死，全株長勢衰弱，甚至死亡。

2. 防治方法

田間觀察樹幹，天牛幼蟲洞口有木屑狀蟲糞排出處，可順著洞口鑿孔。將蟲孔內木屑排出，用棉花蘸 40％樂果乳油或 80％敵敵畏乳油 5～10 倍液塞入蟲孔，再用泥封住孔口，以殺死幼蟲。還可在產卵盛期用 40％樂果乳油 50～60 倍液噴灑樹幹、樹頸部。

三、草害

熱帶地區草害嚴重，防除工作量大。柑橘園內長期使用除草劑，影響土壤養分的供應狀況。生草栽培是在行間或樹盤外種植草本植物，既能抑制雜草的生長，又不與柑橘爭水、肥。較好的草種有藿香薊、馬唐草、柱花草等，也可以種植決明、綠豆、田菁等綠肥作物。實行「以草養園」，是幼齡果園比較理想的土壤管理方式。也可以不另進行人工栽培，剷除果園內深根、高稈和其他惡性雜草或灌木，選留自然生長的淺根、矮生、與柑橘無共生性病蟲害的良性雜草，使其覆蓋地表，對草進行管護，剷除樹冠滴水線外 30 cm 以內的所有雜草，減少草與柑橘爭水爭肥。在雜草旺盛季節進行多次割除，控制高度。

第九節 採 收

鮮銷果在果實正常成熟，表現出本品種固有的品質特徵時採收，儲藏果比鮮銷果宜早 7～10 d 採收，加工用果宜晚 7～10 d 採收。果實採摘要避開太陽曝曬和有雨露時。採摘時要用圓頭果剪「一果兩剪」：第一剪連同果梗或無用的果蒂枝剪下；

第二剪剪齊果蒂，以免果實在裝運中相互碰撞刺傷，同時要輕拿輕放，避免機械損傷。

溫馨提示

採果時注意：採果人員忌喝酒，以免乙醇熏果更不耐儲運；採果人員指甲應剪平，最好戴手套操作；入庫儲藏的果實應在果園進行初選分級，果實不得露天堆放；容器內應平滑並襯軟墊，一般以硬紙箱、木箱、塑膠箱作為包裝箱，每箱10～20 kg包裝儲運為宜。運輸途中應盡量避免果實受大的震動而發生新傷。長途運輸最適冷藏溫度：甜橙類3～5 ℃，寬皮柑橘類5～8 ℃，柚類8～10 ℃。冷庫儲藏也應經2～3 d預冷後達到此最終溫度。同時保持相對濕度：甜橙90％～95％，寬皮柑橘類及柚類85％～90％。

第三章 芒 果

> 芒果為漆樹科芒果屬，原產印度，在海南、雲南、廣西、廣東、福建、臺灣都有種植。生於海拔 200～1 350 m 的山坡、河谷或曠野林中。分布於印度、孟加拉國、中南半島和馬來西亞。

第一節 品種介紹

芒果屬有 39 個種 1 000 多個品種，目前大面積種植的僅有 20 多個。海南省不同產區栽培的芒果品種重疊度較高。台農 1 號、金煌芒和貴妃芒三大品種占市場份額的 90%以上，其他品種除臺牙、紅玉芒有一定面積外，雞蛋芒、聖心芒、澳芒、熱品 4 號、愛文、白象牙、熱農 1 號等品種栽培面積較小。

一、台農 1 號

台農 1 號是臺灣選育的矮生、早熟品種，是目前海南省主栽品種之一。該品種樹冠矮小，枝梢短，葉片窄小，抗風抗病力強，著果率高。嫁接苗栽植後 3 年開花結果，單株產量可以達到 5～10 kg 或更高，豐產性較好。果實呈尖寬卵形，稍扁，成熟的果實黃色，果肩暈紅，單果重 150～200 g；果肉深黃色，多汁、味甜，纖維含量低，耐儲運，商品性佳。對炭疽病抗性強。

二、金煌芒

金煌芒是臺灣自育品種，樹勢強，枝梢直立，樹冠高大，葉片大，葉色深綠，花期長，花朵大而稀疏。果實呈長卵形，未成熟也可食用，成熟時果皮橙黃色，皮薄。果肉橙黃色、細膩、肉厚，香甜爽口，果汁多，纖維極少，糖分含量17％，可溶性固形物含量15％～16％，種核扁小。果實特大，平均單果重1 200 g，最大果重2 500 g，品質上乘，商品性好。該品種在海南種植表現為早結、豐產、穩產，較耐陰雨天氣，較抗炭疽病，是目前最受歡迎的栽培品種。

三、貴妃芒

又名紅金龍，臺灣選育，屬優質中熟品種。該品種長勢強，早產、豐產性好，4～5年生嫁接樹單株產量為20～30 kg或者更高。果實長橢圓形，果頂較尖小，單果重300～500 g，果面光潔。未成熟果紫紅色，成熟後紅黃色；果肉橙黃色，肉質細滑，纖維少，水分豐富，口感清甜，糖度14°～18°，種子單胚，較耐儲運，品質上等。目前在海南已經成為主栽品種之一，在海南表現較易催花、易掛果、易保果，產量明顯高於台農1號。

不足之處：未充分成熟的果實略帶松香味，黃熟後果實較軟，果皮嬌嫩，稍受擠壓即易形成瘀傷斑，影響外觀。

四、紅玉芒

紅玉芒在海南省有少量種植。樹姿開張，樹冠圓頭形，枝梢密度適中。葉長橢圓形，半下垂生長。有多次開花現象，花序軸直立，頂生，長圓錐形。青熟果淡綠色帶點紅，成熟果黃白色。果粉一般，果皮光滑，不易剝皮。果大水分足。果肉淺黃，肉質細膩，纖維極少。紅玉芒屬於中熟芒果品種，從著果到七分熟採摘需要

120～130 d。5年樹齡單株產量35 kg，中等，不採樹熟果，一般整園採摘。

五、澳芒

澳芒原產澳洲，粗生易管，早結豐產。果實金黃色，個頭大，單果重500～1 500 g，果實光滑靚麗，金黃色帶紅暈，有「芒果王子」之稱。果核小，果肉無纖維，甜而不膩。成熟季在6月下旬至7月上旬。近幾年在臺灣、廣西、海南、雲南等地區種植面積逐年增大。

六、泰國芒

泰國芒原產泰國，又稱白花芒，是泰國以前較好的品種，在中國經常被稱為青皮芒、小青皮，多個省份都有栽培。樹勢中等偏強，樹冠呈橢圓形，分枝多而直立。葉長橢圓披針形，中等大，葉色較淡。花序抽出早、開花早。果實腎形、扁平，果實的腹肩至果腹有一條明顯的溝槽；單果重150～250 g，皮薄，成熟時為青黃色或暗綠色；果肉淡黃，汁多，味濃香甜，品質極佳；可食率64%～72%，可溶性固形物含量18%～24%，種核較大而薄，多胚。果實6～7月成熟。泰國芒屬品質極優的鮮食品種，但因花期過早，只宜在春季無低溫陰雨的乾熱河谷種植。正常栽培，該品種在海南西南部12月下旬至翌年1月開花，5月果實成熟。產量中等，植株易感流膠病，果實後熟期易感蒂腐病。還因皮薄不耐儲運，且易裂果。

七、椰香芒

椰香芒又名雞蛋芒，原產印度，在海南省西南部栽培較早結果和豐產，是海南省最具特色的芒果品種。該品種葉片深綠色，較小，尖端漸尖，葉緣有波浪，嫩梢、嫩葉淡綠色略帶淡紫色。果實

卵形，果較小，成熟後果皮黃綠色，肉質結實、細膩，纖維極少，味甜，有椰乳香氣。幼樹投產較晚，嫁接樹植後 4 年結果，單果重 120～150 g，平均可溶性固形物含量 14.0%，種子單胚，品質極佳。果皮厚，果實抗果實蠅，耐儲運。在光照充足環境下較高產，但該品種豐產不穩產，修剪不及時植株易早衰，易感染白粉病與流膠病。正常栽培海南省西南部 1～2 月開花，5 月下旬至 6 月上中旬成熟。

第二節　壯苗培育

芒果苗木繁殖包括有性繁殖和無性繁殖兩種。目前生產上一般都採用無性繁殖，其中芽接、枝接等嫁接方法採用得比較多。

一、培育砧木實生苗

培育砧木實生苗所用的芒果種子應來自同一品種，採自成熟的果實，種子要飽滿、無病、無蟲。隨採隨播，播前去殼，並用 0.5%～1% 高錳酸鉀消毒後備用。播種基質最好用乾淨的中粗河沙或蛭石，沙床厚度 30 cm。種胚平放，胚芽朝一個方向，緊密排列，行距 15 cm。播後蓋 2 cm 厚的河沙或蛭石。後期遮陰保濕。

出苗後及時撤去覆蓋物，當苗具有 3～5 片葉時移栽至育苗袋。育苗袋採用長度 30～40 cm 或以上、裝土 3 kg 以上的規格。育苗袋的土最好是黏質土，混入足量的腐熟有機肥，以保證根系良好發育。移栽前根據苗的大小進行分級，剔除弱苗。剪去部分主根，留 10 cm 左右，或把主根盤繞起來，以促側根發生。

砧木苗覆蓋遮陽網 1 個月，每天淋水 1 次，至幼苗恢復生長抽芽為止。幼苗成活且抽一次芽後葉面噴 0.5%～1% 尿素溶液，以後每次梢施肥 2 次。注意育苗袋內除草。

二、培育嫁接苗

當培育的砧木芒果苗莖粗 1~1.2 cm 時進行嫁接。熱帶地區除了冬季氣溫較低不太適合嫁接外，其他時間均可嫁接。生產上多在 4~6 月和 9~10 月進行嫁接。嫁接時還要避開炎熱的中午及午後。

芒果嫁接多採用枝接或芽片貼接，枝接的生長量較大，出圃快。接穗採自品種純正、產量高、植株生長健壯的母樹上的 1~2 年生枝條，要求芽眼飽滿，最好用頂芽。

> **溫馨提示**
>
> 正在開花、結果或剛收果的枝條及蔭蔽的弱枝，不宜作為接穗用。

接穗採後，立即剪去葉片，包紮好，做好標記。接穗要及時嫁接，一般不超過 2 d，如果超過 3 d，必須合理儲存。生產上常將接穗捆好，用濕毛巾包一層，外加塑膠薄膜裹住，兩頭敞開。

1. 芽接法

在砧木主幹高 20 cm 左右處，用刀由上而下，劃兩道平行切口，開寬 1 cm 左右、長 2.5 cm 左右的芽接口。將切口的樹皮向下撕開，切除大部分的皮層，只留下一小段。選擇與砧木粗細相近的接穗，以芽為中心，削一個比砧木切口略小的芽片，並剝離芽片上的木質部，完成後將芽片放入砧木接口中間位置，緊貼接口，用嫁接膜綁緊。

2. 枝接法

枝接法分為切接法、劈接法和舌接法等。在生產中主要採用切接法。在砧木 30 cm 高處截頂，截口光滑。在截口的一側，向下垂直切一刀，呈深 1.5 cm 左右的切口。選與砧木切口寬度相近的接穗，切取 3~4 cm 長、具有 1~2 個飽滿芽的接穗段，在芽下方

1.5 cm 左右兩面斜切，切去 1.2～2 cm 長的皮層，深達木質部。將接穗下端插入砧木切口，至少對齊一邊的皮層，用嫁接膜捆綁，不留縫隙。

3. 嫁接後的管理

專用嫁接膜，接後不用解綁，芒果芽可自行穿出。採用其他塑膠薄膜包紮，芽接的需要在嫁接後 20～30 d 解綁，枝接的可待芽長出一次梢再解綁。解綁時用嫁接刀割斷接口背面的塑膠帶。嫁接不成活的植株，在砧木上換個位置進行補接。已成活的植株，解綁後 5～7 d，將芽上方 5～6 cm 處的砧木剪頂。每週檢查 1 次，及時抹掉砧木上的不定芽，保持濕潤，防治害蟲。嫁接 1 個月後可以追肥。

接後萌芽的快慢及嫁接苗生長與嫁接高度有直接的關係，一般高部位嫁接比低部位嫁接生長量大。砧木不帶葉片嫁接成活率較低，成活後苗木生長也緩慢。

第三節　建　園

一、園地選擇

芒果是適應性較廣的熱帶果樹，要求年平均溫度 21～27 ℃、陽光充足、終年無霜的地區。商品性栽培以海拔 600 m 以下為宜，丘陵種植最好選擇向陽的坡面，且果園土壤肥沃，土層深厚，土質疏鬆，pH 6.5 左右，水源充足，排灌條件良好。

二、果園的開墾、規劃及種植穴的準備

平地果園開墾較簡單，按一定的面積劃分小區，規劃好道路和防護林帶，根據種植密度定標，挖種植穴。坡地果園，可開梯田或按等高線種植。

種植前2～3個月挖好種植穴，種植穴的長、寬、深分別為1 m×1 m×0.8 m。挖好種植穴後，經曝曬風化，分層相間填回表土與有機物。有機物可用雜草、作物稭稈、蔗渣、樹枝葉、綠肥等，每穴50～100 kg。每100 kg有機物加入0.5～1 kg生石灰中和土壤的酸性，再加入有機肥20～50 kg、磷肥0.5～1 kg等。回填後，定植穴高於地面10～15 cm，做成1 m^{2}左右的定植盤。

三、品種的選擇

芒果品種的選擇應根據當地的氣候條件、品種特性和市場需求等多因素綜合判斷，確定主栽品種。熱帶地區可選擇花期較早、結果也較早的品種，如台農1號、金煌芒、貴妃芒、泰國芒、呂宋芒等。

四、栽植

（一）栽植時間

熱帶地區除冬季氣溫偏低，不宜種植外，其餘季節均可種植，生產上多在6～10月栽植。芒果樹在陰天或雨前定植最好。嫁接苗的枝梢開始生長前或枝梢老熟後進行栽植，有利於成活。

（二）栽植密度

應視品種、地勢、氣候、土壤等狀況而定。土壤肥沃，氣候環境利於芒果生長或樹冠高大的品種應栽植稀疏。如金煌芒的株行距為4 m×5 m；台農1號的株行距為3 m×4 m，也可採用寬行窄株種植，即3 m×5 m。

（三）栽植方法

栽植前檢查定植穴，下沉的，填平填滿到原來的位置。在定植盤上挖小穴，將苗木放入穴中，回土壓實。芒果採用裸根苗定植時，應保持根系舒展；採用袋裝苗定植時，除去外包裝袋後再放入栽植穴。在定植穴中央栽植，不能踩壓根部土團，栽植深度以根頸

平土面為宜。芒果苗栽植後立刻澆足定根水，並進行樹盤覆蓋。後期及時檢查成活情況，缺苗補苗，保證果園全苗，提高成林整齊率。

第四節　肥水管理

一、幼樹肥水管理

（一）施肥

幼齡樹是指從建園栽苗到結芒果前的一段時期，一般為2～3年。幼齡樹新梢生長量大，栽培上要從整體上促進營養生長，培養好樹形，為早產豐產打下基礎。幼齡樹施肥以氮、磷肥為主，適當配合鉀肥，過磷酸鈣、骨粉等磷肥主要作為基肥施用，追肥以氮肥為主。按照「一梢兩肥」的原則，少量多次。幼齡芒果樹喜濕怕乾旱，施肥時以水肥為主。

每株樹施肥量逐年遞增。栽苗第1年有機生物肥5～7.5 kg，三元複合肥（15-15-15）0.5 kg。第2年尿素0.15～0.2 kg，氯化鉀0.2～0.25 kg，過磷酸鈣0.75 kg，有機生物肥7.5～10 kg。第3年尿素0.5 kg，氯化鉀0.4 kg，過磷酸鈣1 kg，有機生物肥10 kg。

（二）灌水

栽苗後，保持土壤濕潤，直至成活。後期視天氣及土壤情況進行澆水，雨季及時排水。幼齡樹新梢生長期需水量大，結合施肥勤澆水。

二、結果樹肥水管理

（一）施肥

結果樹的施肥種類以氮、鉀肥為主，鉀肥的用量不少於氮肥，並配合磷、鈣、鎂肥。有機肥挖深溝埋施，化肥挖淺溝撒施或隨水

沖施。根據物候期，一般按照「兩頭重，中間補」的施肥原則，年施 4 次肥，即採果前後肥、促花肥、壯花肥、壯果肥。

1. 採果前後肥

採果前，在芒果樹冠滴水線對稱兩側挖長 1～1.5 m、寬 40～50 cm、深 40～50 cm 的施肥溝。採果後每株樹先施尿素 0.5～1 kg，蓋少量土，再施有機肥 20～50 kg、鈣鎂磷肥 0.5～1 kg。結果過多或長勢弱的樹，後期還要葉面噴 0.5％尿素、0.2％硝酸鉀（或磷酸二氫鉀）和 0.3％過磷酸鈣（或氯化鈣）浸出液，促進果樹抽梢。

2. 促花肥

花芽萌動前施用。每株樹施草木灰或硫酸鉀 0.5～1 kg、尿素 0.3～0.6 kg，或三元複合肥（15－15－15）1～1.5 kg。

3. 壯花肥

開花期施用。根據花量多少，每株樹兌水施尿素 0.5～1 kg 或結合噴藥加入 1％尿素或硝酸鉀進行根外追肥。

4. 壯果肥

果實膨大期分兩次施用。第 1 次在花謝後 30 d 左右、果實小手指頭大小時施用；第 2 次在採果前 1 個月左右施用。每次每株樹施尿素 0.25～0.5 kg、硫酸鉀或氯化鉀 0.5～1 kg。結果少的樹可以僅施鉀肥。該時期，果樹對於礦質元素的需求量比較大，適當補充硼、鎂、鉬等中微量元素，可以促進果粉的形成。

（二）灌水

根據芒果結果樹一年中的生長變化，水分管理措施為：抽穗前 2 個月抑制水分，促發芽分化。開始抽穗後到開花前不能乾旱，要及時澆水，利於抽穗和開花。開花期盡量不澆水。幼果生長期，特別是果實膨大期，要均勻灌水，一般 7～10 d 灌水 1 次，減少落果，利於結大果。切忌久旱猛灌，因會引起裂果。果實成熟期或採果前 20 d，停止澆水。採果後，適當澆水有利於抽生秋梢。

第五節　整形修剪

一、幼齡樹的整形修剪

生產上要對芒果幼齡樹進行合理修剪，培養豐產型樹冠。幼齡樹栽植成活後開始整形，在整個生長季節均可進行。工作重心是培養骨幹枝，盡量增加分枝級數，控制徒長枝，修剪位置不適的枝條。一般採取牽引、拉枝、短截、摘心等方法調校位置和角度不適宜及生長勢較懸殊的骨幹枝。及時清除徒長枝、交叉枝、重疊枝、弱枝和病蟲枝。

1. 定幹

芒果苗高 60～80 cm 時摘心或短截，促進主幹分枝。主幹分枝性強的品種定幹，高度可以適當降低；主幹分枝性弱、枝條下垂的品種定幹，高度可適當增高。

2. 培養主枝

主幹抽發側枝後，選留 3～5 條位置適中、長勢接近的分枝作為主枝，其餘的芽全部抹除。透過拉枝、壓枝或彎枝等操作抑強扶弱，調整各主枝角度，使其均勻分布，主枝與樹幹夾角保持 50°～70°。

3. 培養副主枝

當主枝長至 30～50 cm 時摘心，促進第 2 次分枝，每主枝留 2～3 條分枝作為一級副主枝。按照這個操作，在定植後 2～3 年內培養 50～60 條生長健壯、位置適宜的末級枝梢，形成矮生、光照良好的樹冠，為早結果打好基礎。

幼齡樹還要檢查並及時抹除砧木的上萌芽，發現新抽出的花穗及時摘除。

二、結果樹的修剪

結果樹的修剪，一般在採果後進行，以短剪和疏刪為主。修剪時除去過密、過多的主枝，調整骨幹枝的部位和數量，再剪除鬱閉枝、多餘枝、錯亂枝、下垂枝、重疊枝、交叉枝、病蟲枝、乾枯枝等。回縮樹冠間的交接枝，保持一定的株行距。密植園在採果後間伐。最後短截結果枝。創造通風良好的樹冠，為豐產創造條件。

剪下的枝葉及時清掃乾淨，最好運出果園，集中噴藥處理或深埋。清園後要進行病蟲害的預防。全園噴灑石硫合劑或波爾多液。噴灑時要注意樹葉的正反面、樹幹、地面都要噴灑到位，不留死角。

> 芒果結果樹的修剪原則：上重下輕，內重外輕；內膛亮而不空蕩，表面齊而有層次。

結果樹修剪前後，重施肥料，除了充足的有機肥外，還要施入高氮複合肥，確保迅速恢復樹勢，積累養分進行花芽分化，為來年生產打下基礎。待新梢長出後，弱樹選留2~3條壯梢作為結果母枝，強樹留1~2條位置適當、中等生長勢的枝條，培養成新的結果枝，抹除其餘的新梢。

結果樹在每年花芽分化前，也要進行一次輕修剪。從樹的基部疏除部分過密枝、陰弱枝和病蟲枝，增加樹冠的通風透光性，促進枝條的花芽分化。

第六節　花果管理

一、控梢技術

（一）控梢時間

熱帶地區的氣候條件比較適合芒果的生長，多數地區在8~10

月進行控梢，3～5月成熟。部分地區可以在5～6月進行控梢，爭取早結果，在春節前後採摘。但是控梢效果受天氣影響較大，雨季控梢難度大，有一定的風險。

芒果樹第二蓬梢葉轉綠老熟後開始控梢；樹勢較差需要養樹的可在第三蓬梢葉轉綠後進行。控梢後，如果氣溫較高或水分較多，植株可能還會萌發新梢。必須繼續噴藥控梢。枝梢完全被控制後，才能進行催花。

（二）控梢方法

1. 土埋多效唑

根部施用多效唑其作用是透過抑制根系生長，使根系分泌的生長素、赤黴素等激素含量減少，透過莖幹輸導組織流向葉片和芽尖生長點，從而抑制末級梢的營養生長和抽梢，使葉片光合作用積累的碳水化合物儲存在葉片中。土埋多效唑控梢效果好，是目前熱帶地區芒果種植區控梢的主要方法。按芒果樹冠的大小，將15%多效唑20～50 g/株兌水，澆在滴水線內深15～20 cm的環溝中，覆土，藥效持續時間長。

2. 葉面噴多效唑

葉面控梢是土埋多效唑控梢的輔助措施，透過階段性噴施多效唑，防止生長點出芽衝梢。葉面噴15%多效唑300倍液，7～10 d噴1次。多效唑的濃度受天氣影響較大，雨水多的天氣，控梢次數要適當增加。後期增加乙烯利加速葉片老化。多效唑使用過量會過度抑制芒果生長，導致開花遲、花序短等問題。乙烯利濃度過高，會造成落葉。生產上多使用複合型控梢促花劑，比較安全有效。

3. 冒梢處理

芒果在控梢期由於控梢不及時、控梢力度不夠或環境影響，樹體提前結束休眠狀態並抽出新梢，稱為冒梢。新抽的枝梢會打破生殖生長，影響後期的催花，造成開花不整齊，需要及時處理。可用

15％多效唑 300 倍液每 15 kg 加 40％乙烯利 8～10 mL，均勻噴濕葉片正反面防止冒梢，一般噴 2～3 次，3～7 d 噴 1 次。

對於已經抽新梢的芒果樹，生產上，先用殺梢藥進行殺梢，新葉脫落以後再進行人工掰梢。殺梢藥的濃度：40％乙烯利 800 倍液、15％多效唑 400 倍液、98％甲哌鎓 2 400 倍液，混合均勻後噴灑新梢。殺梢後，葉片枯黃、捲曲，葉柄發黑壞死，葉片輕碰就會脫落。葉片掉落的枝條就成了光頭枝。根據光頭枝的長度及葉片著生位置，判斷是否掰梢。

掰梢依據：光頭枝長 3 cm 以上，沒有著生成熟葉片，枝條要掰掉；光頭枝長 3 cm 以上，著生成熟葉片的，不需處理，作為一蓬梢；光頭枝長 3 cm 以下，萌發新葉的，去掉葉片，不需要掰掉枝條；光頭枝長 3 cm 以下，沒有萌發新葉的，無須處理。

二、催花技術

催花並非芒果開花的必要步驟，只是控梢的延續和補充，採取一些措施促進芒果花芽的萌動和抽生，幫助芒果出花整齊，便於後期管理。生產中如控梢得當，催花則水到渠成甚至無須催花。

（一）催花時間

芒果植株積累了豐富的營養物質後，要適時催花，催花不宜過早，也不宜過遲，以芒果開花後不遭受嚴重的氣象災害影響為宜。芒果抽出的第二次梢充分老熟後，溫度適宜，天氣乾燥時，進行催花。熱帶地區催花時間一般在 9～10 月，雨季即將結束時催花，芒果產量較高。部分產區 8～9 月催花，春節前後可以採摘。

（二）判斷標準

觀察芒果葉片，當葉色濃綠，葉片脆老，手搖葉蓬有沙沙聲，控梢 80～90 d 後，見到生長點萌動、頂芽飽滿，出現裂紋流淡白汁時，可以開始催花。

（三）催花次數

一般會催花兩次，最多不超過3次，如果催花達到3次還沒能成功，只能重新控梢再催花。第1次催花與第2次催花之間間隔2個晚上，第3次催花與第2次催花之間間隔3個晚上。一般台農1號催花3 d後就能看到花芽萌動；貴妃芒、金煌芒催花7 d後花芽才萌動。

（四）催花方法

1. 物理催花

芒果的物理催花通常採用斷根、環割、環剝、扭枝、彎枝等方法控制枝梢生長，調節營養生長與生殖生長的關係，促進花芽分化。物理催花要依樹勢而定，樹勢壯旺、管理水準高、土壤肥力高的可採取這些措施。

環割是物理催花中最為有效的方法。環割和環剝能中斷有機物的上下運輸，能暫時增加環割和環剝以上部位碳水化合物的積累，並且使生長素含量下降，促進生殖生長。同時也阻斷了礦質元素的運輸，抑制根系的生長。環割和環剝的時間一般在開花前或開花中後期進行，開花前起催花作用。

礦物營養對花芽分化也有重要作用。氮是花芽分化必需元素，缺氮花芽分化率降低且畸形花比例上升，氮過多造成營養生長過旺，抑制成花。增施磷肥，可促進成花。鉀是多種酶促反應的活化劑。催花時，根外追施銅、鈣、鎂、鋅、硼、鉬等元素也有利於花芽分化。

同時使用物理催花中的幾種進行芒果催花，可以有效打破芒果頂芽休眠，加快細胞分裂，催花時間短，出花整齊，花稈紅壯。

2. 化學催花

芒果化學催花，即採用化學藥劑進行葉面噴施，使芒果提早完成生理分化和形態分化的過程。通常在天氣晴朗但氣溫較低，該抽穗而未抽時採用化學催花。常用的化學藥劑包括硝酸鉀、硝酸鈣、

硝酸銨鈣、磷鉀肥、硼肥、胺基酸（腐殖酸、海藻酸）葉面肥、細胞分裂素、萘乙酸等多種物質。第2次催花藥劑用量視情況而定，如果第1次催花後3 d，芽苞沒有萌動，或第1次催花後不久遇大雨，第2次催花的藥劑可以與第1次催花藥劑用量相同。若第1次催花3 d後，芽苞開始萌動，第2次催花的藥劑用量要減半，第3次催花所用藥劑濃度減至1/3。藥劑濃度因天氣和芒果品種不同而不同，可以小範圍試驗，避免因高劑量化學物質刺激而導致催花失敗。

（1）用硝酸鉀或硝酸銨鈣或硝酸鈣催花。芒果花芽分化和成花主要依靠硝酸根的刺激作用，硝酸鉀、硝酸銨鈣、硝酸鈣三種化學物質選擇一種即可，生產上為了提高催花成功率，也可以選擇1~2種混用。催花用藥含硝酸根化學物質，第1次催花用30~50倍液。

> **溫馨提示**
>
> 高濃度的硝酸鹽液體持續使用，會導致葉片乾尖，嚴重的單張葉片1/3的面積乾枯，對已經萌動的花芽也會造成傷害。不建議持續用最高濃度催花。

（2）用細胞分裂素和萘乙酸催花。使用2％細胞分裂素750~1 000倍液，或5％萘乙酸5 000倍液。

（3）用葉面肥催花。高磷高鉀葉面肥在芒果催花時常用，主要是磷酸二氫鉀，有粉劑和液體兩種形態。高磷物質可以促進芒果枝條生長點生殖生長和花芽分化，一般用1 000~1 500倍液。催早花，要補充有機質和中微量元素，用750~2 000倍液。有機質營養能夠為開花補充能量，使出花整齊、有力，花桿紅潤，花粉粒飽滿；化學元素類葉面肥主要促進花器官的正常發育，如硼肥可以促進花粉管的萌發伸長和授粉受精。

（五）衝梢

芒果花序抽生後，如果遇上連續高溫的天氣，花上的小葉不會自然脫落，而是迅速生長，形成衝梢，俗稱「花帶葉」。如果小葉呈白色且彎曲，隨著氣溫降低和小花的發育，小葉會自然脫落。如果小葉呈紫紅色應人工摘除，僅留小花。芒果花序較多，且處於樹冠周圍，人工摘除操作不便，費工費時。衝梢後還可以透過噴施乙烯利有效去除小葉，促進花序的生長。40％乙烯利 8～12 mL兌水 15 kg，每隔5 d左右噴施一次，連續噴施 2 次。氣溫低用量少些；氣溫高用量可多些。

> **溫馨提示**
>
> 乙烯利不可以噴到葉背面，以免造成大量落葉，建議在小範圍內進行濃度試驗後，再全園噴施。

衝梢後，如果花芽分化較好，小葉不影響花的生長，後期在花枝生長時，可自然脫落。但部分花枝出現「葉子大，花點小」現象，即花枝上葉片大、花芽小。這類衝梢，可用40％乙烯利 1 500 倍液，配合不含氮、低鉀、高磷的葉面肥 500 倍液，對新葉噴霧，可使大部分小葉脫落，利於花芽分化。在未處理這些新葉之前，避免施用含氮、胺基酸或腐殖酸類的葉面肥，防止葉子長大，後期難處理。

三、保果技術

（一）摘除早花法

芒果開花的特性是頂芽和側芽都可以抽生花序。頂芽花序的存在，抑制側芽花序的分化和萌發，在適宜的溫濕度條件下去除頂芽花序，同一枝條上的側芽可以抽生出花序。摘除芒果早生花序，促使側芽花序重新抽出，可以實現推遲、延長花期的目的。

生產上可結合疏花，剪去花序基部 1/3 左右的側花枝，適當延遲花期。在花序長度超過 6 cm、花蕾還未打開前進行修剪。及時修剪，可以延遲花期，確保開花品質。若修剪太早，延遲開花效果一般不明顯；修剪太晚，嚴重消耗樹體營養，影響後期開花品質。

摘除整個花序，花期延後天數增加，不同的摘除方式，延後的天數不同。①留一節摘除法：從花序基部往上，在花軸 1～2 cm 處將花序截去，將保留的 1～2 cm 花軸上的小穗抹去，花期延後 7～10 d。②一摘到底摘除法：從花序基部將整個花序截去，花芽要從基部重新分化，花期延後 15～20 d。③連花帶葉摘除法：在密節芽基部帶幾片葉一起剪掉，花期延後 25 d 以上。

（二）促進授粉

芒果主要靠蜜蜂、蒼蠅及食蚜蠅傳粉。蠅類的傳粉活動在 5:00～20:00 進行，其中 10:00～12:00 是蒼蠅傳粉活動的高峰，這個時間段盡量不打藥。

蠅類少的果園，芒果開花前期，還要透過堆放蔗渣、人畜糞便等繁殖蒼蠅，也可以在園內吊掛裝有禽畜內臟或死魚爛肉的開口塑膠袋，引蠅入園。在芒果謝花後，結合著果期的病蟲害防治，全園進行蒼蠅殺除。

（三）疏花

疏花因品種、樹勢、樹齡和氣候環境的不同而操作方式有所不同。樹勢弱、花枝多的品種，宜多疏，反之則少疏；樹頂部多疏，中部少疏，有利於通風透光和發枝；樹勢好的樹少疏，老年樹、幼樹、畸形樹多疏，留下優勢花枝。

開花過多的果樹，每株樹保留 70％末級枝梢著生的花序，即留下中等長度、花期相近、健壯的花序，其餘花序從基部全部除去。有些芒果品種的花序過大過長，過多消耗養分，要剪去 1/3～1/2 的花序。有些芒果花枝茂密，容易腐花，滋生病菌，要視開花整齊度，剪去花序基部發育早的 1/3～1/2 的側花枝，或將中間花

枝去除，留2～3枝優勢花枝。在花序上摘除部分花枝，改善通風條件，防止腐花。

（四）搖花

芒果開花期每隔2～3 d搖一遍果樹，將已經枯萎的花瓣抖落，可以有效減少薊馬危害，還能減少雨水、露水在花序上積聚而引起的黑花、腐花現象。潮濕環境，積聚的花瓣還容易導致後期果實發生炭疽病等。經常搖花，可有效預防後期病蟲害。

生產上除了人工搖花，近幾年還利用水管，在芒果謝花後、果實大豆粒大小時，進行洗花。水中加入殺菌劑，去除花渣的同時，還可以使果實受藥均勻、提高藥效，省時省力。

（五）疏果

芒果著果後有兩次正常生理落果高峰期。第1次生理落果高峰期在謝花後1～2週，因為授粉不良，後期發育受到抑制而引起落果。屬自然現象，常有「一樹花，半樹果」之說。第2次生理落果高峰期在謝花1～2個月後，這時掉落的一般是養分供應不足的果實和畸形果。如果養分充足，第2次落果會有所改善。

經歷了正常的生理落果後，如果每個花穗上著果比較多，還要進行疏果。疏果可以為芒果的生長創造合理的生長空間，減少果皮的相互摩擦，避免傷口形成，減少病蟲害發生。疏果一般進行2～3次，幼果3 cm長時開始進行，將發育不正常的、細小的、過多過密的果摘掉，果實迅速膨大前完成疏果。每穗留2～3個正常果，金煌芒等大果型品種每穗只留1個果。強枝、強穗多留果，樹冠下部、內腔和壯旺枝多留。疏果可以增加芒果的單果重，提高果實的外觀品質。

（六）剪除無果的果穗

芒果完成生理落果後，果穗上留下來的果梗很難自然脫落，風吹會刮傷果面，影響芒果品質，因此需要剪除。可在疏果的同時剪除無果果穗。

（七）吊果或撐竿

芒果進入膨大期後，由於果實的重力作用，整個果穗及部分枝條都處於下垂狀態。矮化種植的芒果，果實幾乎蹭到地面。為防止病菌侵染以及穗與穗、果與果、果與地面之間相互碰撞摩擦等，需要用繩子吊起或用竹竿支撐，將果穗拉開適當距離，並使果實離開地面 50 cm 左右。

（八）果實套袋

1. 套袋時間

芒果謝花後 35～45 d、雞蛋大小時進行套袋。果實太小，不確定果實的形狀是否端正，或因生理落果而影響套袋的成功率時，不適合套袋。而且套袋過早，因果柄幼嫩易受損傷，影響以後果實的生長。套袋過晚，果實大增加了套袋的難度，易將果實套落，還達不到預期的效果。套袋應選在晴天進行。

2. 套袋前噴藥

套袋前用 1：1：100 的波爾多液或其他殺菌劑噴施，果面乾後套袋。當天噴藥當天套完。

3. 套袋方法

芒果袋有外黃內黑或外黃內紅等雙層專用袋。套袋時先將紙袋撐開，用手將底部打一下，使袋膨脹，然後捏著果柄，將幼果套入袋內，袋口從兩邊向中間折疊，彎折封口鐵絲，將袋口綁緊於果柄的上部，使果實在袋內懸空，防止袋紙貼近果皮造成摩傷或日灼。

4. 套袋後的管理

為增加果面著色，收穫前 10 d 左右除袋。

第七節　病蟲害防治

一、主要病害

（一）炭疽病

1. 症狀

芒果感染炭疽病後，嫩葉彎曲，葉尖和邊緣焦枯；嫩枝出現黑褐色病斑；花穗變黑；幼果變黑、脫落；長大的果在軟熟階段，果皮外部出現近圓形黑色小斑點，病斑擴大後呈不規則的黑色凹陷大斑塊，最後腐爛。

2. 防治方法

（1）選種抗病品種。

（2）冬季清園，將病枝、病葉剪除集中噴藥消毒後粉碎漚肥，全園噴1次2波美度的石硫合劑。

（3）選用甲基硫菌靈、苯甲吡唑酯、咪鮮胺、吡唑醚菌酯、代森錳鋅、硫菌靈、苯甲嘧菌酯、肟菌·戊唑醇、苯醚甲環唑、丙環嘧菌酯、戊唑醇等藥劑，每10～15 d噴施1次。

（二）白粉病

1. 症狀

感病部位出現分散的白色小圓斑，斑塊逐漸擴大，葉面形成一層白色粉狀物。花感病後，停止開放，並脫落，整個花序變黑。幼果感病後，布滿白粉，脫落。

2. 防治方法

可選百菌清、甲基硫菌靈、己唑醇、苯甲·醚菌酯、苯醚甲環唑、三唑酮等藥劑，每7～10 d噴施1次，連噴2～3次。盛花期忌用含硫藥劑。

（三）細菌性黑斑病

1. 症狀

嫩葉感病後，出現水漬狀小點，後擴大成多角形病斑，周圍有黃暈。嫩莖感病後，變黑、皮開裂、流膠。果實感病後，出現水漬狀小斑點、流膠，後擴大成不規則黑褐色病斑，有小粒狀突起，邊緣有黃暈。病害嚴重時，引起大量落葉和落果。

2. 防治方法

（1）做好果園衛生。

（2）清除病葉病果，刮除莖部樹膠及爛部，塗以1∶1∶10的波爾多液保護。

（3）颱風後全樹噴2∶2∶100的波爾多液。

（四）枝幹流膠病

1. 症狀

感病的骨幹枝及小枝上的皮層變成褐色或黑色，流出樹膠，在滲膠處形成壞死性潰瘍，樹皮破損，枝條枯萎。軟熟果上病斑呈灰褐色，果肉淡黑褐色，腐爛面積比外部果皮病斑面積大一倍多。幼苗多在芽接口和傷口處感病，組織壞死，造成接穗死亡。

2. 防治方法

（1）苗圃。保持苗圃地通風乾燥，嫁接苗芽接部位乾燥。用70％甲基硫菌靈1 000倍液噴霧兩次。

（2）果園。樹幹塗白；定期噴1％石灰倍量式波爾多液，或30％王銅懸浮劑600倍液；清除感病枝梢，帶出果園集中處理；徹底刮除病斑並塗抹10％波爾多液。

（五）煤煙病

1. 症狀

葉片感病後，表面覆蓋黑色絨毛狀物。症狀嚴重時，全葉被黑色菌絲覆蓋。病菌主要在病組織表面腐生，不深入組織內部，容易被刷掉。

2. 防治方法

本病的發生與介殼蟲、葉蟬和蚜蟲等害蟲的危害有關，防治蚜蟲、介殼蟲等是預防煤煙病發生的最好方法。在使用殺蟲劑滅蚜、殺介殼蟲的同時，可加入高錳酸鉀1 000倍液噴灑預防。病害初發期，可用0.3波美度石硫合劑、0.6％石灰半量式波爾多液防治。

(六) 瘡痂病

1. 症狀

嫩葉感病發生扭曲、畸形，老葉感病葉背產生黑色小凸起，中央裂開，嚴重時落葉。莖部病斑呈灰色，果實病斑呈黑色，病斑不規則。病斑逐漸擴大，中央木栓化，並開裂。

2. 防治方法

發病初期噴1％波爾多液或30％王銅懸浮劑600倍液。

(七) 露水斑

1. 症狀

該病多在果實採收期果實表面表現出感病症狀。發病初期在果皮表面出現水漬狀花斑，病斑大小無規律、形狀不規則。田間濕度高時病斑上常伴有墨綠色霉層，嚴重時整個果面布滿黑色至深褐色污斑。該病對芒果肉質影響不大，但影響果實的外觀品質。

2. 防治方法

果實發育期，連續葉面噴施有機螯合鈣1 000～1 500倍液，3～5次，可使果實蠟粉形成早、果粉厚，露水斑明顯減少或不發病。因此果實膨大期，葉面補充中、微量元素，可以避免果實過度膨大、果實細胞壁變薄而出現水爛、空心、海綿組織病等生理性病害。還要定期噴施保護性殺菌劑，防止病菌侵染。

二、主要蟲害

(一) 薊馬

1. 危害特點

薊馬主要危害幼嫩組織，受害部位形成疙瘩狀突起，觸感粗糙。高溫乾旱條件下易暴發。

2. 防治方法

（1）芒果抽新梢和謝花後，在芒果樹冠的中上外側懸掛黃、藍板誘捕薊馬，每株樹 1 片。

（2）可選擇吡蟲啉、噻蟲嗪、噻蟲胺、阿維菌素、高效氯氟氰菊酯、烯啶蟲胺、氟啶蟲胺腈、螺蟲乙酯、吡丙醚等藥劑噴霧防治。

（二）尺蠖

1. 危害特點

尺蠖幼蟲主要取食芒果的嫩芽、嫩葉以及花蕾。

2. 防治方法

（1）在樹幹基部綁 15～20 cm 的塑膠薄膜帶，將下端用土壓實，並用奶油、機油、菊酯類藥劑按照 10∶5∶1 的比例混合製成黏蟲劑。然後將其塗抹在薄膜帶上緣，可以阻止雌成蟲和幼蟲爬行上樹。部分地區將芒果樹幹進行塗白，也能防止尺蠖幼蟲的危害。

（2）可選擇滅幼脲、蟲酰肼、甲氨基阿維菌素苯甲酸鹽、除蟲脲等藥劑，噴灑1～2次。

（三）橫紋尾夜蛾

1. 危害特點

幼蟲危害嫩梢、花穗、果梢，使其中空，以致乾枯凋萎。

2. 防治方法

（1）剪除枯梢、枯枝並集中噴藥消毒後粉碎漚肥，或清理出果園。

（2）在新梢或花芽萌動時噴藥，每隔 10 d 噴 1 次，連續 3～4 次，直至花穗抽出 20 cm。藥劑可選用敵百蟲、敵敵畏、西維因、敵殺死、速滅殺丁、高效氯氰菊酯、毒死蜱、噻蟲嗪、吡蟲啉等。

（四）切葉象甲

1. 危害特點

以成蟲啃食嫩葉危害為主。切葉象甲將嫩葉咬成圓形的斑塊，食盡葉肉，只留下單面透明的表皮，不傷害葉脈，斑塊連成片，導致葉片捲縮乾枯。雌成蟲產卵於葉主脈，並將葉片近基部整齊橫向切割，造成大量落葉。嚴重影響芒果樹的生長，特別是對幼樹影響較大。雨季危害嚴重。

2. 防治方法

可選擇丙溴磷、馬拉硫磷、毒死蜱、氯氰菊酯、甲氨基阿維菌素苯甲酸鹽、敵百蟲、溴氰菊酯、高效氯氰菊酯＋滅多威等藥劑噴灑。

（五）葉蟬類

1. 危害特點

葉蟬類包含扁喙葉蟬、短頭葉蟬等，成、若蟲危害芒果嫩梢、幼葉和花穗，使嫩梢、花序枯萎，幼果脫落。葉蟬類分泌蜜露，誘發煤煙病。

2. 防治方法

可選用阿維菌素、噻蟲嗪、毒死蜱、吡蟲啉、啶蟲脒、丁硫克百威、阿維·甲維鹽等藥劑噴灑防治。

（六）葉癭蚊

1. 危害特點

幼蟲咬破嫩葉表皮鑽食葉肉，甚至危害嫩梢、葉柄和主脈。被害處呈白點，後變為褐色而穿孔破裂。嚴重時，葉片捲曲，枯萎脫落。

2. 防治方法

新梢抽出3～5 cm、嫩葉展開前後噴藥保護，阻止成蟲產卵，殺死初孵幼蟲。每隔7～10 d噴1次藥，連噴2～3次。藥劑可以選擇阿維菌素、啶蟲脒、吡蟲啉、螺蟲乙酯、聯苯·蟲蟎腈、高效氯氰菊酯、溴氰菊酯等，雨後重點防治。

第八節 採　　收

一、成熟度判斷

芒果要適時採收，過早採收，果實風味淡，極易失水，使果皮皺縮；過遲採收，果實易自然脫落，後熟加快，不耐儲運。

（一）根據果實生長發育時間

正常的氣候條件和田間管理，台農 1 號、貴妃芒等早熟品種在謝花後 90～120 d 可採收；金煌芒等中熟品種在謝花後 110～120 d 可採收；澳芒等晚熟品種在謝花後 120～150 d 可採收。

（二）根據果實外觀

當果實達到原品種大小，果肩渾圓，果蒂凹陷，果皮顏色變淺、光滑有果粉，果點或花紋明顯時，基本成熟。

（三）根據芒果比重

成熟的芒果放入淨水中會呈現下沉或半下沉，遠距離銷售的芒果在淨水中須達到 20%～30% 果實下沉，近距離銷售的芒果在淨水中須達到 50%～60% 果實下沉。

（四）根據果肉性狀

切開果實，種殼變硬，果肉由白變黃，果實基本成熟。

二、採摘技術

果實採摘以晴天上午為宜。颱風季節，盡量在颱風前搶收，雨天和風雨過後 2 d 內不宜採收，否則，果實流膠嚴重，不耐儲藏。

採摘時，工人應戴手套，採用一果兩剪的方法，第一剪留果柄長約 5 cm，第二剪留果柄長約 0.5 cm。盡量避免機械損傷，以減少後熟期果實腐爛。果實放置時剪口向下，每放一層果實墊一層吸水紙，避免乳汁相互汙染果面。

果實採後要及時運往包裝處理場所，避免高溫和在日光下存放。被膠液汙染的果實，要及時用洗滌劑清洗，不然果實上有膠液流過的地方很快變黑腐爛，影響果實的外觀品質和儲藏壽命。

第四章 龍　　眼

> 龍眼，又稱桂圓，原產中國南方及越南北部，是重要的熱帶果樹之一。龍眼樹高大，管理粗放，成本投入低，產量高。中國的龍眼栽培面積最大，其次是泰國、越南、寮國等國家。中國龍眼的主產區為廣西、福建、廣東、海南等地。

第一節　品種介紹

龍眼為無患子科龍眼屬植物，中國熱帶地區龍眼栽培品種除原變種外，還有3個變種。即：①龍眼原變種；②大葉龍眼；③鈍葉龍眼；④長葉柄龍眼。野生龍眼及其變種的發現，對龍眼起源、分類的研究有重要價值。中國龍眼種質資源豐富，栽培品種多，據不完全統計，約有200個品種、品系、株系。主要品種有石硤龍眼、儲良龍眼、大廣眼龍眼、松風本龍眼、古山二號龍眼、靈龍龍眼、立冬本龍眼等。

一、石硤龍眼

石硤龍眼，果實近圓形或扁圓形，果肩稍突起，均匀性差，單果重7.0～10.0 g；果皮黃褐色或黃褐色帶綠色，較厚，表面較粗糙；果肉乳白色或淡黃白色，不透明，肉厚，表面不流汁，易離核，肉質爽脆，化渣，味濃甜帶蜜味，有香氣，可食率65.0%～71.0%，可溶性固形物含量21.0%～26.0%；種核較小，扁圓形，

紅褐色，重1.3g。石硤龍眼樹姿開張，枝條分布較緊湊；小葉較厚，長橢圓形，葉緣波浪狀扭曲；大小年現象不明顯。

二、儲良龍眼

儲良龍眼的果實扁圓形，果肩稍突起，大小均勻，單果重12.0g，果皮黃褐色帶綠色，表面平滑；果肉乳白色，不透明，肉厚表面不流汁，易離核，肉質爽脆，化渣，味清甜，可食率74.0%，可溶性固形物含量20.0%～22.0%；種子較小，扁圓形，黑色，重1.8g。儲良龍眼樹姿開張，樹皮粗糙，分枝能力強；小葉披針形或長橢圓形，葉面平整，無波浪狀扭曲；豐產性能好。

三、大廣眼龍眼

大廣眼為粵西廣泛栽培的品種之一，鮮銷加工兼用。樹冠圓球形，葉綠色，長橢圓形或闊披針形，小葉常4對，先端漸尖，果穗大，著果較密。果實扁圓形，果大，大小不均勻，單果重12～14g。果皮黃褐色，龜狀紋不明顯，瘤狀突起平。果肉蠟白色，半透明，易離核，肉質爽脆帶韌，汁量中等，味甜或淡甜，品質中等。可食率63.2%～73.6%，可溶性固形物含量18.6%～23.9%。種子烏黑或紅褐、棕褐色，扁圓形。

四、松風本龍眼

松風本龍眼原產於福建省莆田市黃石鎮。樹冠半圓形，樹勢中庸；葉色濃綠，側脈明顯，葉片狹窄，葉面平展，葉尖鈍。果穗大而果粒排列緊湊；果實近圓球形，單果重12～14g；果皮黃褐色，龜裂紋不明顯，瘤狀突起稍明顯；果肉乳白色，半透明，質地脆，不流汁，味濃甜，稍離核；可食率65%～68%，可溶性固形物含量22%～24%。在莆田果實成熟期9月下旬至10月上中旬，豐產穩產，耐儲運，是晚熟優良品種。

五、古山二號龍眼

古山二號龍眼原產廣東省揭東縣。樹勢強壯，樹冠半圓頭形，枝條開張，分枝密度中等。葉片濃綠色，長橢圓形，葉緣呈波浪狀扭曲。果實略大偏圓，果肩略歪，單果重 12～14 g；果皮黃褐色，較薄；果肉蠟黃色，肉質爽脆，易離核，味清甜；可食率 70.8%，可溶性固形物含量 18%～20%，含糖量 17.4%，含酸量 0.06%，每 100 g 果肉含維他命 C 85.7 mg。種子較小，黑褐色。果實成熟期比石硤約早 7 d，在廣東東部成熟期為 8 月初，是早熟優質鮮食品種。

六、靈龍龍眼

靈龍龍眼原產於廣西壯族自治區靈山縣，廣西為主產區。果實圓球形微扁，單果重 12.5～18.0 g；果皮黃褐色，果粉較多，龜裂紋和瘤狀突起不明顯，放射狀紋較多；果肉乳白色，不透明，稍離核，肉質爽脆，汁多味甜；可食率 66.0%～70.8%，可溶性固形物含量 20.2%～21.2%。種子棕黑色，近圓球形。該品種早結、豐產、遲熟，品質優。

七、立冬本龍眼

立冬本龍眼原產於福建省莆田市。果實近圓球形，果頂渾圓，果肩平或微聳，果較大，單果重 12.5～14.0 g；果皮灰褐色帶青色，龜裂紋明顯，瘤狀突起不明顯；果肉乳白色，半透明，易流汁，味清甜；可食率 65.6%，可溶性固形物含量 20%～22.5%。種子棕黑色，種臍小。豐產穩產，是晚熟良種。

第二節　壯苗培育

龍眼育苗多採用高空壓條和嫁接育苗。高空壓條是大齡果園補

苗時常用的育苗方法，其優點是能保持良種特性，定植後投產早；但繁殖係數低，定植後成活率低，苗木不整齊。嫁接育苗，繁殖係數高，實生砧木具有完整根系，生活力強，成活率較高，苗木整齊。新建果園廣泛使用嫁接育苗的繁殖方法。

一、嫁接苗

(一) 砧木苗培育

選作砧木的龍眼，要求品種純正、生長迅速、木質疏鬆、抗鬼帚病，且種子較大。種子隨採隨播。福眼是較理想的品種。其優點是與接穗的親和力較強，嫁接成活率高；且種源豐富，苗木生長既快又壯；木質疏鬆，便於操作；嫁接苗定植後，生長健壯，抗逆性較強，產量高，品質佳。

1. 種子的採集及處理

龍眼種子極易喪失發芽能力，取種後應立即用清水漂洗，剔除果殼等雜物和種臍上的果肉，然後立即播種。若種子來自罐頭廠，可先混少量細沙摩擦（亦可腳踏摩擦）除去附著的果肉，漂洗、過篩去劣後，按 1:(2～3) 的比例將種子與沙混合，堆積催芽，堆積高度以 20～40 cm 為宜，保持細沙含水量約 5%，含水量太高易引起發霉、爛芽。催芽溫度以 25 ℃ 左右為宜，30 ℃ 以上發芽率大大降低，33 ℃ 以上則喪失發芽力。當胚根長出 0.5～1.0 cm 時即可播種。採用細沙催芽，發芽率可達 95%，不催芽的發芽率僅 60%～75%。

如果採種後未能馬上播種，可用含水量 1%～2% 的沙混合，置於陰涼的地方儲藏，但最多只能保存 15～20 d。新鮮的種子切忌堆悶、曝曬，否則種子失水，種胚敗壞，發芽率降低。

龍眼採用浸水催芽的方法，發芽率高且發芽整齊，其做法是將洗淨的種子直接裝在袋中，在水中漂洗 36 h 左右，待大多數種子臍部裂口露白後播種。

2. 播種

龍眼種子剝離果肉後即可播種。播種的方式有撒播和寬幅條播。一般多用寬幅條播，其做法是在寬 80～100 cm 的苗床上開出底寬約 15 cm 的播種條溝，條溝之間相隔 20 cm 用於耕作。採用撒播時，其做法是將畦整平後播上種子，保持粒距 8 cm×10 cm，每 667 m^2 播種量 115～125 kg，種子較小粒者播 100 kg；播後用粗原木滾壓，將種子壓入土中；然後每 667 m^2 用 3 000 kg 沙土覆蓋，以看不見種子為宜；最後再蓋一層稻草，澆水。

3. 播種後管理

當龍眼種子萌發，並有 1/3 幼苗出土時，即可抽去一半的稻草；當幼苗長出八分時，可抽去全部稻草，以避免苗木主幹生長受阻。當幼苗長出 3～4 片真葉時澆施稀薄的水肥，每月 2 次；至 11 月下旬停止施肥，以避免抽冬梢，引致冷害；到翌年 1 月下旬至 2 月上旬再施肥，以促進春梢抽生。

苗圃內龍眼小苗長勢強弱明顯，需要進行分批間苗。間苗時去密留稀，去弱留強，淘汰弱小或主幹彎曲的小苗，使苗木均勻分布。採用撒播的龍眼小苗移栽在 3～5 月、春芽萌發前或春梢老熟後進行，尤以清明前後為好。

挖苗前應噴灑一次殺菌、殺蟲劑，防止龍眼葉斑病和木虱的傳播。播種圃要充分灌水，以減少挖苗時傷根。主根較長的應剪去 1/3。通常，小苗移栽行距為 20 cm、株距為 15 cm，每公頃種植 18 萬～21 萬株。栽植深度應保持其在播種圃的深度，切忌太深，以免影響生長。

移栽後，苗床要保持濕潤。移栽後 1 個月，苗木恢復生長，可施稀薄的水肥，每 667 m^2 約施 1 500 kg。6 月，龍眼樹苗施肥 2 次，每株每次追施複合肥約 0.2 kg，之後隨著樹苗的增長施肥量適當調整。在 7～8 月，要及時防治病蟲害，尤其是木虱。幼苗期冬、春季應注意防霜凍。移栽後的小苗經 1 年的培育，當苗高 50 cm、

主幹基部直徑約1 cm時，即可嫁接。

（二）嫁接

1. 接穗的採集

龍眼接穗應採自品種純正、品質優良、豐產穩產、沒有檢疫性病蟲害的母樹。在樹冠外圍中上部選取生長充實、腋芽飽滿、無病蟲害的末級梢作為接穗，忌用徒長枝。接穗以隨採隨接為好。剪下的接穗應立即去掉葉片和嫩梢，每30～50枝綁成一束，先用濕布或濕毛巾包好，再用塑膠薄膜包裹。濕毛巾以手捏不滴水為宜，不宜過濕。每1～2 d解開綁縛通氣1次，可保存1週左右。如用乾淨的濕河沙沙藏，可保存2～3週，但需控制河沙的含水量為5%，以手握河沙能成團、手指縫可見欲滴的水而不滴水、放手即散開為宜。

2. 嫁接方法

（1）單芽切接。單芽切接接穗只用單芽，所以繁殖係數大，嫁接成活率高，生產上應用效果好。

> 具體做法：在砧木離地面15～20 cm處剪頂，削平斷面；在外緣皮層內側，稍帶木質部，向下縱切1.2～1.5 cm。將接穗削面削成一面長另一面短的單芽，長削面長度與砧木切口長度相近。然後將長削面向內插入切好的砧木切口內，對準形成層，若接穗較細，至少一邊對準。砧穗密合後，用薄膜全封閉包紮，不露芽眼。

接後2～3週，檢查是否成活。一般成活率可達80%以上，高者可達95%。由於包紮的薄膜很薄，且紮得緊，芽萌發後會自動衝破薄膜。為了提早出圃，播種後5～6個月可就地嫁接，加強管理，年底出圃。

（2）舌接。舌接是龍眼常用的小苗嫁接方法之一。3～5月可進行舌接，以4月為佳，接後半年即可出圃。

用2~3年生、莖粗1~2cm的實生苗作為砧木，在離地面40~50cm、主幹較光滑處把最上面的一次梢剪除，其下面保留一至數片複葉，削平剪口；嫁接時，用刀以30°左右向上斜削成3cm長的斜面，然後自切口橫切面1/3處縱切一刀，深3cm左右。選用粗度與砧木粗度相當的接穗，長6~7cm，帶2~3個芽，在芽位下部反方向削成平滑的斜面，再在斜面上1/3處垂直切一刀，削法同砧木，削口要平滑。然後將接穗與砧木舌狀部分對準形成層互動插入，緊密結合，後用1.2cm寬的薄膜帶自下而上纏縛包紮，可微露芽眼，使接穗萌發後可自然抽出，或不露芽眼，全封閉包紮。

採用不露芽眼全封閉包紮法保濕較好，成活率較高。

（3）靠接法。靠接在3~8月進行，以3~4月成活率較高。

選大小與砧木相近的枝條作為接穗，將袋栽的砧苗放在支架上，砧穗雙方各自削去皮層及部分木質部，將砧穗兩者的形成層對準，用麻和薄膜縛紮包好，防止曬乾。嫁接成活後接穗部分切離母株，即可栽種。

（4）補片芽接法。4~5月進行。

嫁接時，砧木粗要求1cm以上，在離地面10~15cm選樹皮光滑及葉痕垂直線處開芽接位，接位大小應依砧木粗度而定，一般寬0.8~1.2cm，長3~4cm；用刀尖自下而上劃2條平行的切口，切口上部交叉連成舌狀，然後從尖端把皮層向下撕開，並切除撕下的皮層的大部分，僅留一小段以便夾放芽片。選用1~2年生接穗，削口向外斜，芽片寬度應比芽接位略小。撕去芽片的木質部，再將芽片切成比芽接位稍短的長方形薄片。將削好的芽片下端插在砧木剝開的小段皮內，使其固定，隨即用1.5cm

左右寬的薄膜帶自下而上纏縛，纏縛時微露芽眼，將芽片封好。

接後 5～7 d 如芽片保持原色，並緊貼砧木，即可剪砧。剪砧後 10～15 d 開始萌芽，此時應加強管理，保證接芽健壯生長。經 30 d 即可解除薄膜帶，通常半年至一年便可出圃。

二、高空壓條育苗

龍眼高空壓條育苗熱帶地區全年可進行。在優良母樹上選 2～4 年生枝條進行環狀剝皮，環剝寬 4～6 cm，深達形成層，切口要整齊，並刮淨形成層，以去紅色皮層至見白為宜。晾曬 1 週後，將催根材料敷在切口上，以薄膜包紮成球狀，經 100 d 可鋸下假植。不同催根材料對龍眼壓條苗發根遲早、發根數量影響較大。用苔蘚加濕土作為催根材料，外包薄膜，保水力強，發根快，發根率高。如無苔蘚，也可用牛糞、蘑菇土或穀殼灰加沙質土、椰糠等。用草和泥土作為催根材料，保水力差，發根慢，且發根率低。

第三節 建 園

一、園地選擇及規劃

龍眼喜溫暖濕潤，對土壤適應性強。丘陵坡地土層厚、日照足、排水良好，是栽植龍眼的適宜地。山地坡度以 5°～25°為宜。大於 25°的斜坡，水土保持較困難。有霜凍和風害的地方，要選背風的南向和東南向坡較好。山地建園要建設成高標準的「三保園」（保水、保土、保肥），5°～10°的緩坡地，可採用等高環山溝的做法；坡度在 10°以上時，可採用等高梯田的做法。

二、種植穴準備

丘陵山坡地因土壤瘠薄、土質較黏、水分較缺、土壤較酸，在定植前 2～3 個月要先開長寬各 1 m、深 0.8～1 m 的大穴，施大量有機肥進行局部土壤改良。有機肥可就地取材，用綠肥、豆藤、廄肥、堆肥、垃圾或塘泥等。穴底施綠肥、稻草和豆稈等，穴中施廄肥、少量餅肥、磷肥和石灰，並與表面土混匀施下，穴的上部施腐熟土雜肥和少量磷肥、石灰等，並與底土混匀填滿並高出穴面 20 cm 左右，讓它沉實後再栽植。

三、栽植

山地建園應注意坡向，冬季霜凍嚴重地區宜選擇南向或東南向。沿海地區常有颱風，宜選避風的方向建園。土層應較深厚，土質以表層沙壤至壤土，底層沙壤至黏壤為理想。應按坡度修築等高梯田或壕溝。沿海地區設置防護林。山地要大穴定植，下足基肥，定植穴深 0.8～1.0 m、直徑 1.0 m 比較合適。平地可築高 33～40 cm 的土堆，開淺穴定植。

栽植密度通常為 225～300 株/hm²，採用行距大於株距的長方形為宜，株行距參考（5～6）m×（6～7）m。各地多在雨季定植。栽植時應將根頸部位與地面平齊，不宜過深或過淺。

> **溫馨提示**
>
> 壓條苗種植時，應注意防止定植過深而影響生長，一般使壓條苗根圍入土 10～15 cm 即可，壓條苗根系脆嫩易斷，填土時應小心從外圍逐漸向內壓緊，切勿用腳踏壓根圍，以防斷根。在沿海風力較大地區，定植需立支柱。

栽後灌足定根水，並蓋一層細土。用稻草、麥稈等覆蓋樹盤，苗的四周做成小土盤，以便澆水。栽後遇旱，3～5 d 澆一次水，直至成活。

第四節 土肥水管理

一、幼年樹管理

（一）間作覆蓋

樹冠封行前，於株行間種綠肥或中耕作物，間作物應以綠肥、豆菜類和中藥等為主，忌種高稈作物。冬夏季宜在樹盤蓋草，以調節溫濕度和抑制雜草生長。

（二）施肥培土

幼樹成活後一個月，每株施1∶3稀熟糞水2~3 kg，以加速根系生長。幼樹每年可抽生4~5次梢，最好掌握在每次抽梢前施一次肥，濃度由稀到濃，數量逐漸增多，以促使多抽壯梢。生長一年後，要增加施肥量，氮、磷、鉀肥要配合施。旱天施水肥，雨後追施化肥。施化肥應開淺溝撒施，每株不超過0.2 kg，施後蓋土。山地土壤瘠薄，在龍眼樹盤內每株每年用田園土、河塘泥或垃圾土100~200 kg進行培土，兼有施肥、改土和覆蓋的作用。

（三）擴穴埋肥

擴穴施肥是促進龍眼幼樹速生快長、早產高產的有效措施。定植後第2年開始於定植穴外兩邊各挖深0.6~1 m、寬0.5 m、長1.2 m的穴。穴底填入綠肥、垃圾土、土雜肥和少量石灰；中上層用廄肥、乾牛糞、餅肥和少量磷肥、石灰等與表層土混勻分層施下，施後覆土。第3年在另外兩邊擴穴埋肥。2~3年後完成全園擴穴改土，促進根系生長，樹冠冠幅可達2 m，進入投產期。

（四）排灌水

山地龍眼園除做好排灌系統和平時保水外，久旱要及時灌水，暴雨天要注意排水。做到久旱不乾，久雨不澇。

二、成年樹管理

龍眼採用嫁接苗和壓條苗定植 4～5 年後，進入成年樹的管理。

施肥

龍眼是多花多果的果樹，養分消耗大，如不及時施肥會造成園地肥力不足，龍眼生長發育遲緩，所以施肥就成為龍眼園土壤管理的主要措施。

1. 施肥數量

成年結果樹的年施肥量因地區不同而有差異，與立地條件、栽培特點、品種等有關，大體水準為每公頃年施氮量 300～375 kg，其中有機肥氮占總氮的 40％，氮（N）、磷（P_2O_5）、鉀（K_2O）、鈣（CaO）、鎂（MgO）的比以 1.0：(0.5～0.6)：(1.0～1.1)：0.8：0.4 為宜。株產 50～100 kg 的龍眼樹，每株每年的施肥量折合純氮（N）0.32～1.96 kg，磷（P_2O_5）0.21～0.96 kg，鉀（K_2O）0.28～0.79 kg。

2. 施肥時期

營養診斷指導施肥是實現高產優質的重要手段，通常採用臨界值法，對照葉片分析標準及土壤分析標準進行診斷。一般龍眼樹每年要施肥 5 次，具體如下：

（1）採果前後施壯樹肥。用以提高果實品質、促發秋梢、恢復樹勢和增強抗寒力，對來年增產有重要作用。尤其是大年，要在採果前 20 d 左右施足遲、速效混合的肥料。

（2）施促花肥。促進多抽粗壯的花穗。此次施肥以氮為主，配合磷、鉀肥，但要防止氮肥施用過量引起衝梢，氮肥占全年施氮量的 20％～25％為宜。

（3）施壯花促梢肥。用以提高著果率，並促進新梢抽生。這次要增施磷、鉀肥。

（4）施保果壯梢肥。施足肥料，可減少生理落果，並促進新梢繼續抽生和充實，對當年產量和來年結果有重要作用。要以施磷、

鉀肥為主，占全年施肥量的 40%～50%。

（5）施壯果肥。促進果實迅速膨大和夏梢繼續充實，減少壯果與壯梢的矛盾，對克服大小年結果有明顯作用。

3. 施肥種類

施肥種類應以有機肥為主，化肥為輔。優先使用腐熟糞尿以及速效氮磷鉀三元複合肥等。有機肥料可提供植株的各種營養和土壤微生物的能源物質，而且是改良土壤理化性狀的重要因素。有些產區一般化肥的施用多側重氮素，而磷、鉀肥較缺，亦需重視改進。

4. 施肥方法

施水肥應在樹冠外緣垂直投影附近挖淺溝施，化肥可與水肥混合施，也可趁雨後均勻撒施樹下，再結合鬆土埋肥。為使龍眼高產，可在幼果期和果實膨大期進行根外追肥，效果良好。

三、翻犁培土

龍眼園內進行土壤翻犁，有更新根系、換氣改土和抗旱保水的作用。每年可進行兩次。第1次於採果後結合施肥進行，對抗旱保水、促進第3次根系生長、增強抗逆能力有顯著效果。第2次可在雨季結束後，結合除草、施肥進行，以防止土壤板結，增加土壤通氣性。冬季氣溫較低的地區，冬季來臨前還要進行培土，以加厚土層，提高土壤肥力。

第五節　整形修剪與樹體保護

一、整形修剪

龍眼樹冠高大，透過整形修剪，可使枝條分布均勻，樹冠通風透光，樹體緊湊、矮化，同時可使龍眼減少病蟲危害，提早進入結

果期。對結果樹進行修剪，配合施肥，可培養良好的結果母枝，減少大小年幅度，提高產量與品質。

（一）整形

龍眼樹的整形，主要是使龍眼樹形成分布均勻的骨幹枝，培養成主枝開心圓頭形或自然開心形樹冠，使主幹、主枝、副主枝層次分明。主幹高度應根據地區、繁殖方法、品種而靈活掌握。通常主幹高度為 40～60 cm，主幹上留 3～4 個主枝。主枝的分布要均勻，著生角度要合適，一般多為 45°～70°。主枝著生角度不合適的，可透過拉繩的方法矯正。以後在主枝上再留副主枝、側枝。這些主枝、副主枝、側枝構成了樹冠的骨架，故又稱為骨幹枝。

幼樹應促其迅速擴大樹冠，宜輕剪，疏剪去纖弱枝、密生枝、蔭蔽枝、病蟲枝等，生長過於旺盛、突出樹冠的枝條可短截。骨幹枝和樹冠的培養，要在苗圃或定植當年進行定幹，選配好主枝。以後每次新梢都要進行抹芽、控梢，繼續配置好副主枝和側枝，每年再進行輕度修剪。

（二）修剪

幼年樹的修剪，重點在於維護樹形，盡快成形。一般宜輕不宜重，對於可剪可不剪的枝條，應暫時保留，將其作為輔養枝，待以後酌情去除。但樹冠中部抽生的強枝，應及時摘心、短截或剪除，不宜放任生長，以免造成樹冠高大、中心擁擠、蔭蔽。對於幼年樹抽出的花穗，應及早摘除，以盡快促進豐產樹冠的形成。

成年樹的修剪，應圍繞保持健壯樹勢和培養優良結果母枝這一目的來進行。春季在疏折花穗時結合修剪，疏刪過密枝、衰弱枝、病蟲枝。對細弱、不充實的春梢也應剪除，以促進夏梢的抽生。夏季修剪多在 6～7 月進行，在疏果、疏果穗的同時進行夏剪，剪除落花落果的空穗枝或結果少的弱穗，促進秋梢的萌發。秋季修剪可待秋梢生長充實後剪去枯枝、蔭蔽枝、病蟲枝等。冬季要控冬梢。總之，成年樹的修剪應盡量做到「留枝不廢、廢

枝不留」。

對於樹冠蔭蔽、枝條交叉的果園，要及時分期間伐過密植株，回縮或疏刪樹冠內部部分大枝，增加樹冠內部的通風透光能力。

二、培養結果母枝

龍眼大小年結果明顯，自然結果的商品性較差，栽培上要適時調整果量，促使結果母枝基枝的抽發。秋梢是龍眼的主要結果母枝。熱帶地區的龍眼樹多以採果後的秋梢作為結果母枝，成穗率高。培養優良的結果母枝，是連年豐產的基礎。

（1）開花前疏除 50％～60％ 的花穗，促發晚春梢或早夏梢作為延伸秋梢結果母枝的基枝。

（2）以枝組為單位，於花芽形態分化前短截 40％～60％ 的 1 年生枝梢，以促發春梢進而延伸夏梢作為龍眼結果母枝秋梢的基枝，以達到交替結果及更新的目的。

（3）生理落果後，幼果並粒初期疏去過多果穗，以促發基枝。樹勢壯、管理好的，疏除總果穗的 40％～50％；管理差或採收季節早的地區，疏去總果穗的 50％～60％。疏得過多會減產，疏得過少克服大小年結果作用不明顯。

（4）採後及時修剪，適時施肥，保持果園土壤濕潤，促進秋梢抽發、早充實，對於穩定產量有著極其重要的意義。

三、控冬梢

冬梢是指 11 月至翌年 1 月抽出的枝梢。由於它消耗了營養，導致翌年無花或少花。

（一）深翻斷根

對當年結果少、幼壯年、樹勢旺盛，有可能抽冬梢的植株，或已抽出長 3 cm 以下的冬梢的植株，在冬至前深耕 20～30 cm，或在樹冠外圍挖 30～50 cm 的深溝，切斷部分根系。曬 2～3 週後，

填入土雜肥，使新陳代謝方向有利於成花。但老弱樹不宜採用此法。

（二）露根法

秋梢充實後，挖開根盤表土，使根群裸露，並讓其曬數日，使植株短時缺水，暫時停止營養生長，這對促進成花有良好效果。

（三）摘除冬梢

對已抽出的冬梢，可人工摘除，以免冬梢消耗養分，影響成花。

（四）化學控冬梢

乙烯利可以殺死嫩梢，使幼葉脫落，促進花芽分化，增加雌花比例。常用40％乙烯利的濃度為300 mL/L，冬梢短、葉嫩，要採用低濃度；冬梢長、已展葉，要用高濃度。使用濃度太高，易引起落葉。此外，多效唑（PP333）對控制冬梢、促進花芽分化也有顯著作用。

四、高接換種和衰老樹的改造

（一）高接換種

過去龍眼採用實生苗繁殖，品質變異大，結果遲，不利於良種區域化和產品標準化。目前，一些龍眼產區實生樹仍不少。因此，高接換種成為改造龍眼劣質果園和品種更新的有效方法。高接換種多用單芽切接法或舌接法，接後20～25 d可檢查是否成活，若仍未成活，應進行補接。高接時，砧木應留部分枝葉，待接穗萌芽長大後再逐漸除去，以增強接穗的生長力。

（二）衰老樹的改造

龍眼樹壽命長，通常經濟栽培壽命可達100年以上，立地條件好、管理水準高的，經濟栽培年限更長。但是，有些龍眼樹只種植30～40年樹勢就衰退，大量出現枯枝，新梢萌發能力差，產量嚴重下降，有的甚至喪失結果能力。為了提高單產，必須對衰老樹進行樹冠更新和根系更新。進行地上部更新時，一定要配合根系更新復壯，加強肥水和樹體管理，及時防治病蟲害。對部分抽出花穗的

枝梢，也應酌情剪除，以促進枝梢生長，加快樹冠的形成。

五、樹體保護

（一）防凍

龍眼喜溫忌凍，在中國南部栽培冬季常遇凍害，對龍眼的生產造成嚴重的影響。因此，必須重視防凍工作。選擇較耐寒品種，如油潭本等；發生霜凍前在幼樹樹幹刷白，基部壅土，用稻草包紮樹幹，並覆蓋樹冠；在生長期施足肥料，使植株健壯，增強抗寒性；在冬季根據土壤濕度適時灌溉，以提高土壤含水量，防止接近地面的溫度驟然降低；霜凍來臨時，大面積熏煙防凍。

（二）防風

沿海地區夏秋季颱風登陸時，正值龍眼果實成熟期，常造成損失。防風的根本措施是設置防護林。對於幼樹，可於定植後在樹旁立支柱，並用繩子將其與幼樹綁紮在一起。結果量多時可用竹竿支撐。福建莆田果農用靠接法將同一株上的枝條互相靠接，亦能起到防風的作用。

第六節　花果管理

一、疏花疏果

根據龍眼生長結果特性，適時適量地疏花疏果，對培養一定數量強壯夏、秋梢作為翌年結果母枝，克服大小年結果起著重要作用。現將福建省莆田市龍眼產區疏花疏果技術措施介紹如下。

（一）適時疏折花穗

及時疏折花穗可促進夏梢萌發，促進植株生長強壯，增加葉面積，不僅對翌年結果有利，還使留下花穗結果良好，對當年豐產、提高果實品質起較大作用。通常宜在花穗長 12～15 cm、花蕾飽滿

而未開放時進行，太早疏折不易辨別花穗好壞，且易導致抽發二次花穗；太遲往往失去應有的作用。但各年應根據大小年程度及氣候情況而掌握時間。大年宜遲，否則易再重發花穗；小年宜早，抽穗初期氣候寒冷可稍早，氣候暖和可略遲。

疏折花穗部位因疏花穗季節和樹勢強弱而有所不同。清明前後疏者，可在新舊梢交界處以下1～2節疏折；穀雨前後疏者，在新舊梢交界處以上1～2節疏除。如折得太深，新梢萌發無力；折得太淺，易再抽吐二次花穗。對樹勢壯、抽梢力強的可折深些，樹勢弱應折淺些。

疏折花穗數量應視樹勢、樹齡、品種、施肥管理等不同而異。樹壯、管理好的，可疏去總花穗的30%～50%；樹弱、管理差的，可疏去50%～70%。疏花過多，則減少產量。疏折花穗的方法大致可按照「樹頂少留，下層多留，外圍少留，內部多留，去長留短，折劣留優」的原則。樹頂和外圍少留花穗，以促其發梢，並遮陰樹體。同一枝條並生2穗或多穗者，只留1穗。患病花穗應全部剪除。留存花穗必須有適當距離，均勻分布，通常掌握兩手所及範圍內5～6穗，以梅花式分布為宜。

(二) 疏果

龍眼在疏折花穗後，由於養分集中，著果率較高，單穗結果多，果實大小不均。為了調節同穗果實之間競爭養分的矛盾，必須在疏折花穗的基礎上進行疏果，這對於縮小大小年結果的相差和提高果實品質有一定的作用。廣東、海南龍眼的疏果就是以疏果穗為主。疏果的時期宜在生理落果已結束、果實呈大豆大小時進行。福建在芒種至夏至進行，在大暑至立秋再行二次疏果。疏果的方法是先適當修剪過密的小支穗，再剪去過長的支穗，使果穗緊湊、美觀，最後疏去畸形果、病蟲果和過密的果實，留下密度適當、分布均勻的健壯果。每支穗可根據其粗細、長短留2～7粒果。對於並蒂果應去一留一。留果量因樹勢強弱及果穗大小而異。樹勢強壯、

果穗大的，或著果率低的，應多留些；反之，可少留些。通常大穗的每穗留60～80粒，中等穗留40～50粒，小穗留20～30粒。

（三）疏果穗

龍眼落果嚴重的果園可進行疏果穗，一般於生理落果結束後進行。疏折果穗的數量與疏折花穗一樣，在兩手所及的範圍內保留5～6穗。疏折果穗有利於促發夏梢。疏折果穗後可在保留的果穗上再選留與疏刪果粒。

二、保果

龍眼花多，一株樹上多是雌雄花混開，雌花授粉的機會多，著果率很高。但是近幾年來，龍眼落花落果現象嚴重，甚至原是大年的結果樹也出現花多果少的情況。

（一）花多果少的原因

（1）與冬暖春寒的氣候有關。冬暖滿足不了龍眼植株對低溫的要求，春寒使花穗的前期花序發育相當緩慢，到了4月中下旬又常遇持續高溫，造成花器發育時間短，影響花的品質，導致大量落花落果。

（2）與花期陰雨有關。陰雨天氣影響授粉受精。

（3）與近年來一些小工廠及汽車等排出的廢氣毒害有關，酸雨也會造成幼果脫落。

（4）與粗放的栽培管理有關，常因營養不足造成落果。

（二）提高著果率

提高龍眼著果率的有效措施主要是加強管理，提高花質；提倡果園放蜂，增加授粉機會；防治病蟲，減少落果。此外，也可噴灑植物生長調節劑和微量元素，以提高著果率。可以應用的植物生長調節劑有：

1. 生長素類

濃度為1～4 mg/kg 的萘乙酸，可提高龍眼花粉的萌發率5.5%～5.7%；濃度為1～2 mg/kg 的2,4-D，可極顯著地提高龍

眼花粉的萌發率，比對照提高 25.1％～35.5％。生產上以 2,4 - D 應用最廣，常用 3～5 mg/kg 的 2,4 - D 在花期和幼果期噴灑保花保果。

2. 赤黴素類

主要是赤黴素（GA_3、GA_{4+7}）。其中 GA_3 應用廣泛，用 15～30 mg/kg 的濃度可提高花粉萌發率，比對照提高 18.2％～26.0％；用 20％赤黴酸可溶粉劑保果，可顯著地提高著果率，並使果實增大，一般生產上使用的濃度為 20～30 mg/kg。

3. 細胞激動素類

應用較多的是苄基腺嘌呤（6 - BA）。濃度為 50 mg/kg 的 6 - BA 可顯著地提高龍眼的著果率和果實中的可溶性固形物含量，還可防止葉片衰老，使葉片較長時間保持綠色。

除植物生長調節劑外，一些微量元素的保果效果也很顯著。如硼、鉬等可影響龍眼花粉的育性。一般花粉的含硼量不足，在自然條件下花粉萌發所需要的硼是靠花柱內的硼來補償。因此，用濃度為 0.05％～0.2％的硼砂噴灑，可使龍眼花粉的萌發率提高 27.0％～59.1％；但濃度超過 0.4％，則對龍眼花粉的萌發有抑制作用。在幼果期噴灑 0.1％硼砂，可滿足幼果對硼的需要，有利於果實發育。用濃度為 10～50 mg/kg 的鉬酸銨噴灑，對龍眼花粉萌發也有極顯著的效果。

第七節　病蟲害防治

一、主要病害

（一）龍眼鬼帚病

1. 症狀

龍眼鬼帚病，又叫叢枝病。龍眼樹的幼葉染病後，葉黃綠色、不伸展，葉緣向上內捲成月牙形，嚴重時，葉片細長蕨葉狀。枝梢

中新梢頂部葉畸形，不久乾枯全部脫落成禿枝。病重植株，新梢節間縮短成叢生狀、掃帚狀的褐色無葉枝群，故稱鬼帚病或叢枝病。花穗受害後，花朵畸形膨大，花器不發育或發育不正常，密集在一起，花早落。偶有結果，果小，果肉淡而無味。

2. 防治方法

龍眼鬼帚病是一種病毒性病害，可透過嫁接或蟲害傳染，通常病株上採下的種子、枝條可帶毒傳播，而蟲媒傳毒主要是荔枝蝽和龍眼角頰木蝨。

防治方法：

① 嚴格檢疫。

② 培育無病壯苗。

③ 治蟲防病。可用醚菊酯或溴氰菊酯防治荔枝蝽，用噻嗪酮或吡蟲啉防治龍眼角頰木蝨。

④ 加強栽培管理。加強水肥管理，保持樹勢健壯，提高其抗病能力，及時清園，將蔭蔽枝、病蟲枝、乾枯枝、纖弱枝和重疊枝剪去，帶出果園集中噴藥處理後粉碎漚肥或深埋，防止傳播危害。

（二）炭疽病

1. 症狀

發病初期在幼嫩葉尖和葉邊緣下面形成暗褐色的近圓形斑點，最後形成紅褐色邊緣的灰白色病斑，上面著生不規則的小黑點。雨季時病斑迅速擴展，小病斑連成大病斑，不久病斑乾枯。受害嫩梢頂部先開始呈萎蔫狀，然後枯死，病部呈黑褐色，後期整條嫩梢枯死。受害果實先出現黃褐色小點，後呈深褐色水漬狀，健部和病部界線不明顯，後期病部生黑色小點。

2. 防治方法

炭疽病的流行與雨日、雨量、溫度關係密切，高溫高濕發病重。夏秋乾旱不利其發生。

防治方法：冬季清園，剪除病枝，清掃地面落葉枯枝並集中噴

藥處理後粉碎漚肥；葉片展開時及幼果期噴灑甲基硫菌靈或代森錳鋅進行防治。

（三）葉斑病

1. 症狀

葉片產生斑點、斑塊，造成龍眼葉枯，致使葉片脫落，影響樹勢。

2. 防治方法

龍眼葉斑病通常藉風雨傳播，病菌萌發後侵入危害幼葉或老葉，自春季至初冬均能引起發病，以夏、秋雨季最盛，嚴重時，常造成早期落葉，影響樹勢。栽培管理粗放、蔭蔽潮濕、害蟲多、樹勢衰弱的龍眼園發病較重。防治方法同龍眼炭疽病。

（四）砧穗不親和

1. 症狀

龍眼砧穗不親和是一種生理性病害。龍眼嫁接苗在接口處輸導組織不暢通，光合產物向下輸送受阻，接口下部樹幹變小，接口上部樹幹變大，葉片增厚，黃綠色，植株生勢弱，甚至不能正常生長結果，大小果嚴重，無商品價值。

2. 防治方法

（1）苗木出圃時挑除不親和的嫁接苗。

（2）對輕度不親和的樹加強肥水管理，並在接口處用刀縱割刻傷處理。

（3）嚴重不親和的及時挖除，並進行補種。

二、主要蟲害

（一）龍眼蒂蛀蟲

1. 危害特點

幼蟲鑽蛀果實、新梢、花穗。幼果期被害，蛀食果核，導致落果；果實後期被害，僅危害果蒂，遺留蟲糞，影響品質；危害花穗、新梢，可致先端枯萎；葉片被害，中脈變褐，表皮破裂。被害

果實在成熟採收時常自然脫落。

龍眼蒂蛀蟲成蟲晝伏夜出，有明顯趨嫩性和趨果性。喜歡蔭蔽、潮濕，整個取食期均在蛀道內，不破孔排糞。

2. 防治方法

加強果園管理。增強樹勢，提高樹體抵抗力。科學修剪，剪除病殘枝，調節通風透光性。保持果園適當的溫濕度，結合修剪，清理果園，減少病源。

化學防治：在落花後至幼果期間，幼蟲初孵至孵化盛期時噴灑高效氯氰菊酯、溴氰菊酯、毒死蜱、甲氨基阿維菌素苯甲酸鹽、高效氯氰菊酯＋滅多威、敵百蟲等藥劑進行防治。

（二）荔枝蝽

1. 危害特點

成蟲、若蟲均能吸食嫩芽、嫩梢、花穗和果實汁液，引起落花、落果，常造成果品減產失收。

2. 防治方法

荔枝蝽有假死性，若蟲共 5 齡，三齡以前抗藥力弱，是防治的最佳時期。

人工捕捉：早晨搖動樹枝，或用長竹竿輕打枝葉，若蟲受驚落地假死時，即可人工捕捉並集中銷毀。

藥劑防治：在若蟲大量發生時及時噴藥防治，常用藥劑有高效氯氰菊酯、敵百蟲、噻蟲嗪等，防治 1~2 次。

（三）尺蠖、捲葉蛾

1. 危害特點

幼蟲危害嫩梢、嫩葉、花穗、幼果及成熟果實。尺蠖以幼蟲危害嫩芽、嫩葉，吃成缺刻或吃光整片葉；捲葉蛾類幼蟲吐絲捲綴葉片，躲藏其中危害。幼果受害引起落果。

2. 防治方法

掛設誘蟲燈，誘殺成蟲。

化學防治：用石硫合劑將龍眼樹莖基部 0.8～1.0 m 高塗白。每一次新梢萌發和花蕾生長期及時噴藥防治，可用敵百蟲、毒死蜱、高效氯氰菊酯、阿維菌素、氯蟲苯甲醯胺等噴霧。

(四) 介殼蟲類

1. 危害特點

若蟲、成蟲寄生於嫩梢、果柄、果蒂、葉柄和小枝上。新梢被害，幼芽扭曲、畸形，生長受阻；果實被害，影響外觀和品質，引起落果，還誘發煤煙病。

2. 防治方法

可以選用毒死蜱、馬拉硫磷、溴氰菊酯等藥劑噴霧進行防治。

(五) 紅蜘蛛

1. 危害特點

紅蜘蛛具有群集性，成蟎、若蟎、幼蟎群集於葉面取食危害。被害部位褪綠，嚴重時整株葉面褪綠，影響植株光合作用。

2. 防治方法

冬、春乾旱季節危害嚴重，高溫高濕季節不利於紅蜘蛛生長發育。可選用阿維菌素、辛硫磷、噠蟎靈、四蟎嗪、異丙威等藥劑對受害植株進行噴霧。

第八節　採　　收

龍眼果實以充分成熟採收為宜，採收期因地區、品種、用途及氣候而異。當果殼由青色轉為褐色，果皮由厚且粗糙轉為薄而光滑，果肉由堅硬變柔軟而富有彈性且呈現濃甜，果核顏色變為黑褐色或紅褐色時即為成熟。就地鮮銷或加工桂圓肉、桂圓乾的，採收成熟度可以在九成以上；供儲藏、遠運的果實適宜在八分熟採收。

採摘果穗的部位，掌握在果穗基部與結果母枝交界處，果

穗基部 3～6 cm，帶葉 2～3 片折斷果穗。此處隱芽較為集中，俗稱「葫蘆節」，節上養分積累較多，是發芽抽梢的重要部位。斷口應整齊，無撕皮裂口之弊。採果應在晴天晨露乾後或 16：00 後進行，或在陰天採摘，避免在中午高溫或雨天採果，否則因氣溫過高極易使果實變色變味。

龍眼果穗採摘後，可用竹筐、紙箱、板條箱、塑膠箱包裝。紙箱側面要留有通氣孔，木箱、塑膠箱四周及蓋、底均須留有寬 2 cm 的縫，裝箱時要果穗朝外，果梗朝內，輕裝輕放，避免擠壓，減少脫粒。採後的果實不能被太陽曝曬，要及時進行預冷，散發田間熱。

鮮果於包裝前先經選別，除去壞果，並摘掉果穗上的葉片，剪除過長的穗梗，使果穗整齊。

第五章 荔　　枝

荔枝原產中國南部，果實品質優良，營養豐富，在海南、廣東、雲南的山林裡仍有成片野生荔枝林。中國荔枝的生產區，包括海南特早熟產區、粵桂西南部的早熟產區、粵桂中部的中熟產區和粵東閩南的遲熟產區。海南省的荔枝則主要分布在東部、東南部、東北部、北部等地，2022 年，海南省荔枝種植面積 2.1 萬 hm^2，占全國的 4.0%。

第一節　品種及種苗培育

一、品種介紹

荔枝屬無患子科荔枝屬。該屬有兩個種：中國荔枝原產海南島霸王嶺；菲律賓荔枝原產菲律賓，只作砧木或育種材料。

根據成熟期先後分為：早、中、晚熟品種。早熟品種有三月紅、白糖罌、白蠟、妃子笑等；中熟品種有大造、黑葉、桂味、糯米糍等；遲熟品種有新興香荔、淮枝、蘭竹、陳紫等。熱帶地區的荔枝品種以早熟品種為主，栽培品種達到 40 多個。近年來，無核品種和大果型品種已經形成一定種植規模，並發展成海南荔枝特色品牌。

（一）荔枝王

荔枝王是海南省特有的荔枝品種，又稱為紫娘喜。果實特大，果皮紫紅色、較厚，果皮上額顆粒感比較突出，果肉白嫩、細膩甜脆，

口味酸甜適口，種核大。每年5月下旬至6月上旬成熟。

(二) 妃子笑

妃子笑荔枝投產早、生長快，是海南省種植較廣泛的品種，4月下旬至5月成熟。果大，果皮顏色青紅相間，果肉晶瑩剔透，多汁，甜度高，果核特別小，食用品質高。

(三) 白蠟

白蠟荔枝生長勢較強，豐產，但大小年現象較明顯。其果實大小中等，果皮顏色紅潤，果核中等，甜度適中。

(四) 三月紅

三月紅荔枝樹勢壯旺，耐濕、抗風，最早熟品種，4月成熟。果大、心形，果肉白蠟色，肉粗多汁，甜中帶酸澀，種核大。

(五) 南島無核

南島無核荔枝不抗旱。果實近球形，果皮鮮紅，肉厚乳白，肉質嫩滑、多汁，種子退化焦核，可食率高。6月成熟，果實膨大期和成熟期易裂果。

(六) 大丁香

大丁香荔枝果大，果皮鮮紅色至紫紅色，皮厚，肉質嫩滑、多汁，味清甜微酸，果核小或焦核。5月下旬至6月上旬成熟。

(七) 鵝蛋荔

鵝蛋荔即嶺南39，早產、豐產性好。果皮暗紅帶綠，果特大，種子大而飽滿，肉質柔軟多汁，味甜。

(八) 白糖罌

白糖罌荔枝樹勢中等，一般在6月中下旬成熟。果偏小，果皮薄、顏色鮮紅，果肉呈白蠟色，果肉細膩多汁，果核中等，甜度高，有白糖味。

(九) 糯米糍

糯米糍荔枝6月下旬到7月上旬成熟，果肉較厚，肉質滑嫩、鬆軟、多汁。果實甜度高，核瘦小，可食率僅次於無核荔枝。

二、育苗

荔枝的繁殖育苗，以高空壓條和嫁接育苗為主。

（一）嫁接育苗

1. 砧木苗的培育

（1）砧木品種的選擇。荔枝不同砧穗組合的嫁接親和力有差異，生產上常選用淮枝、大造、黑葉、三月紅等大核種子品種作為砧木。

（2）種子處理。荔枝種子不耐存放，自然堆放3～5 d會因乾燥或發霉而失去發芽力，最好隨採隨播。若需儲藏，應將種子洗淨晾乾，選出健康飽滿的種子，用百菌清、硫菌靈處理種子，裝入塑膠袋密封，室溫儲藏，4個月以上仍有較高的發芽率。

（3）播種。一般夏季播種，按行株距（10～15）cm×（5～8）cm穴播，覆土1.5～2 cm，保持床土濕潤。

（4）苗期管理。砧木種子出苗後及時追苗肥，加強田間管理。翌年3～4月按植株大小分級，按株行距均15～20 cm移栽。當砧木苗長至30 cm高時摘心，抹除主幹20 cm以下的側芽，培養直立、健壯的苗木。當苗幹粗1 cm左右時嫁接。

2. 嫁接

（1）嫁接時間。熱帶地區種植荔枝，一年四季都可以進行嫁接，一般在3～5月及9～10月嫁接成活率高。

（2）採接穗。在品種純正、豐產優質的結果樹上，採集生長充實、芽眼飽滿、粗度與砧木相近的一二年生枝條作為接穗。接穗不耐儲藏，若需短期保存，可用濕細沙、濕布等包好裝於塑膠袋中備用。枝條最好當天採當天嫁接。

（3）嫁接方法。嫁接方法有芽接和枝接，枝接以切接、舌接等方法進行。切接時，先將砧木主幹切斷，切口高度15～30 cm都可，要求切口平滑，切口下方保留2～3片葉。斷面靠近木質部邊

緣向下縱切一刀，切口的長和寬與接穗的切面相對應。再將枝條截成 2.5～3 cm 長、帶 1～3 個壯芽的接穗。在接穗的形態學下端，削成 1～2 cm 長的單斜切面或雙斜切面，露出形成層。將接穗插入砧木的切口，使接穗與砧木至少一側的形成層對齊，砧木切口的皮層包於接穗外側。用嫁接膜捆綁、封嚴。

3. 嫁接後期管理

嫁接後 30～40 d 檢查，未成活的及時補接，抹除砧芽。第二次新梢老熟後，從側邊切割薄膜帶解縛。接穗萌發的第一次新梢老熟後可施肥，以後每次梢期施肥 1～2 次。旱時淋水，及時滅蟲。

4. 嫁接苗出圃與包裝運輸

嫁接苗高 40～50 cm，具 2～3 條分枝，末級枝老熟，葉片濃綠，便可出圃。新梢萌芽前出圃栽植成活率高，出圃前先將苗木移入營養袋培育 1～2 個月，再移植大田，可縮短緩苗期，提高成活率。

運輸過程中，注意輕搬、輕放和遮陰防曬。

(二) 高空壓條育苗

荔枝高空壓條育苗，一年四季都可進行，以 3～5 月為多。選擇豐產、穩產、生長勢壯旺的 20～30 年生壯樹，2～3 年生、徑 1.5～3 cm、生長健壯的枝條，相距約 3 cm，環割兩刀，深達木質部，將兩割口間的皮層剝除，15～20 d 後，包上潮濕的生根基質，外用塑膠膜保護。為促進生根，可在上割口及其附近塗上 0.5% 吲哚丁酸或 0.05%～0.1% 萘乙酸。經 80～100 d 後，生根 2～3 次，根老熟後，從壓條下端鋸離母樹，假植或定植。

第二節　建　　園

一、園地選擇

大面積荔枝園主要建立在山地丘陵和平地，山地丘陵宜在

15°～20°的斜坡地建園，重點要做好水土保持。地下水位較高的園田或沿海地區的平地建園，必須重視排灌系統的修建，降低地下水位。以土壤有機質豐富，保水保肥力強，開闊向陽的地段為宜。

二、園地規劃

1. 園地四周宜營造防護林帶

主林帶設在迎風方向的園地邊或山坡分水嶺上，副林帶設在園中道路或排灌溝邊沿。主林帶種 6 行樹以上，副林帶種 3～4 行。林帶與果園種植區間挖溝隔離。常用的樹種為馬占相思、木麻黃等樹種。

2. 根據地形地勢將園地分成小區

緩坡地小區面積 45～75 畝[①]；丘陵山地小區面積 15～30 畝。5°以下的平緩坡地要修築溝埂梯田或水平梯田，5°以上的微丘陵或丘陵地要修面寬 1.5 m 以上的環山行。大於 20°的坡地不宜種植。

3. 設立能排能灌的排灌系統和完善的道路系統

商品性生產的果園，一般要求有蓄水設施，以滿足各時期荔枝生長發育對水分的需要。另外，雨季汛期需要及時排除果園溝內積水，荔枝園內要求修建完善的排水系統。

第三節　栽　　植

一、栽植授粉樹

荔枝園栽植單一品種，花期雌雄花開放有先後，正常年分有相遇機會，可以互相授粉，但在氣候異常的年分，雌雄花不能相遇或相遇的機率很低，會造成當年花而無實或花多果少的現象。部分荔

[①] 畝為非法定計量單位，1 畝 = 1/15 hm²。——編者注

枝品種的幼樹，花期早而短，同性花又非常集中，在整個花期中，雌雄花幾乎無相遇機會。所以種植荔枝時，確定主栽品種後，應選擇 1～2 個花期相近的不同品種，約占主栽品種的 10％，作為授粉樹。

二、定植密度

一般採用（4～5）m×（5～6）m 的株行距進行荔枝苗的栽植，每公頃種植 350～500 株。

三、挖定植穴

栽植前 2～3 個月挖好種植穴。種植穴規格：長×寬×深為 1 m×1 m×0.8 m，曝曬風化。苗木栽植時，每穴分層施入綠肥 50 kg、腐熟的土雜肥 100 kg、優質豬糞 15～25 kg、石灰 0.5 kg、過磷酸鈣 0.5～1 kg。穴口整成高出地面 25 cm 左右、寬 1 m 左右的土墩。待填土沉實、肥料腐熟後栽苗。

四、定植時間

熱帶地區一年四季均可栽植，最適宜栽植的時期為春季和秋季。春植一般在 2～5 月，春梢萌發前或春梢老熟後進行；秋植一般在 9～10 月，秋梢老熟後進行。其他時期栽植也應在枝梢老熟後進行。

五、栽植要求

袋裝苗確保袋裝土不鬆散。深穴淺種，回土要高出土面 15～20 cm，土面埋過根莖交界處 2～3 cm，利於發根。樹苗周圍做直徑 1 m 的樹盤，澆足定根水，樹盤圈內蓋草保濕。栽植後視天氣和土壤濕度情況，適時淋水。栽植 30 d 後檢查荔枝苗成活情況並及時補苗。

第四節　水肥管理

一、水分管理

（一）幼齡樹的水分管理

荔枝幼齡樹，根少且淺，受表層土壤水分的影響較大。海南5～10月雨水充足，11月至翌年4月雨水較少。1年生荔枝幼樹常發生「回枯」現象，尤以定植後已萌發一二次新梢又放鬆了水分管理的壓條苗，「回枯」更為嚴重。故旱天應注意淋水保濕，雨天防止樹盤積水，下沉植株宜適當抬高植位，以利正常生長。

（二）結果樹的水分管理

荔枝結果樹對水分的要求較為嚴格。

採果後促進秋梢抽出的生長階段，一般年分雨水均較充足，若遇到高溫乾旱，需要及時灌溉。花芽分化前期土壤應適當乾燥，後期適量供水，以利於花芽的分化和花穗抽出。開花期宜少雨多晴，久旱應灌水。果實生長發育期如遇乾旱，也會對果實發育造成不利影響，引起裂果和落果。整個果實發育期均需要均衡的水分供應，促進果實正常發育至成熟。荔枝果實成熟期注意排除果園積水。

二、肥料管理

（一）幼年樹的肥料管理

1. 施肥時期

荔枝樹苗在定植後1個月即可開始追肥，實行「一梢兩肥」或「一梢三肥」，即枝梢頂芽萌動時施入以氮為主的速效肥，促使新梢正常生長；當新梢伸長基本停止、葉色由紅轉綠時，施第2次肥，促使枝梢迅速轉綠、提高光合效能、增粗枝條、增厚葉片。也可在新梢轉綠後施第3次肥，加速新梢老熟、縮短梢期，利於多次

萌發新梢。

2. 施肥量

每長出一次新梢施 1～2 次肥，每株每次施腐熟花生餅肥 25 g、尿素 25 g，或三元複合肥 25～30 g、尿素 20～25 g、氯化鉀 15～20 g、過磷酸鈣 50～75 g。以後隨荔枝樹冠幅增大施肥量也逐漸增多。

3. 施肥方法

定植當年在樹盤內淺鬆土 5～10 cm 淋施，第 2 年起有機肥可在樹冠滴水線挖深 20 cm、寬 50 cm 的環狀溝埋施，化肥可在雨後溝施或水施。

新梢開始轉綠，結合防治病蟲的農藥，加入 0.3%～0.5% 尿素、磷酸二氫鉀或其他葉面肥，進行根外追肥。

（二）結果樹的肥料管理

一般每生產 100 kg 鮮果需施純氮（N）2.4～7.0 kg、五氧化二磷（P_2O_5）1.4～3.8 kg、氧化鉀（K_2O）3.0～7.0 kg，養分配比為 N：P_2O_5：K_2O＝1：(0.3～0.6)：(1～1.5)。施肥以有機肥為主，無機肥為輔。荔枝結果樹全年施肥主要分 3 個時期進行。

1. 促梢肥

荔枝樹採果後立即施肥。若掛果量多，樹勢較弱者，可在採果前 10 d 左右施用。按每株結果 20 kg 計算，每株施腐熟禽畜糞肥 50 kg，以利於恢復樹勢。採果後，每株施尿素、鈣鎂磷肥各 0.4 kg。末次秋梢頂芽萌動時施尿素 0.3 kg，轉綠時施 1.0 kg 鈣鎂磷肥和 0.4 kg 氯化鉀。

2. 促花肥

見花蕾就施肥。以土壤施肥為主，沿樹冠滴水線開深 30～40 cm、寬 20 cm 的環形溝，以每株結果 20 kg 計算，每株施腐熟禽畜糞肥 10～15 kg、三元複合肥 0.4 kg、鈣鎂磷肥 1.0 kg、氯化鉀 1.0 kg、硼砂 30～50 g。根據實際需要，還可以根外噴施核苷

酸、胺基酸類葉面肥加磷酸二氫鉀1～2次。

3. 壯果肥

按每株結果20 kg計算，株施三元複合肥0.8 kg、氯化鉀0.7 kg、尿素0.4 kg、鈣鎂磷肥1.0 kg。謝花後至採果前30 d左右分3次施用。第1次在謝花後立即施用，施用量占壯果肥量的30%；第2次在謝花後25～30 d施用，施用量占壯果肥量的40%；第3次在採果前30 d左右施用，施用量占壯果肥量的30%。壯果期的施肥應土壤施肥和根外追肥相結合。土壤施肥中以水肥耦合方式施用最理想。

4. 根外追肥

枝梢轉綠期、抽穗期、花期、幼果期等物候期可根外追肥，以迅速補充樹體養分和預防缺素症。施用時間以早晨或傍晚為佳。施用部位以葉背為主。常用的肥料種類和濃度：尿素、磷酸二氫鉀0.2%～0.5%，硼砂（或硼酸）0.1%，鉬酸銨0.05%～0.10%，硫酸鎂、硫酸鋅0.1%～0.2%及中國批准生產的核苷酸、細胞分裂素、綠芬威、愛多收、天然藝苔素、荔枝保花保果藥劑等。施用間隔期7～10 d。

第五節　整形修剪

一、幼樹的整形修剪

幼樹主幹30～50 cm處，選留分布均勻、長勢健壯的主枝3～4條，主枝與主幹向上延伸的直線間的夾角為45°～60°。每一主枝距主幹30～40 cm處選留副主枝2～3條，按副主枝的培養方法依次培養各級結果枝級，用拉、撐、頂、吊等方法調整枝條生長角度和方位，用摘心、短截、疏刪、抹芽等方法抑制枝梢生長和促進分枝。同時，在整形過程中還要注意因樹作形，因枝修剪，靈活掌握，

切忌過量修剪影響樹勢。最後使樹高 1.6～2 m，冠幅 2～2.5 m，冠幅大於樹高，主枝較開張，綠葉層厚，枝梢在空間的分布較緊湊，高低參差錯落有致，進入開花結果前具備 50～100 條健壯的結果母枝，形成通風透光好的半圓形樹冠。

二、結果樹的整形修剪

（一）採果後回縮修剪

採果後 7～10 d 進行回縮修剪。幼齡結果樹以繼續擴大樹冠和提高產量為目標。樹冠尚未封行時，宜輕回縮，即在上一年度回縮剪口上方 20～25 cm 處剪去已結果的枝條，剪後每個枝條保留 2 個分布均勻的分枝。成齡結果樹的樹冠已成形，可以重回縮修剪，在上一年度剪口上方 2～3 個芽處剪去已結果的枝條，剪口下只保留 1 條健壯且空間位置合理的枝條。

（二）抽穗前疏枝

在荔枝花穗抽生前，合理地剪除過密枝、蔭蔽枝、纖弱枝、重疊枝、下垂枝、內生枝、病蟲枝、枯死枝等。但修剪宜輕，落葉量低於 15％。

（三）培養適時健壯的秋梢結果母枝

幼齡結果樹或中齡結果樹，要求採果後能抽出 3 次梢。成年結果樹，要求採果後能抽出 2 次梢。幼齡或中齡結果樹，第 1 次梢宜在 6 月中下旬抽出，第 2 次梢於 7 月中下旬抽出，末次秋梢宜在 9 月中下旬抽出，10 月中下旬老熟。成齡結果樹第 1 次梢宜在 6 月中下旬抽出，末次秋梢宜在 8 月下旬或 9 月上旬抽出，10 月中下旬老熟；末次秋梢若在 8 月中旬以前抽出，則應透過控制肥水管理來延緩其老熟時間，即末次秋梢抽出後不再施入氮肥，同時適當控制灌水量；末次秋梢若在 9 月中旬以後抽出，則應及時噴施核苷酸等葉面肥促使其在 10 月中下旬老熟，若不能在 10 月 25 日前老熟的，對未老熟的嫩梢，用人工將其從基部老、嫩梢交界處摘除。

末次秋梢適時抽出後，要促其快速生長，乾旱時灌水，使其及時吸收促梢時施下的肥料，供應枝梢生長；末次秋梢長 7 cm 至展葉前及時疏除過密、過弱的嫩芽，保留 1~2 個粗壯的芽，使其養分集中，枝梢健壯，必要時可於嫩梢展葉後摘除芽頂，加速末次秋梢轉綠老熟；於末次秋梢轉綠起，連續噴施特丁基核苷酸 2 次，每次相隔 10 d，可有效加速枝梢老熟。同時每次梢抽發時應噴藥防蟲保梢。

第六節　控梢促花

荔枝末次秋梢結果母枝老熟後，開始控梢促花。控冬梢促花的有效措施主要有以下幾種，但各種措施應相互配合應用，才能取得顯著效果。

一、斷根

末次秋梢老熟後，結合採果後挖施肥溝施基肥，挖斷部分細小的吸收根。樹勢過旺，可在樹盤內翻土斷根，削弱根系對肥水的吸收，從而抑制冬梢萌發。

二、環割

對於幼齡結果樹，末次秋梢老熟後，在直徑 6 cm 以上的主幹、主枝、側枝上環割一圈，深度達木質部。

三、螺旋環剝

樹勢壯旺的幼齡結果樹和中齡結果樹，在末次秋梢老熟後，選擇合適的枝條部位，用 0.2~0.3 cm 的環剝刀進行螺旋環剝 1~1.5 圈，環剝的寬度通常為環剝枝條直徑的 1/10，環剝的深度以剛

好達木質部為宜，螺距與幹、枝粗細相當。

四、化學調控

環割後 20～30 d，用 40％乙烯利 40～60 mL、15％多效唑 100～160 g 兌水 50 kg 噴霧，控制冬梢萌發，促進成花。冬梢抽出 1～2 cm 長時第 1 次噴霧，20～25 d 後第 2 次噴霧。噴霧時要將藥物灑在芽、枝梢和葉片上，噴至葉片微滴水為止。11 月中下旬後抽發的冬梢，可用 400～500 mg/kg 乙烯利噴殺或人工摘除。其他控梢催花的藥物還有荔枝專用促花劑、荔枝龍眼控梢促花劑、控梢靈等。

五、衝梢處理

如果透過上述 4 種措施還無法控梢而抽生冬梢，說明植株仍處於營養旺長狀態，未進入生殖生長期，如不及時處理，會影響花芽分化。方法有：

（一）人工摘除冬梢

適用於幼齡結果樹、較矮化的成年結果樹，且只有少部分衝梢。人工摘梢的適宜時間是冬梢抽出 5～7 cm，將其全部摘除，使其順利進行花芽分化。大部分樹衝梢採用人工摘梢花費人工多，時間長。

（二）藥物殺冬梢

冬梢抽出 3～5 cm 且未展葉或剛展葉時，用含成花素成分的「脫小葉」均勻噴布於嫩梢上，2～3 d 即萎蔫、乾枯。此方法快速安全，由於含成花素成分，可促進花芽分化。但使用「脫小葉」殺冬梢時要及時，否則達不到應有的效果。用乙烯利或含乙烯利成分的藥物殺梢，也可以殺死冬梢。但要把握好乙烯利的使用濃度，濃度過低或氣溫過低，殺不死冬梢；濃度過高或氣溫過高，引起葉片黃化，甚至落葉。

第七節　花果管理

一、調控花期和花量

瓊南 12 月底以前、瓊北 1 月上旬以前抽出的花蕾，要從基部全部抹除。1～2 月抽出的花蕾，在花穗抽生 8～10 cm 時短截花穗，或用 300 mg/kg 多效唑和 250 mg/kg 乙烯利壓穗，促抽側穗，每結果母枝留花穗 1～2 條。

二、輔助授粉

盛花期採用果園放蜂、人工輔助授粉、雨後搖花，高溫乾燥天氣傍晚灌水及下午樹冠上噴清水等措施，可以有效提高授粉率。

三、疏果

對結果過量的植株在第 2 次生理落果後進行人工疏果。疏除過密果、弱小果、畸形果、病蟲害果和過於分散的果，並根據結果母枝粗壯程度和葉片數確定每枝留 20～30 個正常果。

四、保果

（一）環割

幼齡結果樹可在雌花謝花後 10～15 d 進行環割，生長旺盛的結果樹可在雌花謝花後 40～50 d 環割第 2 次。環割宜在主幹枝或大枝上進行，用環割刀在光滑部位上環割 1 圈，深度達木質部為宜。對老齡和樹勢弱的結果樹一般不採用環割措施。

（二）噴施葉面肥

花蕾期至幼果期，每隔 10～15 d 噴 1 次葉面肥，葉面肥可用

0.3%尿素加 0.3%磷酸二氢钾。开花期不能使用农药。

(三) 应用植物生长调节剂

可用核苷酸 1 袋兑水 15 kg，在谢花后 15 d 进行第 1 次喷药，在生理落果后即雌花谢后 30 d 左右进行第 2 次喷药。还可在谢花后 20~40 d，用 40~50 mg/L 防落素或 20~50 mg/L 赤霉素，加 0.3%~0.5%尿素和 0.2%~0.3%氯化钾喷雾，进行保果。应用的植物生长调节剂必须符合规范。

(四) 果实套袋

荔枝果实套袋，多采用无纺布制成的荔枝专用保果袋，也有其他白色透光和防水材质的袋。套袋期为雌花谢花后约 20 d，小果颜色由黄绿色变为青绿色时，将过大、过小、病虫果及果穗上的枯枝残叶摘除，喷洒杀虫杀菌剂和叶面肥的混合物，将整个果穗用保果袋套上，紮紧袋口。杀虫杀菌剂和叶面肥，可使用 25%杀虫双 500 倍液，或 90%敌百虫 800 倍液，或 58%瑞毒·锰锌 600 倍液，或 0.3%尿素和 0.3%磷酸二氢钾混匀喷雾，药液乾后尽快套袋，最好分批杀虫杀菌，当天喷药的果实当天套袋。

套袋时，不要将树叶和枝条套进袋内，保果袋要充分撑开，果实不靠近袋内壁。果实发育过程中，如果发现果袋损坏，应立即更换。

五、防裂果

荔枝裂果发生在幼果期和果实发育中后期。幼果期裂果高峰发生在雌花谢后 25~30 d，此时为种子和果皮的生长发育期。种子生长发育快于果皮，导致果皮纵向裂果。果实发育中期裂果高峰发生在雌花谢后 50 d 左右，此时果肉纵向生长迅速，管理不当果肉撑裂果壳。果实发育后期裂果高峰发生在雌花谢后 65~70 d，此时果肉进入横向猛长期，裂果主要从果肩两边开裂。幼果期裂果，造成的直接经济损失较小。但发生在果实发育中后期的裂果，则造成较

大的經濟損失。生產上應在裂果高峰出現之前，採取有效措施，防止裂果。

荔枝裂果與品種特性，包括施肥、灌溉、排水、病蟲防治等在內的栽培管理技術及大氣的濕度等氣候條件關係密切。防裂果的主要措施如下：

1. 使用植物生長調節劑

在果皮發育期，即雌花謝後 15 d 和 30～40 d，噴高濃度細胞分裂素於幼果上，可以促進果皮細胞分裂和正常發育。

2. 在果實發育期保持水分均衡供應

在果皮生長發育期及果肉迅速生長期，要保持果園土壤的濕度和大氣的濕度均衡，天氣乾旱時，除主要向土壤灌水外，還需對樹冠進行噴水，使果實能在穩定的環境條件下正常生長，避免由於久旱驟雨或土壤、大氣濕度劇變，引起果肉和果皮生長失衡而裂果。

3. 在果實發育期平衡供應果實發育所需要的養分

荔枝果實發育期間除平衡供應氮、磷、鉀外，還應及時補充與果實發育關係密切的鈣、硼、鋅、銅等元素。生產上除在冬季清園後果園撒施石灰，增加鈣的供應量外，在第 1 次生理落果後至果實渾圓前，葉面噴施含鈣、硼、鋅、銅等元素的「防裂素」2～3 次。

4. 環割

第 1 次生理落果後用環割刀對一級或二級分枝進行螺旋環割 1 圈，以阻斷絕大部分光合產物向根系輸送，使根系處於養根而不生根的狀態，減少根系生長與果實爭奪養分，以減少裂果。

5. 及時防治病蟲害

荔枝的病蟲害可以提高荔枝的裂果率，尤其是受霜疫黴病感染的荔枝果皮，常是果皮開裂的突破口，注意及時防治。

第八節　病蟲害防治

一、主要病害

（一）荔枝霜疫黴病

1. 症狀

荔枝霜疫黴病，主要危害荔枝葉片、花穗、結果小枝和果實，近成熟和成熟果實受害尤為嚴重。受害時，形成不規則褐色病斑，花變褐腐爛，葉的正、背面都呈現白色霉層。

2. 發病條件

荔枝霜疫黴病是熱帶地區荔枝最嚴重的病害，發生的最適宜溫度為 22～25 ℃，超過 28 ℃，病害的發展受抑制，乾旱天氣發生較少。高濕度條件下，11～30 ℃均可侵染荔枝果實。

3. 防治方法

（1）防止果園積水，降低果園濕度。荔枝採收後，要疏除病蟲枝、枯枝、弱枝、過密枝，使樹冠通風透光良好。

（2）清理果園，減少病害的初侵染來源。採果後，清理地面上的病果、爛果、枯枝、落葉、雜草等，帶離果園深埋或集中噴藥後粉碎漚肥。

（3）土壤消毒。春季卵孢子萌發期，用 1％硫酸銅溶液或用 1％波爾多液噴灑樹冠下面的土壤表面，殺死萌發的孢子囊。

（4）藥劑防治。花蕾期、幼果期和果實成熟期可噴藥防治。藥劑可選用 64％噁霜·錳鋅可濕性粉劑 600 倍液，或 58％瑞毒·錳鋅可濕性粉劑 600 倍液，或 25％瑞毒霉可濕性粉劑 500 倍液，或 50％甲霜·乙膦鋁可濕性粉劑 600 倍液，或 72.2％霜霉威鹽酸鹽水劑 600～800 倍液。

（二）荔枝炭疽病

1. 症狀

荔枝炭疽病主要危害嫩葉、花穗和果實。葉片受害常從葉尖開始，由淡褐色小斑逐漸擴展為深褐色的大斑，邊緣不清晰。濕度大時溢出粉紅色的黏液，嚴重時導致葉片乾枯、脫落。花穗受害變褐枯死，果實受害變褐腐爛。

2. 發病條件

荔枝炭疽病是荔枝的重要病害。當空氣濕度大、樹勢衰弱、遭受其他病蟲危害或果實處於成熟階段，容易誘發病害。該病的發生與栽培管理水準、環境條件及荔枝樹體本身的抗病能力關係密切。

3. 防治方法

（1）加強栽培管理，使樹勢生長健壯，增強植株的抗病能力。

（2）保持果園乾淨，減少菌源。荔枝採收後疏除病蟲枝、枯枝，清除地面上的病果、爛果、枯枝、落葉，集中噴藥後粉碎漚肥。同時全園噴灑殺菌、殺蟲劑。

（3）藥劑防治。荔枝春梢期、花穗期、幼果期可噴藥防治。藥劑可選用25％咪鮮胺乳油800倍液，或80％代森錳鋅可濕性粉劑500倍液，或70％甲基硫菌靈可濕性粉劑800～1 000倍液，或50％咪鮮胺錳鹽可濕性粉劑1 500倍液。

（三）荔枝酸腐病

1. 症狀

荔枝酸腐病多危害成熟果實尤其是受害蟲危害的果實，儲運期間也常發生此病。發病時一般從蒂部開始，病部初呈褐色，後變為暗褐色，並迅速擴展至全果變暗褐色，果實外殼硬化，內部果肉腐化，有酸臭味並有酸水流出。

2. 發病條件

荔枝酸腐病是危害荔枝果實的常見病害。成熟果實被害蟲危害

或受機械損傷後，容易受此病菌感染。在儲運過程中，健果與病果接觸而受感染。

3. 防治方法

（1）及時防治荔枝蝽、荔枝蒂蛀蟲等荔枝果實害蟲。

（2）在果實管理、荔枝採收和運輸過程中，盡量避免損傷果實和果蒂。

（3）果實採後可用42％雙胍·咪鮮胺500～700倍液，或10％抑霉唑硫酸鹽水劑200倍液浸果，可有效防治酸腐病。

二、主要蟲害

（一）荔枝蝽

1. 危害特點

荔枝蝽是中國荔枝產區的主要害蟲。成蟲、若蟲以刺吸式口器吸食荔枝幼芽、嫩梢、花穗、果實等的汁液，從而影響新梢生長，或造成落花、落果，影響產量。荔枝蝽放出的臭液還會灼傷嫩葉、花朵及果殼。

2. 防治方法

（1）熱帶地區2月上旬蝽成蟲交尾產卵前及3月下旬至4月上旬一至二齡若蟲大量發生，及時噴藥，藥劑可選用90％敵百蟲800倍液，或2.5％溴氰菊酯乳油3 000～4 000倍液，或18％殺蟲雙水劑500倍液，或10％高效氯氰菊酯乳油1 500倍液。

（2）3～4月荔枝蝽產卵期，採摘卵塊及撲滅若蟲。或每隔10 d放平腹小蜂一次，共放3次，通常每株樹放600頭平腹小蜂。

（3）利用其假死性，在冬季低溫期人工搖樹，墜地後集中處理。

（二）荔枝蒂蛀蟲

1. 危害特點

荔枝蒂蛀蟲是荔枝的主要蛀果害蟲，並危害嫩葉和花穗。幼蟲

在果實膨大期鑽蛀荔枝果實，導致落果減產；蛀食果樹的髓部組織，使枝梢或花穗乾枯；蛀食葉片主脈，導致葉片乾枯死亡。

2. 防治方法

（1）適時放秋梢，控制冬梢，減少害蟲食料來源。

（2）採果後清園。掃除枯枝落葉、落果等，集中噴藥處理後粉碎漚肥，減少蟲源。

（3）4月上旬幼果膨大期及4月下旬至5月初果實著色期，蒂蛀蟲第2代、第3代成蟲羽化期，噴藥防治。藥劑可選用25％殺蟲雙500倍液＋90％敵百蟲800倍液，或5％氯蟲苯甲酰胺懸浮劑1 000倍液，或1.8％阿維菌素乳油1 500倍液＋10％高效氯氰菊酯乳油2 500倍液。

（三）捲葉蛾類

1. 危害特點

捲葉蛾類的幼蟲咬食花穗、嫩梢、嫩葉，也蛀食幼果及成熟果實。危害花穗時，先吐絲將幾個小穗黏連在一起，後取食基部，造成花穗枯死；危害嫩梢、嫩葉時，將3～5片葉片捲曲，匿於其中危害；危害嫩莖時，多從莖末端蛀入，造成嫩莖枯萎；危害果實時，先咬破果皮，後蛀入果肉，引起落果。

2. 防治方法

（1）冬季清園，剪除受害枝葉，清理枯枝落葉，減少越冬蟲源。

（2）新梢、花穗抽發期檢查果園，發現蟲苞、捲葉及被害花穗、幼果，結合疏花疏果及時剪除，減少蟲口數量。

（3）荔枝開花期和幼果發育期，利用成蟲的趨光性進行燈光誘殺。

（4）荔枝謝花後至幼果期，噴藥防治，藥劑可選用90％敵百蟲800倍液，或25％殺蟲雙水劑500倍液，或80％敵敵畏乳油1 000倍液。

（5）生物防治。釋放松毛蟲赤眼蜂。

(四) 介殼蟲

1. 危害特點

介殼蟲的成蟲、若蟲群集於嫩梢、果柄、果蒂、葉柄和小枝上吸食汁液，同時分泌白色蠟質絮狀物，可誘發煤煙病。被害新梢扭曲、畸形，生長受阻，果實被害後，降低外觀品質，嚴重的引起落果。

2. 防治方法

（1）及時剪除被害枝梢、果實，減少蟲口密度。

（2）果園周邊盡量不種植刺合歡，避免野生寄主傳播蟲源。

（3）卵孵化盛期和低齡若蟲發生期噴藥防治，每隔 10～15 d 噴藥防治 1 次，藥劑可選用 25％喹硫磷乳油 800～1 000 倍液，或 0.2～0.5 波美度石硫合劑。

(五) 荔枝癭蟎

1. 危害特點

荔枝癭蟎俗稱毛蜘蛛。以成蟎、若蟎刺吸新梢葉片、花穗及幼果，其中嫩芽、幼葉受害最重。被害葉片扭曲、畸形，質地堅硬。荔枝癭蟎一年四季均有發生，5～6 月蟲口密度最大，危害最嚴重。

2. 防治方法

（1）農業防治。結合荔枝採後修剪，疏除癭蟎危害的枝條及過密枝、弱枝、病枝、枯枝，以及地面上的殘枝落葉、落花、落果，集中噴藥處理後粉碎漚肥，減少蟲源。苗木調運時，檢查並剪除蟲葉，噴殺蟎劑滅癭蟎，防止癭蟎隨苗木擴散傳播。

（2）藥劑防治。新梢抽發期、花穗期、幼果期根據蟲情噴藥。藥劑可選用 73％炔蟎特乳油 1 000 倍液，或 25％喹硫磷乳油 1 000 倍液，或 24％螺蟎酯懸浮劑 3 000～4 000 倍液，或 0.2～0.3 波美度石硫合劑（花穗期禁用）。

(六) 尺蠖

1. 危害特點

尺蠖是一種雜食性和暴食性害蟲，幼蟲咬食荔枝嫩梢、嫩葉、

花穗和幼果。初孵出的幼蟲以腹足固定於葉片上，在葉背啃食葉下表皮及綠色組織，把葉片咬成大缺刻，甚至把葉肉吃光，只留下主脈。一年中於春季荔枝開花期、採果後夏梢萌發期和早秋梢萌發期危害最嚴重。

2. 防治方法

（1）利用成蟲的趨光性，使用頻振式殺蟲燈誘殺。

（2）在老熟幼蟲入土化蛹前，用塑膠薄膜覆蓋樹盤及其周圍，堆濕潤疏鬆土層10 cm，幼蟲前來化蛹時集中捕殺。

（3）藥劑防治。荔枝抽穗後開花前和謝花後，用90％敵百蟲結晶800倍液噴殺幼蟲；每一次新梢萌發後，可用4.5％高效氯氰菊酯乳油1 000倍液或1.8％阿維菌素乳油1 500倍液噴殺。

第九節　採　　收

一、採收期的確定

荔枝果皮從綠黃色轉為紅色是成熟的特徵，內果皮淡紅色，果肉飽滿，並有濃甜香味，果核呈褐色，適合鮮食銷售和加工。遠銷和外運的果實應提前5～7 d採收。

二、採收時間

荔枝的採收最好在晴天的早晨、傍晚或陰天進行。光照強的中午、雨天及露水未乾均不宜採收。晴天的中午過後，光照強、溫度高，果實失水過多，果皮易出現褐變。

三、採收方法

（1）荔枝採摘時盡量避免爬樹作業，可藉助其他工具，以防折

斷樹枝。

（2）一般先採收樹冠頂端的果，4～5 d 內逐批採完。有些品種果實成熟期不一致，應先成熟的先採，後成熟的後採。

（3）荔枝果穗基部與枝條交接的肥大部分俗稱「葫蘆節」，容易抽發秋梢，甚至直接分化花芽。早熟品種生長量大，可以不留葫蘆節；中晚熟品種採收時，提倡「短枝採果」，採摘荔枝時保留「葫蘆節」，摘果不摘葉，利於抽生健壯秋梢。

（4）摘果的傷口要平整，最好用枝剪剪果和疏枝，以免影響新梢的萌發和生長。

（5）採收搬運時要輕放輕運，避免機械損傷，採後果實應避免日曬雨淋。

四、採後商品化處理

荔枝果實採收後，夏季高溫，果皮容易失水和遭受真菌侵害。採收後在果園陰涼處就地分級，剔除爛果、病蟲果，迅速裝運。常溫運輸前果實要先預冷後包裝，荔枝果實在 0～5 ℃的低溫環境中儲藏，能有效延長荔枝的新鮮狀態。還可應用防腐劑和熱水處理，可有效抑制真菌病害。低溫結合氣調儲藏是目前延長荔枝保鮮期的最有效方法。

第六章 蓮 霧

> 蓮霧，又名洋蒲桃、爪哇蒲桃等，是桃金孃科蒲桃屬熱帶副熱帶果樹，原產馬來西亞及印度。廣東、海南、福建、廣西、雲南和臺灣有栽培。蓮霧適應性強，粗生易長，性喜溫暖，怕寒冷，喜好濕潤的肥沃土壤，對土壤條件要求不嚴。

第一節 品種介紹

蓮霧品種多以果實成熟後的顏色來命名，大致分為六類。深紅色的品種，果型小，近果柄端稍長，果色好，耐儲藏稍有澀味，為臺灣栽培歷史最早的品種。淡紅色的品種，果實長，呈斗笠形。粉紅色的品種，又稱南洋蓮霧，其果型大，早熟，果色和果形都很好看，甜度、口感都佳，產量較高，是目前臺灣栽培的主要品種。白色的品種，近果柄一端稍長，品質優，但果型小，產量低，為晚熟品種。綠色的品種，是臺灣培育的新品種，大果品系，從粉紅種變異的品種篩選出來，葉片較大，單果重 100～300 g，果脊明顯，開花時花穗數較南洋種多，果皮著色較紅。

目前市場上比較受歡迎和普遍種植的蓮霧品種是臺灣的幾個粉紅色改良品種，如黑珍珠、黑金剛、黑鑽石等，以及泰國改良的大果品種，如紅鑽石、紅寶石等。熱帶地區栽植的蓮霧品種眾多，大部分從臺灣或馬來西亞引進，主要有黑金剛、大葉紅、黑珍珠、中

國紅、混血蓮霧、牛奶蓮霧等品種。

一、黑金剛

　　黑金剛蓮霧是臺灣粉紅色品種，果實較大，呈吊鐘形，有光澤，成熟時果深紅色，果肉白色，因其反季節栽培的果實紅得發黑，俗稱「黑金剛」。但果肉含棉花質較多，雨季落果與裂果嚴重，冬季果色較紅，但春季果色帶有青白色，商品價值下降。

　　黑金剛蓮霧具有一年多次開花、結果的習性，正造3～5月開花，5～7月果實成熟。透過特殊處理可調節花期，使成熟期提早到12月至翌年4月。該品種喜溫怕寒，最適生長溫度25～30℃。

二、紅鑽石

　　紅鑽石蓮霧是泰國大果品種，單葉對生，呈橢圓形，葉表面深綠色，葉較大，幼葉呈紫色，葉片長20～32 cm，寬8～15 cm。該品種每年可抽發新梢4～5次，枝梢生長量大，成枝力也較強，能迅速形成樹冠。一般在3月下旬開始萌發新梢，至11月低溫乾旱時停止新梢萌發。

　　紅鑽石蓮霧花芽分化不需要低溫，花芽為純花芽。老熟枝梢的頂芽或其下的腋芽，分化為花芽，每花穗有小花數朵。該品種在4～5月開正造花，6～7月果實成熟，對氣溫要求不嚴，最適溫度22～30℃，8℃時花蕾幼果易受害。在12月至翌年1月還會開放零星花。紅鑽石蓮霧開花期的水分供應至關重要，另外，養分直接影響花的品質和果實產量。該品種果實下垂，呈長吊鐘形，表面蠟質有光澤，成熟時果深紅色，果肉白色，棉花質少。

　　泰國蓮霧能適應多種土壤類型，速生快長，種植2～3年可掛果，而且具有一年多次開花結果的習性，花果期長，結果多，產量高。4年樹齡單株產量可達40～50 kg，6年樹齡單株產量達60～

80 kg。目前零售價格高，產品銷路好。

三、黑珍珠

黑珍珠蓮霧，耐鹽鹼，果實較小，外表顏色較暗，色呈紫紅，表皮果脊明顯，果實有光澤，被蠟質，果肉米白，棉花質較少，肉質爽脆多汁。

四、中國紅

中國紅蓮霧，由黑金剛和大葉紅品種嫁接培育而成，是海南的獨有品種。一年四季皆可開花結果，吸收了黑金剛和大葉紅的優點，果實大而優，單果重達250～300 g，表皮鮮紅，口感清甜，爽脆多汁。

五、牛奶蓮霧

牛奶蓮霧是2005年從臺灣引入海南種植的，三亞市種植面積較大。果皮顏色為紅色，果頂中心凹陷，果頂略比果肩寬，果肉為青白色，棉花質少，肉質多汁美味，清脆可口，清涼甘甜。

第二節　壯苗培育

蓮霧育苗主要有3種方法，即高空壓條、扦插、嫁接。空中壓條要選3年生生長健壯的枝條，6～8月進行。熱帶地區根據氣候特點，蓮霧的扦插、嫁接分別在5月和4～11月進行，都比較容易成活。

一、高空壓條育苗

因蓮霧種子較少，一般採用高空壓條繁殖，成活率較高，且育苗時間短。壓條要選擇3年以上的生長健壯的枝條，壓條育苗一般

在每年 6～8 月高溫多雨季節進行，挑選直徑 2～3 cm 的枝條環狀剝皮後，用濕潤土壤與雜草切碎混合的泥團包紮，上下兩端用繩子縛緊。1 個月後有新根在剝皮處上端長出，2～3 個月就可剪下假植或移植大田。

二、扦插苗的培育

蓮霧的扦插穗要選擇生長健壯、沒有病斑、完好無損傷、帶有多片綠葉的枝條，枝條長度約 10 cm，用生根劑浸泡 10 min 左右後將枝條插入土壤，入土深度 6～7 cm。然後用遮陰棚遮蓋，根據光照強度及溫度來對其噴灑水分。

三、嫁接苗的培育

(一) 砧木苗培育

1. 種子的採集

種子應來自豐產籽多的蓮霧優良母株，待果實充分成熟後採下，破除果肉取出種子。種子取出後洗淨，浮去不實粒，晾乾，以塑膠袋密封儲藏。

2. 苗床準備

在苗圃內先按計劃深翻、耙碎，起畦面寬 1.2 m，畦溝寬 0.5 m，施用腐熟的有機肥，如豬、牛糞添加細沙、田園土混勻，再以 0.5% 高錳酸鉀溶液消毒。

3. 播種時期及方法

在冬季氣溫較高地區，蓮霧種子最好是儲後 1～2 個月再播。因為其種子有後熟作用，鮮播發芽率低。在海南一般可在 6～9 月播種。播種前先行浸種，由於其發芽率偏低，用 0.1 mL/L 的赤黴素能促進種子的萌發，浸泡 6～8 h 即可。浸好後的種子均勻撒播在床面上，再以河沙或田園土覆蓋，稍壓實後蓋草，充分淋水，並搭蓋遮陽網。由於 8～9 月氣溫仍高，苗床不能用農田薄膜保濕，

應用稻草或遮陽網覆蓋保濕。

4. 播後管理

播後約 1 週，種子開始發芽，及時除去覆蓋物，以免小苗壓彎變細，在寒流來臨前要在拱棚上蓋膜防寒。

5. 移栽

苗高達到 5～6 cm 時即可移栽，但一般放在第 2 年開春後再移植，此時成活率較高。苗可按大、中、小分級移植到嫁接畦上或裝到營養袋中培育。畦上移植行距為 25 cm，株距為 20 cm。移苗時應選擇陰天進行，移栽後馬上淋水，成活後 1 個月左右應追施稀薄水肥。

（二）嫁接苗培育

1. 嫁接時間

蓮霧一年四季都可嫁接，以 4～11 月較適宜，但要注意此時為多雨天氣，嫁接時避開雨天。

2. 採接穗

在豐產、穩產、果大質優、品質純正的母本樹上，剪取生長充實、已木質化的 1 年生枝條作為接穗。接穗採後去葉，保濕備用。

3. 嫁接方法

蓮霧嫁接常用切接法。

> 具體做法：削好接穗，做到削面一長一短，削面平滑，然後切砧木，即在離地面 20～30 cm 處剪除砧木，選砧皮厚、光滑、紋理順的地方作為砧木切面，略削少許。再在皮層內稍帶木質部向下縱切 2 cm 左右，使切口的長和寬與接穗的長和寬相對應，而後將削好的接穗插入砧木切口，使接穗與砧木的形成層對準靠緊，然後用韌而薄的塑膠帶自下而上包紮緊接口。

4. 接後管理

嫁接 3～4 週就成活發芽，此時注意挑芽，以便接穗抽芽和生

長。隨時摘除砧木上所抽的芽，追施稀薄糞水和防治病蟲。當接穗長出的第 2 次梢老熟後，苗木高 50 cm、莖粗 1 cm 時可出圃。

第三節 建　　園

一、園地的選擇

蓮霧對土壤的適應性較強，山地、丘陵是發展蓮霧的主要地區。宜選擇丘陵及土層深厚、疏鬆肥沃，水利和電路較方便的山地，山地坡度不宜太高。蓮霧高產栽培選擇地勢開闊、背風，土質疏鬆肥沃、土層深、有機質含量 1.5％以上、土壤微酸性或中性、水源充足或安裝排灌系統的園地，作為開發種植園較為理想。

二、果園的規劃

面積較大的蓮霧園要進行合理的規劃布局，綜合考慮種植小區道路布置，排洪系統設置及建築物的規劃。重點應抓好果園的水土保持工作即修築等高水準梯田及樹盤。同時也要考慮在果園區種植速生林，設置防護林帶，減少風害。

三、種植密度

栽植密度要合理。栽植方式以寬行為宜，一般選擇行距 6 m，株距 5 m，栽植約 330 株/hm^2。可根據地形來選擇株行距規格，還可考慮矮化密植栽培，按 4 m×4 m 的株行距種植，栽植 600 株/hm^2，盛產期開始隔株疏掉。

四、整地

將園地內的雜物、雜草和亂石去除，然後深翻一次土壤曝曬幾

天，最後平整園地。在坡地種植蓮霧，不能直接拉線栽植，最好修築梯田栽植。蓮霧栽植前一個月根據株行距挖栽植穴，栽植穴的規格一般為 100 cm×80 cm×80 cm，每個栽植穴施入充分混勻的糞肥 15 kg＋鈣鎂磷肥 1 kg＋複合肥 0.3 kg＋綠肥或植物稭稈 35 kg，再蓋上一層厚 15 cm 左右的細土，等待栽植。

五、栽植

栽植時，在栽植穴的細土中挖小坑，將蓮霧小苗放入坑內，扶直小苗，展開根系，覆土。盡量避免栽植穴內的肥料與根系接觸，以免造成爛根，影響成活率。覆土後，輕提苗，並壓實苗周圍的土。做好根盤。

第四節　水肥管理

一、水分管理

（一）幼苗水分管理

蓮霧枝葉茂盛，蒸發量大。幼年蓮霧根少且淺，水分的影響較大。1 年生蓮霧幼樹也會發生「回枯」現象，旱天應注意淋水保濕，雨天應防止樹盤積水。蓮霧栽植區內合理鋪設管道灌溉系統。也可用田間雜草、作物稭稈等覆蓋樹盤，並培上薄土，保持土壤濕潤。

（二）結果樹水分管理

蓮霧在催花前的控梢階段須保持適度乾旱，以利休眠及花芽分化。其他生育階段，均需要足夠水分。尤其在花芽形成後至果實發育期應進行全園灌水，以防落花和促進果實增大。沙質地在接近成熟採收期，要做好排灌工作，以免乾濕變化過大引起落果、裂果及水分過多降低糖分，影響品質。

二、肥料管理

(一) 幼齡樹施肥

蓮霧常年需要營養的供應，需肥量大。蓮霧幼樹施肥依據勤施薄施的原則，以氮、鉀肥為主，促進幼樹生長。前期多施氮、鉀肥，1～2年生樹，一般每株施三元複合肥400～600 g。施肥量的確定主要採取養分平衡法和測土配方施肥。生產上蓮霧幼苗定植半年內，每月要施一次濃度為10％～15％的畜糞尿肥，這樣能促進幼樹的新根和新梢生長，之後每1～2個月施肥一次，一般在新梢抽發前施肥，為新梢生長提供充足的養分。

(二) 結果樹的栽培管理

蓮霧花果量大，為加速果實發育、增大，提高品質，開花後要及時適量施肥，保證花蕾正常發育，提高著果率。結果樹一般每年施肥3～5次。3～4年生的植株每株全年施三元複合肥0.7～1 kg；5～6年生的植株每株全年施三元複合肥1～1.2 kg；7～8年生的植株每株全年施三元複合肥1.3～1.8 kg。花、果期忌施化學氮肥，否則將影響果實風味及甜度。蓮霧在生產中由於每年多次抽梢，加上對樹體的修剪及果實採收，樹體養分消耗較大。蓮霧每次抽梢，均需補充氮、磷、鉀三要素及微量元素，尤其在催花後，樹體累積的養分除了供應葉片更新之外，還須供應花穗及果實的生長。

採果後，每株樹施20～30 kg有機肥、0.5～1 kg氮素肥料，以促進根系和新梢生長。有機肥可用米糠、豆粕、魚粉或骨粉等堆積發酵完成。隨著樹齡的增加及樹體的增大，逐年增加施用量，施用時盡量與樹冠下的土壤混合，或進行深層施肥。第2次新梢成熟後，5年生以上的植株，每株施用有機肥3～5 kg、過磷酸鈣3 kg、氯化鉀1 kg，催花前施兩次；葉面噴高磷、高鉀肥，每10～15 d一次，減少新梢抽出。花果期，繼續噴施葉面肥，同

時補充鈣、鎂、錳、鋅、銅、硼、鉬等中微量元素，特別是鈣、鎂、硼，對蓮霧果實的影響很大，會直接影響到蓮霧的果實顏色與甜度。

沿海的部分地區，土壤含鹽量過高，宜灌溉淡水，降低土壤的含鹽量，促進植株正常生長結果。

第五節　整形修剪

一、幼樹的整形修剪

蓮霧生長快，分枝多，為使樹體矮化，便於採收、噴藥等管理工作及減少颱風危害，並保持樹形及日照通風良好，以利於促進提早開花並提高品質，整枝修剪工作甚為重要。

（一）整形

在主幹離地30～50 cm處剪頂，一般主枝只留3～4枝，要求強壯且分布均勻，在主枝上抽生的新梢留1～2條作為側枝，透過人工控制使其形成半圓球形樹冠。

（二）修剪

修剪原則是宜輕不宜重。主要修剪枯枝、病蟲枝、直立徒長枝、下垂觸地枝以及主幹和主枝上萌生的過密枝。還要剪除交叉枝、彎曲枝、弱小枝，使養分集中，以利於培養健壯的骨幹枝，擴大樹冠。修剪在新梢萌發前進行。

二、結果樹的修剪

（一）樹冠修剪

結果樹一般在採果後進行一次重剪。修剪原則為上重下輕，內重外輕。將枯枝、折枝、徒長枝及病蟲枝自基部剪除，並將密生枝疏剪，使日照通風良好，內膛通透，但不能完全去除內膛枝

條。保持樹體有層次，以免影響下層枝葉採光，並為次年豐產打下基礎。

對於一些長勢較弱的果樹，適當疏剪過長過密枝條，剪除部分不結果枝與萌櫱即可。中等長勢的枝條除了剪除旺長枝條外，還要疏除頂生枝。修剪力度最大的時候要截取主枝，減少70％左右的枝葉。

（二）摘除嫩梢

蓮霧進入開花結果期，若抽出新梢，應人工全部摘除，以免消耗養分，導致落花、落果，降低品質。

> 溫馨提示
>
> 一般不使用生長抑制劑，以免引起著色不均和增加酸澀度及畸形果等不良症狀。

第六節　花果管理

一、催花

蓮霧除了正造自然開花以外，要讓其提前或推遲開花必須進行產期調節，把花期提早到8～10月，產果期在12月至翌年4月，能避免惡劣天氣的影響，使果實更大、更脆、更甜，顏色更深，而且能減少市場銷售壓力，減輕勞動管理強度，延長市場的供應期。

（一）控梢

催花前可採取環剝、斷根、浸水、遮光、藥劑處理等不同的措施來控梢，抑制營養生長。

1. 環剝

催花前35～45 d，在主幹距地30 cm處或支幹上進行環剝，環

剝的寬度依樹勢的強弱調整為 1.5～2.5 cm，以催花時剛好癒合最理想。

2. 斷根處理

對於生長比較旺盛的樹體，最好在催花前 2～3 週，環樹冠內緣 30～40 cm 處，或在樹冠兩側，開溝切斷部分根系，待根部的傷口癒合時，在溝裡埋施有機肥。或將樹幹附近表層土壤耙開，使長在表層的細根暫時裸露在空氣中，待催花後再將土壤混合腐熟有機肥，覆蓋回去。

3. 浸水處理

浸水處理在黏性土壤的果園採用較多。一般在催花前 1.5～2 個月進行全園浸水，每浸 3 週放水 2～3 d，再浸水 3 週。浸水期間，葉面補充磷酸二氫鉀及鈣、鎂、硼等中微量元素，對於催花成功有促進的效果。坡地種植的蓮霧，一般不用浸水處理。

4. 遮光處理

遮光處理作為蓮霧產期調節的措施，可使開早花的穩定性大幅提高。一般在第 3 次梢葉片成熟時，進行遮光處理。遮光方式可選用單株包覆、覆蓋樹頂、全面覆蓋及圍蓋四周等四種。樹冠不夠茂密要實施較大程度的覆蓋，樹冠非常茂密的只要圍蓋四周即可，視其花芽的分化及抽花情況而結束遮光處理。遮光率 95% 及 90% 的遮陽網，遮光 25～45 d 較普遍。樹冠葉片比較茂密，則可選遮光率 60% 的遮陽網。4～8 月催花，遮光天數控制在 35 d 以上；9 月中旬以後催花，則遮光天數可縮短到 25～30 d。遮光處理生產投入大，耗勞力，蓋後也容易引起落葉。

5. 藥劑處理

採取以上的單項處理方法，效果不太理想，應該結合當地的實際情況採取綜合方法進行處理。在控梢前先促使末次梢老熟，用比久或多效唑、乙烯利等藥物噴後 3～5 d，然後進行環剝，再經過 10～15 d 後採取環溝斷根處理，斷根 10～15 d 後再用比久或多效

唑、乙烯利等藥物噴施葉面控梢。下雨天不能再次噴藥，可再環割或環剝。直到葉面老化和頂部新梢不再長為止。

樹體噴施 40％乙烯利水劑 6 000 倍液或 15％多效唑可濕性粉劑 500 倍液進行控梢，達到抑制枝梢萌發、生長的目的。土施多效唑，每株 30～40 g。葉片褪綠且變脆，枝梢養分積累充分就可進行噴藥催花。多效唑在土壤中的殘留時間較長，收穫後應注意加強樹體管理，防止樹體迅速衰老。

（二）催花

1. 催花時間

催花要選在白天晴朗、早晚涼爽的天氣進行，同時催花前後的天氣最好也能有類似的條件。避免在颱風暴雨過後催花，若催花後遇大雨則催花效果難以達到理想的程度，必須再補催一次。催花時間要觀察樹體的表現特徵來決定：在大部分枝條末端梢停止生長，不再有幼嫩的新葉抽發；成熟的葉片葉色濃郁，葉片肥厚且葉緣向上微翹；樹冠內部充滿 1～2 對葉的短梢，其葉基肥大，葉尖下垂呈八字形。避開連續陰雨天氣進行催花。

2. 藥劑及用量

蓮霧常用的催花藥劑以有機磷類農藥為主。一般以 50％殺螟硫磷乳油或 48％毒死蜱乳油 400～500 倍液充分噴濕全樹，並在藥劑中加入 0.5％尿素水溶液或 1.8％愛多收水劑 1 200 倍液、細胞分裂素 800～1 000 倍液效果更佳。連續噴施 2 次，間隔 2～3 d，並於 7:00 前或 18:00 後進行，以陰天或多雲天氣為宜。噴藥時要在葉的正反面均勻噴施。噴藥後全園充分灌水，20 d 左右可長出花芽。

（三）催花後的管理

1. 催花後修剪

催花後 1 週左右進行修剪，剪去樹冠上部徒長枝條、內部生長較密的枝條及直立的長枝條，以增強通風透光性，促進花芽分化。

> **溫馨提示**
>
> 催花後遇到連續陰雨天氣時可將修剪的時間推遲到有花芽萌動時，以免修剪後大量新梢萌動消耗養分，影響出花。後期還要修剪掉一些沒有花蕾的短小枝條，以促進花朵發育。

2. 催花後養分供應

開花的前期要注重氮的供應；花果期要配比安排主要元素及微量元素的供應；果期增施鉀肥以及葉面追施各種有可能缺少的元素肥尤為重要。開花後保持園地濕潤。

二、疏花、疏果

蓮霧花果量大，為保證花蕾正常發育，提高著果率，要及時疏花、疏果，減少養分消耗。

4～5年生植株，花穗一般在2 000穗以上，每穗的花蕊數一般為11～21個，商品果的生產僅需要200穗左右，並且每穗的花蕊數留6～8個較合理。為加速果實發育，增大果實，提高品質，疏去小果、劣果，選留結果部位良好的花穗，以避免擦傷、日曬。

> 疏花的具體操作：摘除枝條頂端的花穗或幼果，盡量留大枝幹上帶1～2對葉的花穗及幼果；摘除向上之花穗，盡量留向下或兩側的花穗，以免將來果實長大時果梗負荷過重而折斷；摘除過大及過密之花穗，每花穗選留6～8朵小花，大的花穗以摘除中間花，留兩側花為宜，且各花穗間隔約15 cm；結幼果後，再進行適當疏果。

三、果實套袋

蓮霧進行疏花、疏果後，果實處於吊鐘期的幼果時，就可以進

行套袋。套袋選擇能防病、防蟲、透氣或透光、有排水孔、耐雨水或藥劑淋濕的紙袋。每個紙袋內最多留4～5個果實，根據樹齡大小決定套袋數量，一棵樹套袋不超過200～250個。

套袋前先噴藥防治病蟲害，生產上可用咪鮮胺錳鹽、噁霜·錳鋅或甲基硫菌靈，混加吡蟲啉、甲維·蟲蟎腈等藥劑，噴施全樹及幼果。待藥液風乾後，才可套袋。噴藥當日要全部套袋完畢，未套完的果樹需重新噴藥防治，再套袋。如噴藥後遇雨則需重新噴藥。套袋後將袋口用鐵線旋緊，以避免水分進入而感染病菌。

蓮霧套袋可防治病蟲害及鳥害，減少雨水及低溫等天然災害的影響，防日曬，防藥害，減少農藥汙染與殘毒，減少外界機械傷害。套袋的果實，發育良好，糖度增加，果實色澤更亮麗。

四、防寒

蓮霧在開花、結果期間遇寒流來襲，氣溫降至8℃以下時，葉片凍傷呈水漬狀脫落，花蕾及幼果亦會受害而脫落或裂果，尤以紅頭期及接近採收期更易受寒害。蓮霧的防寒工作除加強疏果、施肥管理使樹勢旺盛及多施鉀肥外，可於12月起每兩週噴0.025％～0.5％萘乙酸鉀鹽，以增加對寒害的抗性。隨時注意天氣預報，於寒流到來前後一天再各追噴一次。清晨抽地下水噴霧，也可以防寒害，最好裝設自動化管道噴霧系統。

五、防裂果與落果

保證樹體營養的均衡供應，提高葉片和果實的營養水準，防止樹勢衰退，從而減少蓮霧的落果、裂果。樹冠要多留些長枝條，保持充足的水分供應，疏花、疏果時盡量使留果位置在樹冠的內部，避免陽光曝曬。

著果後用0.1％磷酸二氫鉀或多元素葉面肥每週噴灑一次。果實生長旺盛期，定期噴施細胞分裂素和胺基酸糖磷脂等一些植物生長調節劑和營養液，幫助細胞活躍來增加果皮彈性，使樹勢健旺，增強抗寒能力。適當補充鈣和硼元素，增加果皮中鈣和硼的含量。可以採用葉面噴施與根部淋施相結合，每隔15 d 噴施一次。大雨或者連續陰雨天的情況下，採用環割能夠及時控制樹體對水分的大量吸收，避免落果。嚴重乾旱或天氣太冷及弱樹不宜採取環割保果。

第七節　病蟲害防治

一、主要病害

（一）炭疽病

1. 症狀

主要危害嫩葉、嫩梢、果梗和果實，可引起落葉、枝梢枯死、落果、果實腐爛等。初期果實上產生紅色小點稍凹陷，以後病斑逐漸擴大，並轉為褐色，後期病斑部凹陷，顯著呈水漬狀，中央產生許多黑色小點。一般在高溫多濕的氣候條件下容易發生，夏秋季高溫多雨有利發病。

2. 防治方法

發病初期用25％咪鮮胺錳鹽可濕性粉劑2 000倍液，或80％代森錳鋅可濕性粉劑600倍液，或50％甲基硫菌靈可濕性粉劑600倍液噴霧。每5～7 d 噴1次，連噴2～3次，採收前10 d 停止用藥。

（二）果實疫病

1. 症狀

主要危害果實。初期在果實上產生水漬狀圓形小斑點，加深而

呈褐色，後期病斑呈不規則腐爛。潮濕天氣，表面長出稀疏的白色霉層，病果乾縮不脫落。

2. 防治方法

發病期用50％烯酰嗎啉可濕性粉劑2 000倍液，或58％甲霜・錳鋅可濕性粉劑400倍液，或50％錳鋅・氟嗎啉可濕性粉劑2 000倍液。每7 d噴1次，連噴2～3次，採收前10 d停止用藥。

（三）果腐病

1. 症狀

果腐病一般發生在成熟果實或接近成熟的果實上。症狀大多出現在果實傷口處或裂開的地方，初呈水漬狀暗綠色斑，後全果軟腐，具惡臭，果皮變白，乾縮後脫落或掛在枝上或掉落在套袋裡，後期整個病果乾枯皺縮。

2. 防治方法

在發病初期可用70％甲基硫菌靈可濕性粉劑或25％吡唑醚菌酯懸浮劑或70％甲霜靈・福美雙可濕性粉劑或72％霜霉疫淨可濕性粉劑或75％百菌清可濕性粉劑800倍液，或30％王銅懸浮劑500倍液等進行防治，隔10 d左右防治1次，連續防治3～4次。

（四）藻斑病

1. 症狀

危害葉片，植株染病後，葉面出現灰白或黃褐色小圓點，後期病斑呈暗褐色，表面較平滑。

2. 防治方法

適時修剪，並噴施0.6％～0.7％石灰半量式波爾多液。

（五）煤煙病

1. 症狀

主要危害葉片。在葉片表面形成一層黑色物，形如黑煙覆蓋在

其上，影響葉片進行光合作用，進而影響果實、植株的生長發育。由蚜蟲、介殼蟲等分泌物誘發。

2. 防治方法

防治蚜蟲和介殼蟲。

二、主要蟲害

(一) 捲葉蛾

1. 危害特點

危害頂芽、嫩芽、花蕾，造成葉片捲曲、花蕾乾枯、落花、落果。還蛀入果實內成一隧道，咀食種子，從果實內排出大量褐色糞便，影響商品價值。

2. 防治方法

害蟲發生時，用90％敵百蟲原藥1 000倍液，或10％氯氰菊酯乳油2 000倍液噴霧。每7～10 d噴藥1次，連噴2次，採收前15 d停止用藥。

(二) 介殼蟲

1. 危害特點

成蟲、若蟲皆密集於枝葉、葉裡、葉腋、果蒂部位刺吸汁液，並排泄黏液，誘發煤煙病，引來螞蟻共生，影響清潔。被害莖葉捲縮，生長不良，影響果實品質。

2. 防治方法

用1.8％阿維菌素乳油1 000倍液，或10％吡蟲啉可濕性粉劑1 000倍液，或20％噻嗪酮可濕性粉劑1 000倍液噴霧。每7～10 d噴藥1次，連噴2次，採收前15 d停止用藥。

(三) 蚜蟲

1. 危害特點

蚜蟲以成蟲、若蟲群集於嫩梢、嫩葉和嫩莖上吸吮汁液危害，使葉片生長捲曲，不能正常伸展，嚴重時引起落花、落果、新梢枯

死，其排泄物能引起煤煙病。

2. 防治方法

蟲害發生時用 10% 吡蟲啉可濕性粉劑 1 000 倍液，或 20% 啶蟲脒可濕性粉劑 2 000 倍液噴霧。每 7～10 d 噴藥 1 次，連噴 2 次，採收前 15 d 停止用藥。

(四) 金龜子

1. 危害特點

成蟲啃食蓮霧幼葉及嫩梢，嚴重時可將花蕾、花及葉片啃光。多在夜間取食，次晨飛離寄生植物，以 7～8 月危害最多。幼蟲在土中攝取腐殖質生活或危害植物根部。

2. 防治方法

可在果園內設置光誘殺或糖醋罐誘殺。也可用高效氯氰菊酯、毒死蜱等藥劑，16:00 以後噴藥。在金龜子出土高峰期用 50% 辛硫磷乳油或 2% 噻蟲啉微囊粉劑 500～600 倍液噴灑樹盤土壤，能殺死大量出土成蟲。

(五) 紅蜘蛛

1. 危害特點

紅蜘蛛用刺吸式口器刺吸蓮霧的葉片、嫩枝、花蕾及果實等器官，但以葉片受害最重。葉片被害後，危害較輕的產生許多灰白色小點，嚴重時整片葉子都出現灰白色，引起落葉，對蓮霧樹的樹勢與產量有較大的影響。

2. 防治方法

用 40% 硫黃懸浮劑 300 倍液，或 1.8% 阿維菌素乳油 3 000 倍液，或 73% 炔螨特乳油 2 000～3 000 倍液噴霧。害蟲發生時，每隔 7～10 d 噴藥一次，連噴 2 次。採收前 15 d 停止用藥。

(六) 果實蠅

1. 危害特點

幼蟲孵出即蛀食果肉，致果實早熟腐爛脫落，失去商品價值。

2. 防治方法

蟲害發生時可用 20% 滅蠅胺可濕性粉劑 800 倍液噴霧。

（七）薊馬

1. 危害症狀

主要危害葉部，多聚集在蓮霧葉背，造成葉片捲曲、鏽化，終至變黃脫落。其排泄物沾在葉面上，易引來雜菌寄生，汙染葉面，阻礙光合作用。如不注意防治，影響樹勢，導致落果提早、開花結果延遲及產量下降。

2. 防治方法

用 10% 吡蟲啉可濕性粉劑 1 000 倍液，或 8% 阿維菌素乳油 1 000 倍液，或 25% 高效氯氟氰菊酯乳油 2 000 倍液，或 2.5% 溴氰菊酯乳油 1 500 倍液，或 25% 氟胺氰菊酯乳油 3 000 倍液等藥劑噴霧。蟲害發生時，每隔 7～10 d 噴藥一次，連噴 2 次。採收前 15 d 停止用藥。

第八節 採　　收

一、果實採收

蓮霧果實套袋後經過 30～50 d 即開始變紅，果實充分成熟才能採收。果實出現品種固有色澤、果臍展開時，開始採收。提早採收，風味不好，品質欠佳；但過熟易裂果、落果。蓮霧開花結果期長，應每隔 2～3 d 採收 1 次。採收時用枝剪從枝基部連同果袋剪掉，低處直接用手採摘，高處宜利用梯子採收。裝筐後統一運送到包裝場，裝果的塑膠桶或小竹筐底層及邊層都應填放塑膠泡棉或麻布袋。採收及運送過程中應輕拿輕放，避免碰傷、壓傷果實。

二、採後商品化處理

蓮霧以鮮食為主。果皮極薄，果肉含水分多，不耐儲藏，一般室溫下儲放 7 d 左右。

採收後挑選出裂果、爛果，再按品種、果實大小、色澤進行分級包裝。包裝箱內果頂向下平放，每層果都墊紙屑或軟布，保護果皮。在 12～15 ℃溫度下儲藏。冷藏後的果品風味更佳，能減少病菌侵染引起的果腐，提高好果率和價值。

第七章 毛葉棗

> 毛葉棗，又名青棗、印度棗、滇刺棗、緬棗，為鼠李科棗屬植物，是熱帶、副熱帶常綠或半落葉性闊葉灌木或小喬木，原產於印度等熱帶地區以及中國雲南等地。目前，毛葉棗主要分布在印度、中國、泰國、越南、緬甸等地。中國主要產地集中在雲南、海南、廣東、廣西、福建等地。毛葉棗適應性強，早結豐產性好，當年種植當年結果，第 2 年即可進入豐產期，是木本果樹中生長結果最快的種類之一。一年可多次開花，產量穩定。

第一節 品種介紹

一、品種分類

毛葉棗的分類目前多以產地來劃分，通常劃分為印度品種群、臺灣品種群、緬甸品種群 3 個品種群。印度、緬甸品種群因其果小且外形不夠美觀等，綜合商品性狀較差，目前生產上難以推廣。

二、主要品種

1. 脆蜜

果實長橢圓形，果頂較尖，果色翠綠色，清甜多汁。單果重 100～200 g，可溶性固形物含量 13%～16%。果實成熟期為 12 月

中旬至翌年 2 月上旬。

2. 天蜜

果實長橢圓形，果頂較平，果色淺綠色。單果重 100～200 g，可溶性固形物含量 14％～18％。脆甜多汁，似蜜梨，耐儲運。

3. 大蜜

果實桃形，肉質細嫩，果皮黃綠色。單果重 100～200 g，可溶性固形物含量 16％～21％，耐儲運，但管理技術要求高，容易受氣候影響產生珠粒果。

4. 蜜王

果實橢圓形，色澤翠綠。單果重 200～400 g，可溶性固形物含量 14％～18％，蜜香脆甜，多汁，質極佳，產量高，適應性強。果實成熟期為 12 月下旬至翌年 2 月中旬。

5. 蜜棗

果實近圓形，平均單果重為 80～110 g。從授粉到果實成熟需 115～135 d。果皮淺綠色、光滑，果肉較緻密，果實口感較其他品種脆甜，甜度較其他品種高。

6. Umran

印度品種，晚熟。樹冠開展，葉色深綠，葉頂或近葉頂部扭曲。果實卵形，皮光滑，金黃色。平均單果重 32～60 g，可溶性固形物含量 19.5％，核小。

7. 世紀棗

果實長卵圓形，單果重約 300 g。果皮薄但較粗糙，呈青綠色。果肉細嫩、清甜多汁，果實完全成熟後仍清甜可口，品質優良。抗白粉病，枝條無硬刺，便於管理。

8. 大世界

果大，130～200 g 果實味甜、質略粗，比脆蜜皮厚，耐儲運，但外觀不及脆蜜，屬晚熟品種。

第二節　壯苗培育

毛葉棗苗木的繁殖有嫁接、扦插、組織培養、空中壓條等方法，生產上多採用嫁接繁殖。

一、培育砧木實生苗

毛葉棗栽培品種的種子發芽率極低，不足 10%，不宜作為砧木種子。常用毛葉棗野生種，如越南毛葉棗、緬甸毛葉棗等的種子進行育苗作為砧木。取種用的果實應充分成熟，種子取出後，立即洗去果肉，晾乾備用。毛葉棗種子不耐儲藏，隨採隨播。為提高種子的發芽率，播種前先浸種。用 1% 甲基硫菌靈和 100 mg/L GA$_3$ 的 50 ℃ 溫水浸泡 24 h 後晾乾，播種於沙床。經 15～20 d 開始發芽，2～4 葉時移入育苗袋或苗圃。苗期易產生猝倒病，出苗後 3～4 d 噴 1 次 75% 百菌清 500～700 倍液預防。

二、嫁接

苗高 30～45 cm、莖粗 0.4～0.5 cm 即可嫁接。嫁接方法常用切接、靠接、枝腹接和芽片腹接等，適宜嫁接時期為 4～9 月，以 5 月為最好。靠接全年均可進行。影響嫁接成活率最主要的環境因素是溫度和濕度。嫁接高度離地面 10 cm 左右，砧木保留葉片 2～3 片。接穗應選擇無病蟲害、生長充實的枝條，蔭蔽的弱枝或剛收果的枝條均不宜採用。接穗採下後將葉片剪去，保留 0.3～0.5 cm 長的葉柄，掛好標籤標明品種，用塑膠布、濕毛巾包好，保持接穗的新鮮。從外地採集接穗，要嚴格檢疫，防止危險病蟲傳播。採回接穗後及時嫁接，也可暫存於 5～7 ℃ 的環境或埋到陰涼處的濕沙裡，存放 3～5 d 不影響嫁接成活率。從採集運輸到嫁接完成一般

不宜超過 10 d。包裝後和運輸中要忌高溫和陽光直射。

三、嫁接苗的管理

嫁接成活後要及時抹去砧木上的不定芽，減少養分消耗。抽出 1 輪新葉後，施 1 次稀薄糞水，以促進嫩梢生長健壯整齊。以後每 15 d 施肥 1 次，以水肥為主。天氣乾旱時要及時淋水。新苗萌發新梢 2～3 次、枝葉老熟健壯時，即可出圃種植。

四、苗木出圃

出圃品質好壞直接影響到定植後的成活率及幼樹的生長。苗木出圃以 3～5 月為主，也可在 9～10 月出圃，袋裝苗或帶土團苗一年四季都可出圃。應避開低溫乾旱的冬季和高溫的 7～8 月出圃。優質苗的標準：品種純正，嫁接部位離地面 10～20 cm，嫁接口癒合良好，無瘤狀突起；嫁接苗高 80 cm 以上；末次梢充分老熟，無病蟲害。

第三節　建　　園

一、園地的選擇

毛葉棗適宜在年均溫 20 ℃以上、冬季無霜凍的熱帶和南亞熱帶地區栽植。毛葉棗怕澇忌漬，山坡地栽植一定要選擇向陽面。毛葉棗對土壤的適應性較強，生產園要求土層厚度至少有 80～100 cm，有機質至少在 1% 以上，否則要進行土壤改良。毛葉棗適宜的土壤酸鹼度為微酸性至中性。

二、園地的開墾

水田、沖積地栽植毛葉棗，一定要降低地下水位，增厚根系可

生長土層。在地下水位低而土質疏鬆肥沃、容易排灌的水田和沖積地建園，可採用低畦淺溝式。在地下水位高、排水不良的水田或平地建園，宜採用高畦深溝式。在丘陵山地建園，宜建築等高梯田並改良土壤，同時要求果園有灌溉系統。

三、栽植

（一）品種的選擇

選用主栽品種，不但要考慮果實的商品品質，還要考慮其豐產性和抗逆性，同時要考慮早、中、晚熟品種的配置，以延長供果期。

（二）授粉樹的配置

毛葉棗為異花授粉植物，若品種單一，往往授粉不良，造成大量落花落果。為了使新建果園高產、穩產，在選定主栽品種後要合理配置授粉樹，使品種、距離、數量恰當。毛葉棗開花有兩種類型：一種是上午開花型，即雄花上午開，雌花下午開，如高朗1號、玉冠、脆蜜等；另一種是下午開花型，即雄花下午開，雌花翌日上午開，如新世紀、大世界等。雌花在花瓣展開後4 h才能授粉，因此在選擇授粉樹時應著重考慮授粉品種與主栽品種的開花時間，如高朗1號，通常以新世紀作為授粉品種，玉冠則不佳。授粉樹與主栽品種的比例一般為1：(6～8)，兩者距離不能超過50 m。

（三）定植時間及種植密度

袋育苗全年可定植；裸根苗宜於雨季初期進行定植，如水源方便，可在早春適時抗旱定植。如廣東、廣西等地3～4月種植較好管理，當年可結果。

種植密度：一般在肥水條件較好的平地或緩坡地每667 m^2 種植33株，株行距4 m×5 m，而在肥水條件較差的土壤和山地一般株行距4 m×4 m，3.5 m×5 m或3 m×4 m，每667 m^2 種植41～45株。也可初植時適當密些，第3年後進行疏伐。

（四）定植方法

在定植前要進行苗木處理，一般將苗木按主幹粗度和苗木高度分為大、中、小 3 級，同級苗木種在同一地段。定植前或定植後將苗在 30～40 cm 高處短截，作為主幹。袋裝苗和帶土團苗一般需疏除 2/3 的葉片；裸根苗則將葉片全部剪去，僅留下葉柄。為促進側根生長，主根留下 30 cm 左右後將過長部分剪去。

> **溫馨提示**
>
> 主根嚴重被撕裂、創傷及側根過少的苗木和過分瘦弱、嫁接不親和、嫁接口已形成小瘤的不合格苗木都要挑出，不要定植。

定植袋裝苗和帶土團苗時把苗放入定植穴，輕輕地用利刀割去包裝袋，盡可能不鬆動根際泥團，然後一手扶苗，使苗根頸部與樹盤表面基本齊平，將樹根部位壓實。若種的是裸根苗，則按主、側根長度挖好定植小穴，讓主根和側根分層自然舒展，先用碎土填埋固定主根，再按層次將側根逐一壓埋，最後用細土填塞滿主根與側根之間的空隙，讓細土與根系充分接觸，分層壓實時要由外向主幹逐步壓實，填土至原根頸處為宜，栽好後在四周做一樹盤，淋透水，水滲下後立即培土以防水分蒸發和苗木動搖，然後用稻草覆蓋樹盤，起到保濕、降溫、防止表土板結和抑制雜草生長的作用。

（五）栽後管理

1. 肥水管理

定植後若不下雨，則應前期每天淋水 1 次，後期每 2～3 d 淋水 1 次，直至新葉萌發轉綠。追肥可在第一新梢轉綠老熟後進行，合理間作豆科作物，留足樹盤，及時中耕除草。

2. 幼樹整形

毛葉棗樹冠一般呈開心形，定幹高度在 40～60 cm，定幹後要及時疏除叢生枝、密生枝、下垂枝，留作主枝的枝梢長至 30～40 cm 時摘心，促發二次枝成為當年主要結果母枝。

3. 病蟲防治

主要防治白粉病、紅蜘蛛、毒蛾、金龜子等，以使毛葉棗樹苗生長健壯。

第四節　水肥管理

一、水分管理

（一）灌水

毛葉棗有以下幾個關鍵需水期：萌芽及新梢生長期、幼果膨大期和果實第二次快速膨大期。一般做法是修剪後立即灌水，至花前半個月保持果園濕潤，然後保持 1 個半月左右的乾旱，著果後幼果直徑 1.5 cm 左右時開始灌溉，此期若天旱無雨，應 10～15 d 灌水 1 次，並採取覆蓋保濕或穴儲保水等措施，讓果園保持經常性濕潤。灌溉方法有溝灌、樹盤澆灌、噴灌和滴灌等。

（二）排水

毛葉棗不耐澇，果園忌積水，尤其是低窪地和土壤黏重或雜草多的園地。必須在雨季來臨之前清理排水系統，清除雜草，做到明暗溝排水暢通。對於地下水位較高的果園要起高畦，開排水溝，以降低水位和增強排水。

二、肥料管理

（一）基肥

基肥施用量占全年施肥量的 50% 左右。樹苗栽植時施足基肥，

以後每年採收後施一次基肥，施肥量每株腐熟農家肥 30～40 kg、麩肥 1.5 kg、磷肥 1 kg、鉀肥 0.5 kg、鎂肥 0.25 kg。基肥在樹冠周圍挖環溝施放，溝寬 20～30 cm，深 30～40 cm。之後隨著樹齡增加，基肥施用量適當增加。

（二）追肥

1. 壯梢肥

以抽生新梢為主，1 年生樹每株每次施複合肥 0.1 kg 加尿素 0.05 kg，2 年生樹每株每次施複合肥 0.2 kg 加尿素 0.1 kg。以後隨著樹齡增大，追肥量適當遞增。成年果樹，可參考氮、磷、鉀的比例為 2∶1∶1，每株樹施 1.5 kg 複合肥、0.5 kg 尿素，分 3 次施肥，每月 1 次。

2. 促花肥

毛葉棗大量開花結果期為 9～10 月，促花肥應提早 1～2 個月施用。施用量相當於每株施複合肥 0.5 kg、尿素 0.15 kg、氯化鉀 0.15 kg、硫酸鎂 0.1 kg、硼砂 50 g，分 2 次施用。氮、磷、鉀的適宜比例為 2∶1∶2。

3. 壯果肥

幼果期可偏重施氮肥，以利於果肉細胞增殖；果實膨大期應增施磷、鉀肥，以促進果實增大，提高品質。氮、磷、鉀的比例為 2∶1∶4，每株樹施 1 kg 複合肥、0.3 kg 鉀肥、0.25 kg 尿素、0.1 kg 硫酸鎂、50 g 硫酸鋅，分 3 次施肥，每月 1 次。

（三）根外追肥

毛葉棗對鎂、硼、錳、鈣和鋅的需求也較多，特別是對鎂的需求尤為重要。缺鎂容易引起樹勢衰弱，葉片黃化脫落。缺硼果實內部果肉呈水漬褐色硬塊斑狀，嚴重者種子發育不全，變成黑褐色，果實外觀呈畸形，果皮有肉刺，尾尖或裂果。

新梢老熟至初花期，需要施葉面肥，施肥可以噴灑 0.2% 磷酸二氫鉀、0.2% 尿素，每 20～25 d 噴灑 1 次。初花期至果實成熟

期，每 10～15 d 噴 1 次 0.25％硼砂加 0.1％硫酸鎂、硫酸錳和硫酸鋅，以防缺素症出現。

第五節　整形修剪

毛葉棗側枝多斜向生長，枝梢柔軟、細長、脆弱，掛果量大，易受風害折斷枝幹。要合理整形修剪才能形成良好的樹形，便於通風採光，減少病蟲害，提高產量和品質。

一、整形

根據毛葉棗的生長特性和喜光的要求，毛葉棗適合三主枝自然開心形和多主枝自然開心形的樹形。三主枝自然開心形樹冠，無中心主幹，樹幹高度 30～40 cm，選留 3 個均勻分布的新梢作為三大主枝，主枝基角 45°～60°，形成開心形。隨後在主枝上互動形成二級分枝，側枝繼續抽發三、四級分枝的新梢形成當年結果枝。多主枝自然開心形樹冠特點是幹高 30～40 cm，主枝 4～5 個，每主枝留側枝 3～4 個，主枝基角 45°～60°，其他與三主枝自然開心形相同。

二、修剪

（一）主枝更新修剪

2 年生以上的毛葉棗，果實採收後，需對主枝進行回縮更新。

1. 短截主枝更新法

每年春季收果後，將主枝在原嫁接口上方 20～30 cm 處鋸斷，新梢長出後，留位置適當、生長粗壯的 3～4 條枝梢培育成主枝，主枝上發生側枝，側枝上形成結果枝，長成原有的三主枝自然開心形樹冠。

2. 預留支架更新法

將主枝留 1.5 m 短截，並剪去主枝上所有側枝，然後於主枝基部約 30 cm 處環剝，寬 5～10 cm。主枝剝口下方萌芽，選留靠近主幹處的 1 個壯芽，將其所發新枝引縛於原主枝上，培育成當年的新主枝。隨後主枝上發生側枝，側枝上形成結果枝，連續使用 2 年後鋸去。

3. 嫁接換種更新法

毛葉棗易發生芽變和自然雜交，新品種層出不窮，加上毛葉棗嫁接換種簡易，嫁接後當年就可開花結果，同時也起到更新樹冠的作用，因此嫁接換種更新法常被果農採用。採果後，在主枝離地面 30～60 cm 高處鋸斷，用腹接法或切接法在每個主枝上接上優良品種的接穗。腹接法由於可不用剪砧，因此可提早在採果前進行，採果後再將接口以上鋸去。

（二）長梢修剪

有些果農為提早開花或減輕勞作，於果實採收後實施長梢修剪，即把舊主枝留 1～1.5 m 長，剪除其上所有的枝葉。待 1 個月後主枝上長出新梢，成為結果母枝。待其長至 50 cm 左右時再摘心，促使萌發新梢成為主要結果枝。

（三）枝梢修剪

一般從 5～6 月開始進行，直至 11 月全部果實著果後結束，將交叉枝、過密枝、徒長枝、直立枝、纖細枝、病蟲枝、拖地枝剪去。到 11 月若結果已相當多，可將枝梢尾部幼果或花穗剪去。

三、搭架固枝

毛葉棗樹形開張，枝軟，常低垂易斷。另外，由於枝梢上有刺，枝隨風而動，常把果實劃傷，影響外觀。需立支柱或四周搭架將果枝綁縛固定。

（一）竹架

棚架高度控制在 80～180 cm，依樹齡和主幹高度不同而定。

棚架寬度一般占樹冠的 80%～90%。在樹冠四方各垂直固定 1 根竹竿，再於兩直立竹竿間橫綁一竹竿，支撐下垂的結果枝。竹架易霉爛，2～3 年需更換 1 次。

（二）水泥柱架

預製成 8 cm×10 cm×250 cm 規格的水泥柱，柱的一端頂部預留 1～2 個直徑為 1 cm 的孔洞。把水泥柱按 3～4 m 的間距立於行間，有孔的一端向上，柱入土 50 cm 左右。用粗鐵線穿於孔洞之間，以粗鐵線為骨架，再用稍細鐵線織成一離地約 2 m 高的水平網狀棚架，網孔徑 50 cm 左右。或用竹竿代替粗鐵線，組成水平棚架。

毛葉棗回縮更新後，培育 3～4 次分枝，把枝條引上棚架。水泥柱架高度要適中，便於栽培管理。枝條上架後平鋪於網架上，增加了植株的通風採光能力，可提高果實產量和品質。水泥柱架不需更換，雖一次性投入比竹架高，但使用壽命較長。

第六節　花果管理

一、產期調節

毛葉棗的成熟期比較集中，果實儲藏期較短。毛葉棗的產期調節方法有早晚熟品種搭配、延長光照時間、調整主幹更新時期、長梢修剪等。

（一）早晚熟品種搭配

利用不同品種開花特性及果實成熟期的長短而使產期錯開。利用早熟品種與晚熟品種搭配，可分散產期 1～2 個月。

（二）延長光照時間

2 月中旬對毛葉棗進行主幹更新嫁接，6 月進行夜間燈照，可將產期提早至 10 月中旬，較正常產期提早 2 個月左右。夜間光照處理光源設置高度為樹高之上 2 m，每公頃設置 40 W 日光燈 70

盞，燈照時間以自動開關或感光器控制，進行全夜照射，從第 1 天的 18:00 至翌日 6:00，補光 12 h，連續補光 40～45 d。補光前，若枝條發育成熟度不夠，就會影響開花及著果。一般在主幹更新後 100～120 d 以上，經肉眼觀察枝梢花苞已形成時再進行燈照較佳。

二、疏果

毛葉棗花果量大，初期 1 個花序能坐 4～5 個果，因營養競爭，自然落果後餘 1～3 個果。自然落果後仍然結果過多，需要人工疏果。疏果要儘早進行，確保留下的果實有充足的養分供應。疏果分 2～3 次進行。第 1 次於生理落果停止後進行，疏去過密果、細小果、黃果、病果，每花序留 2 個果。此外，結合修剪，把結果過多的纖細枝、徒長枝、近地枝剪去。第 2 次疏果於果實縱徑 2.5～3.0 cm 時，嚴格按照每花序留 1 個果或 2 張葉片留 1 個果的原則疏果，將枝條尾部花穗和幼果剪去。經過疏果的植株，所結的果實大小均勻，個頭較大。

三、果實套袋

果實套袋能減少病蟲危害，明顯改善外觀品質，增大單果重。套袋材料多用塑膠薄膜袋，但存在果實含糖量降低的問題。套袋一般結合定果進行，即一邊疏果定果一邊套袋。為防止袋中積水，可在袋子底部打 1～2 個小孔。由於果實糖分在採前 1 個月增加明顯，為緩解套袋對果實糖分下降的影響，可在採前 30 d 剪袋，剪袋最好在下午和傍晚進行，避免在中午作業。

第七節　病蟲害防治

一、主要病害

（一）白粉病

1. 症狀

該病是毛葉棗最主要的病害。發病初期在葉背出現白色菌絲，葉片正面出現褪綠或淡黃褐色不規則病斑。受害葉片後期呈深黃褐色，易脫落，主要危害果實、葉片和嫩枝。發病後葉片捲縮，果實皺縮，致使產量降低，品質變劣。

2. 防治方法

每年採果後對毛葉棗植株進行修剪，將病枝全部剪除，並集中噴藥處理後粉碎漚肥。發病初期用30％石硫合劑600倍液、25％三唑酮可濕性粉劑1 200倍液、75％百菌清可濕性粉劑500～700倍液，每15 d噴灑1次，連續噴灑2～3次。

（二）根腐病

1. 症狀

在根部造成危害，使根部死亡，表皮或皮層內部布滿菌絲，菌絲亦可繼續往上生長，直到樹幹基部，危害莖外圍部分組織，使接穗枯死，受害樹新葉呈淡黃綠色，嚴重者全株逐漸枯死。

2. 防治方法

及時挖出病株。發病早期，將病根切除並用3％甲霜·噁霉靈水劑1 500倍液或70％甲基硫菌靈稀釋液等噴淋。

（三）黑斑病

1. 症狀

該病主要危害葉片，其主要症狀是先在葉背產生零星黑色小斑點，以後逐漸擴大，成圓形或不規則黑斑，直徑0.5～6 mm。嚴重時病斑可聯合成片，在葉片背面呈現煤煙狀的大黑斑，葉面則呈現黃褐色斑點。受害葉片呈捲曲或扭曲狀，易脫落。造成果實變小，品質下降。幼葉較易感染。

2. 防治方法

在葉背出現淡黑色小斑點時，使用75％百菌清可濕性粉劑600～800倍液，或80％代森鋅可濕性粉劑600倍液，或20％三環

唑可濕性粉劑 600 倍液，或 70％甲基硫菌靈可濕性粉劑 800 倍液，均可有效控制該病的發展。

(四) 疫病

1. 症狀

果實表面形成褐色水漬斑，後期表面布滿白色菌絲和孢囊，並造成落果。疫病的發生與降水量有密切的關係，雨季發病較多，旱季則發病較少。果園灌溉不當，土壤過濕時，也會引起發病，接近地面的果實易感染。

2. 防治方法

需摘除病葉，藥劑選用可參考毛葉棗黑斑病進行。

二、主要蟲害

(一) 蟎類

1. 危害特點

以若蟎、成蟎食害葉片，被害處葉綠素消失，呈褐色或紅褐色，葉片變為黃色，最終導致大量落葉；危害果時，使果面產生粗糙的褐色疤痕，對外觀、品質影響較大。

2. 防治方法

可用 20％噠蟎靈乳油 2 000～3 000 倍液，或 2％阿維菌素乳油 2 000 倍液，或 20％甲氰菊酯乳油 2 000～3 000 倍液等噴灑防治。交替用藥，採收前 10 d 停止用藥。

(二) 毒蛾

1. 危害特點

幼蟲群聚取食葉片表皮，四齡後各自離散，尋找新的部位如葉片、花穗、果實等取食危害。幼蟲的毛有毒，觸及皮膚會發生紅腫癢痛。

2. 防治方法

發生數量多時，可用 90％晶體敵百蟲 600～800 倍液，或

2.5％溴氰菊酯乳油3 000倍液，或50％敵敵畏乳油1 000倍液，或50％氰戊·辛硫磷乳油1 500～2 000倍液噴霧防治。

（三）介殼蟲

1. 危害特點

成蟲和幼蟲都聚集於枝、葉、葉腋、果實或潛伏於鬆脫的皮層下，被害葉捲縮，生長不良，並排泄黏液，誘發煤煙病，引來螞蟻。

2. 防治方法

可選用45％馬拉硫磷乳油1 500倍液，或2.5％溴氰菊酯乳油3 000倍液，或松脂合劑10～15倍液噴霧防治。

（四）毛葉棗葉蟬

1. 危害特點

主要以成蟲和若蟲在葉背刺吸汁液，初期在葉面上產生黃色斑點，嚴重時葉片枯萎，同時還分泌蜜露，誘發煤煙病，影響光合作用。

2. 防治方法

可選用45％馬拉硫磷乳油1 500倍液，或20％異丙威乳油800～1 000倍液，或4.5％高效氯氰菊酯乳油2 000倍液，或25％滅幼脲懸浮劑2 000倍液等藥劑進行噴霧。一般每隔10 d左右噴1次，連續2次。

第八節　採　　收

一、採收時間

毛葉棗成熟期從11月至翌年3月，多集中於1～3月。果實顏色由綠色轉為鮮綠色、淡綠色或黃綠色時就進入採收期。過早採收，果實內的營養成分還未完全轉化，風味淡；過熟採收，則果肉

鬆軟，缺乏風味，品質下降。因果實成熟不一致，應分期分批採收。

採收最好在溫度較低的晴天早晨露水乾後進行。雨天、露水多時採收，果面水分過多，易滋生病蟲，大風大雨後應隔2～3 d採收。若晴天烈日下採收，則果溫高，呼吸作用旺盛，儲藏壽命縮短。

二、採收方法

採收時要盡量保留果梗，帶有果梗的果實在儲藏過程中比不帶果梗的果實重量損失少得多，其成熟過程慢一些，儲藏壽命也相應長一些。保留果梗可用果剪齊果蒂將果柄平剪掉。

採收的果實要放在陰涼處，進行果實初選，撿出病蟲果、畸形果、過小果和有機械傷的果實，然後根據果實大小進行分級包裝儲運銷售。毛葉棗的商品分級一般分為3個等級，分別為優級、一級、二級。不同的果品等級，其要求不同。優級果實，每公斤果數≤6個；一級果實，每公斤果數≤10個；二級果實，每公斤果數≤20個。

三、採後處理

（一）藥劑處理

果實採收後，用25％咪鮮胺乳油800倍液，或40％雙胍三辛烷基苯磺酸鹽1 000倍液，或50％多菌靈懸浮劑1 000倍液浸果1 min，能有效減少儲藏期間果實重量損失，延長儲藏壽命。

（二）低溫儲藏

成熟果實採收後，套保鮮膜袋，置於5～10 ℃條件下，能有效減少儲藏期間果實重量損失，延長儲藏壽命。其缺點是取出後置於常溫下極易失水和變褐。

第八章 番石榴

番石榴又稱芭樂、雞屎果，為桃金孃科番石榴屬熱帶、副熱帶果樹。原產南美洲，臺灣、海南、廣東、廣西、福建、雲南、四川等地區均有栽培。果實營養豐富，可鮮食，可用於加工。番石榴具有適應性強，結果早，豐產穩產，易成花，花期長，果實成熟採收期長，易進行產期調節等特點。

第一節 品種介紹

一、主要種類

（一）普通番石榴

普通番石榴簡稱番石榴，是番石榴屬中分布最廣、栽培最多的一個種。熱帶常綠小喬木或灌木，無直立主幹。葉對生，全緣，長橢圓形或長卵形，葉上表面暗綠色，下表面顏色較淺，有茸毛，葉脈隆起。成熟果淡黃色、粉紅色或全紅色；果肉白色、淡黃色或淡紅色。

（二）草莓番石榴

草莓番石榴為小喬木，葉呈橢圓形或倒卵形。花白色，單生。果呈倒卵形或球形，種子多，果實比普通番石榴細小，呈紫紅色或黃色，有草莓味，供鮮食或加工果汁、果凍等。

（三）巴西番石榴

巴西番石榴為大灌木。葉片大，呈長橢圓狀卵形。花2～3朵，

葉腋叢生。果實黃綠色，卵形或長橢圓形，果肉白，果小。豐產，品質較好，耐寒。

（四）哥斯大黎加番石榴

哥斯大黎加番石榴為大喬木，樹皮暗褐色。葉呈卵形或長橢圓形，表面深綠色，主脈突出。花徑約 2.5 cm，單花腋生。果圓形，肉薄，白色，味帶酸，無香氣。種子少。成熟果果膠含量高。抗線蟲及凋萎病，可作為番石榴砧木。

（五）柔毛番石榴

柔毛番石榴果小，淡黃色，稍有草莓香氣。未充分成熟果可製作優質果凍。幼苗耐寒性差，易受根線蟲危害。

二、主要品種

（一）珍珠番石榴

珍珠番石榴是目前栽培最多的品種。果實為梨形至橢圓形，果實光滑，果皮淡綠色，果肉白色至淡黃色，果大，單果重 350～500 g。果肉質地細膩，糖度高，風味佳，品質優，缺點是在夏季高溫期果實成熟快，果肉易軟化，脆度變差。

（二）翡翠番石榴

翡翠番石榴果形為洋梨形，縫合線明顯，果肉較同類番石榴品種厚；果實單果重 400～500 g，大於同類番石榴品種，成熟時果皮呈白綠色，有光澤。果肉白色，肉厚，肉質脆嫩化渣，風味清甜。

（三）胭脂紅番石榴

胭脂紅番石榴，色澤鮮紅，果實肉厚，爽脆嫩滑，是以鮮食為主的水果品種。該品種適應性強，粗生，易管，生長快，一般種植兩年即可收穫。

（四）水晶番石榴

水晶番石榴是泰國大果番石榴的一個變異無籽品種。植株生長

發育較慢，不宜過度修剪。樹形略開張，枝條脆而易折。果實呈扁圓形，果面有不規則凸起，果形不對稱；果肉質脆，糖度高。自然著果率較高。缺點是果實外觀較差，產量偏低，抗病性差，果實易感炭疽病和疫病等。

（五）台農 1 號番石榴

台農 1 號番石榴，易抽生結果枝，著果穩定。果實較珍珠番石榴大，單果重 390～530 g。果肉極脆，糖度高。果實在夏季高溫不易軟，耐儲藏。缺點是果肉質地略粗，果腐率高。

（六）金門香番石榴

金門香番石榴，生長速度很快，結果週期短。果實呈卵圓形，果實外皮為黃白色，果肉顏色潔白如玉，質地細嫩、軟滑，具有香氣濃郁、風味獨特的優點。

第二節　壯苗培育

一、實生苗培育

供育苗的種子應採自優良品種、豐產優質母株及充分成熟的果實。果實採收後讓其腐爛，取出種子洗淨，浮去不實粒，晾乾即播。番石榴種子生活力在室溫下雖可維持 1 年以上，但新鮮種子生活力強、發芽率高、長勢好，一般隨採隨播。

番石榴種子外殼堅硬，不易吸水，播前浸種催芽的時間要長，待種胚外露時播種，發芽率高且整齊。播前用赤黴素浸種可縮短發芽時間，提高發芽率，加快幼苗生長。番石榴種子小，若苗床直接播種，土應細碎平整，蓋上細土或沙後再均勻撒播，覆蓋細土約 0.2 cm 厚，之後蓋草並淋透水，以後每天淋水 1～2 次。也可先用沙床播種，播後 30～40 d 發芽，長至 2～3 對真葉時，移植於營養袋或苗床。若營養袋育苗，用肥沃表土加少量漚過的豬牛糞和磷肥

作為育苗介質，移植後保持濕潤，苗高 10 cm 左右開始每月施肥 1 次。苗高 40 cm 以上可供嫁接或定植。一般秋播，也可春播。

二、嫁接育苗

番石榴苗莖粗 0.7 cm 時進行嫁接，一般用芽接、枝接。嫁接時間以冬、春季為宜。芽接時期為 3～5 月。嫁接成活率的高低除與嫁接技術和嫁接時期有關外，接穗及砧木是否健壯亦影響很大。接穗不宜過老和過嫩，以剛脫皮的枝條為宜。取接穗前 10～15 d 摘去葉片，待芽將萌發時再剪取供嫁接，效果最好。芽接後 25～30 d 解綁，接芽癒合成活後剪砧，以促進接穗萌發生長。嫁接成活後培育 1 年左右，出圃定植。

三、高空壓條育苗

選直徑 1.2～1.5 cm 的 2～3 年生枝條，在離頂端 40～60 cm 處做環狀剝皮，寬 2～3 cm。環剝處塗抹生根粉，或用適宜濃度的吲哚乙酸（IAA）、吲哚丁酸（IBA）、萘乙酸（NAA）等處理，都能促進早發根、根量多，提高成活率。枝條環剝處包上生根介質，保持濕潤。細河沙、田園土、腐葉土、椰糠、苔蘚等都可以作為生根介質。生根介質用黑色塑膠薄膜包紮比白色塑膠薄膜更易生根，存活率也高。50～60 d 新根密集即可鋸離母株，用營養袋進行假植。假植時剪去大部分枝葉，防止太快發新芽加劇地上部與地下部的不平衡，導致新梢「回枯」，苗木枯死。還要適當遮陰，調控水分，初期防曬、防過濕爛根，後期防水分不足生長衰弱。

四、扦插育苗

扦插育苗時剪取莖粗 1.2～1.5 cm 的 2～3 年生枝，長 15 cm，於 2～4 月扦插，成活率約 60％。也可用根扦插育苗。番石榴的插條，保留 3 個以上的節，上端平切口，下端斜切口。噴灑 40％

熱帶果樹栽培技術

三唑酮 300 倍液，或 5％菌毒清 300 倍液殺菌。插條下端放入生根劑溶液中浸泡 5 s 或 0.05％吲哚乙酸溶液中浸泡 2 s 或 0.05％萘乙酸溶液中浸泡 3 s 後，下端插入基質。插條的行株距為 30 cm×12 cm，可斜插可直插。入土深度以上端芽點高出基質 1～2 cm 為宜。扦插後澆透水，苗床溫度保持在 28～32 ℃，覆蓋遮陽網。

第三節　建　　園

一、園地選擇

番石榴適應性強，但喜溫怕凍，最適生長溫度是 23～28 ℃。建園時，選擇光照充足，空氣流通且沒有霜霧的地區，要求土層深厚、排水良好的沙質土，交通便利，並且具備灌溉條件。由於番石榴果實不耐儲運，故果園應建於大、中城市附近及交通方便地區。

二、種植穴準備

土壤深翻 40 cm，整地時應確保土地平整。平地雙行或單行起壟種植。番石榴的種植密度因品種、土質、栽培管理方式和管理水準而定。一般以寬行窄株的栽植方式為主。早熟品種及山地土質較瘦者可較密，一般株行距（3～3.5）m×4 m；中、遲熟品種及平地土質較肥者，株行距 4 m×5 m 或 4 m×6 m，為奪取早期豐產，並實施強剪栽培的，可適當密植，株行距為 2.5 m×3 m 或 2 m×3 m。定植前一個月，按照株行距，挖 0.8 m×0.6 m 大小的定植穴，並在每個定植穴內施入 15～20 kg 的腐熟有機肥、過磷酸鈣或鈣鎂磷肥 1 kg。肥料與表土混勻後回填，高出地面 20 cm，栽植穴內土沉實後，開展栽植工作。

三、栽植

栽植苗木要選擇1年生的嫁接苗，株高不能低於0.5 m，嫁接口的主幹直徑要控制在1 cm以上。栽植前，將主幹按照一定的標準適當短截，一般保留40～50 cm即可。栽植後踩實植株根部的土，澆透定根水。風大的地區，還要架立柱防風吹搖動折斷嫩莖。最後在根盤覆蓋上稻草或黑色薄膜，起到保濕和防雜草生長的作用。

第四節 肥水管理

一、肥料管理

研究表明，每生產100 kg番石榴鮮果所帶走的養分為：氮1.83 kg，磷0.39 kg，鉀1.62 kg，鈣0.90 kg，鎂0.22 kg，鈉0.24 kg。其氮、磷、鉀、鈣、鎂比為1∶0.21∶0.89∶0.49∶0.12。番石榴養分需求量與品種、產量、修剪程度等因素有關。番石榴產量越高，修剪程度越重，所需的養份量越多。

（一）幼樹施肥

番石榴生長較快，投產較早，栽植後要進行充分的肥水管理，保證足夠的肥水供應，確保幼齡樹苗能夠快速生長，達到豐產效果。栽植施用基肥，以堆肥、廄肥、人畜糞尿和餅籹肥為主。每株施用10～15 kg有機肥，配施少量磷、鉀、鈣肥，可施過磷酸鈣或鈣鎂磷肥1 kg。除施基肥外，配合修剪和培養枝梢的次數施肥，掌握培養一次枝梢施肥一次的原則，以農家肥為主，配施少量速效氮肥。番石榴幼樹新梢長5～10 cm時開始施肥，薄肥勤施。幼樹每2個月施肥一次，每棵樹每次施三元複合肥100～200 g。2年生樹每次施肥量增加到每株三元複合肥300～

400 g。隨著樹齡的增加，還要增施有機肥和鉀肥。幼齡番石榴每年至少施兩次主肥，第 1 次在 8～9 月施，可每株施腐熟廄肥 20～30 kg、複合肥 0.5 kg，第 2 次在翌年 4～5 月施，施複合肥 1.5～2.0 kg，配以葉面追肥。

(二) 結果樹施肥

番石榴一年多次開花結果，掛果期長、產量高，養分消耗大。番石榴施肥量及氮、磷、鉀適宜比例各地相差較大。臺灣在番石榴種植後 10 年內，隨著樹齡的增加，施肥量也逐年增加。5 年生前氮、磷、鉀比例為 1：1：1，逐漸過渡到 10 年生的 2：1：2 的比例。泰國番石榴的年株施肥量為氮 (N) 0.2 kg、磷 (P_2O_5) 0.1 kg、鉀 (K_2O) 0.4 kg，氮、磷、鉀比例為 2：1：4。印度番石榴高產園的年株施肥量為氮 (N) 0.583 kg、磷 (P_2O_5) 0.271 kg、鉀 (K_2O) 0.399 kg，氮、磷、鉀三要素比例為 1：0.46：0.68。南非成年番石榴年株施用量為氮 (N) 0.224 kg、磷 (P_2O_5) 0.045 kg、鉀 (K_2O) 0.20 kg，三要素施用比例為 1：0.20：0.89。

結果樹施肥，通常以有機肥為主，速效複合肥為輔。一般年施肥 4～5 次，分別在花芽分化前、幼果期、果實膨大期及採收後各施一次。開花前施有機肥、氮肥為主，幼果生長及果實膨大期以磷、鉀肥為主，秋後以鉀肥為主。果實採摘後，每株施有機肥 20 kg 左右，尿素 0.5 kg 左右，促新梢萌發。花芽分化前，植株施 1.0 kg 磷酸鈣鎂肥和 0.5 kg 三元複合肥，促進花芽分化和開花結果。著果後，每棵植株施 0.2 kg 尿素和 0.3 kg 三元複合肥，促進果實增大。果實膨大期，為提高果實的糖度，增施鉀肥，每棵樹施 0.15 kg 氯化鉀和 0.3 kg 三元複合肥。

(三) 施肥方式

1. 根施

在肥水管理過程中，有機肥要盡量深施，化肥地表淺施即可。施肥方式一般以溝施或撒施為主，施肥後還要淺耕入土，並適當進

行澆水，保證施肥後的土壤足夠濕潤。

肥料施用時，在樹冠外圍滴水線位置挖一長溝，溝長0.7～0.8 m，寬0.2～0.3 m，深0.1 m，將肥料施入溝內，混合後覆土。另外，磷肥可在離樹幹1.0～1.6 m處挖長0.6 m的環溝施下，可提高肥料利用率。旱季施肥若與灌溉配合，肥效更佳。

2. 根外施肥

根外追肥對番石榴也有較好的效果。葉片施鋅保果作用顯著，還可提高果實中可溶性固形物含量，改善品質；施用硝酸鈣能增加營養生長的速度，顯著縮短花芽發育期，並提早開花，提高著果率。生產上在始花期和幼果期噴施0.6％硫酸鋅、0.2％硼酸和0.05％鉬酸銨，對增進夏、冬果的品質有良好的效果。臺灣於9～10月每隔5 d噴1次，連續3次噴0.4％～0.6％磷酸二氫鉀，可提高冬春果的品質。噴葉面肥時，在嫩梢展葉期濃度低些，葉片老熟後濃度可高些。

二、水分管理

幼苗栽植後要注意適時澆水，確保土壤保持濕潤，避免樹苗乾枯死亡。

番石榴耐旱、耐濕，熱帶季風氣候地區，旱季和雨季分明，需注意雨季排水、旱季灌水，尤其是培育冬、春果，供水更為重要。9月中下旬後進入旱季，應視土壤乾濕情況，每15～20 d灌水1次，以保證植株生長和果實發育良好。對保水力差的沙質土、礫質土應全園灌水，並加覆蓋，有條件的地區還可安裝簡易的水肥一體化滴灌或噴灌設施，可大幅減少勞動力成本，充分利用肥水營養，節水的同時還可增產增收。

第五節　整形修剪

一、整形

（一）屈枝整形法

苗木定植後放任生長，然後在離地面 40～50 cm 處剪斷主幹，促使主幹萌發新梢，保留 6～8 枝分布均勻、無交叉重疊枝條作為主枝，各主枝生長到 80～100 cm 時，利用塑膠繩或竹片將其引向四面，斜伸 45°或近水平，促使下部萌發新梢，當新梢長至 30 cm 左右時摘心。

（二）開心形整枝法

幼樹距離地面 40～50 cm 高，將主幹剪去，促使長出新梢，選用 4～5 枝新枝構成主枝，朝向均勻分布。採用摘心或短截的方法，促進新梢開花結果。同時剪除交叉枝、徒長枝及病蟲枝等不必要的枝條。養成中央空虛、四周開張的樹形。樹體勿過大以免主枝間生長勢不平衡。開心形可增進樹冠採光、通風，有利於噴藥、疏果、套袋及採收等管理工作。

二、修剪

結果樹的修剪要依樹齡、枝梢生長和結果習性進行。初結果樹修剪宜輕，盛果期後修剪加重。在冬季，剪除枯枝、病蟲枝、弱枝、交叉枝、折斷枝等。夏季，根據樹勢及掛果情況，對結果枝進行摘心處理。由於番石榴花朵多著生在新梢的第 2～4 節位上，因此，若植株生長勢過旺，在緊接著果節位之後摘心，促使新梢自果實以下的葉腋萌發，弱化植株生長勢；若植株生長勢欠旺，要增強樹勢，則在著果節位之後留 3～4 對葉摘心，使新梢在果實以上的葉腋長出，這樣樹冠擴展較快。若不考慮調節樹勢，則結果後枝條長 30 cm

時摘心或短截，促進果實生長。對未結果的枝梢留長約 30 cm 摘心，形成粗短的結果母枝，當年或翌年萌發結果枝。採果後，剪去結果枝或留基部 1～2 節位剪截，對枯枝、弱枝、病蟲枝也及時剪除。隨著結果部位升高、外移，樹勢衰退，10 年以上老樹需及時強剪更新。一般於春季離地面 50～80 cm 截去副主枝、主枝，迫使潛伏芽萌發為新梢，從中選留、培養新的骨幹枝，形成新樹冠，恢復樹勢，開花結果。

第六節　花果管理

一、產期調節

（一）摘心

番石榴在新梢伸長生長時，花蕾隨即抽出，透過摘心，調節新梢生長期，就能調節花期，如計劃在 8 月開花，則在 7 月上旬對非結果枝摘心並於 7 月中旬施促梢壯果肥一次，促其抽發新梢，抽生花蕾。

（二）疏蕾、疏花和疏果

生產冬春果為主的，清明前後摘除所有的花果，並結合修剪、施肥，促發新梢。9 月上中旬開花，12 月至翌年 1 月果實成熟，生產冬春果。對於營養生長過旺的果園，在清明前後要留 30％～40％果壓樹，否則易造成營養生長更旺，發生白露花少無果的現象。因此，應根據樹體生長狀況，酌情疏花和疏果。

（三）噴施植物生長調節劑或肥料

用 100～150 mg/L 苯乙酸鈉噴施番石榴植株，可以疏花減少著果率 74％～86.6％。用 15％～25％尿素噴施植株葉片，至葉片滴水為止，可使植株葉片全部灼傷脫落，35 d 後可萌發新梢，由於尿素水溶性很高，均勻地黏附在葉片上，葉片脫落後可做肥料，不損傷植株莖枝。用 0.05％～0.06％乙烯利噴施葉片，使整株葉片脫落，35～40 d 後再萌芽開花。果用藥劑處理，對樹體影響很大，

必須在肥水很充足、管理措施密切配合的情況下進行。

二、疏花

番石榴易成花。一般只要有健壯的新梢抽生，其上必有花。為了減少營養消耗，達到豐產穩產和果大質優，必須進行疏花。番石榴花有單生花序、雙花花序和三花花序3種類型。疏花在盛花期進行，一般保留單生花序，雙花花序疏去其中較小的花，三花花序疏去左右兩側的小花。

三、疏果

番石榴在自然情況下著果率較高，開花時只要氣候良好，有花必有果。為了達到優質豐產，提高經濟效益，必須進行疏果。疏果是在果實結果後1個多月，幼果縱徑3～4 cm、果實開始下垂時進行。除去發育不良的畸形果、病蟲果，依植株生長勢、枝梢生長情況、葉片大小和厚薄，確定合理的留果量。一般粗枝葉大的結果枝留果2個，枝較弱、葉較小的結果枝只留1個果。

四、套袋

套袋是番石榴優質高產高效益栽培的一個重要環節。疏果後立即進行果實套袋。一般使用雙層聚丙烯材料，內層用白色泡沫網筒，外層用白色透明薄膜袋。

第七節　病蟲害防治

一、主要病害

(一) 立枯病

1. 症狀

植株感染立枯病後，頂芽停止生長，嫩葉捲縮呈畸形，葉面出

现红色小点，然后变黄、落叶，最后全株枯死。

2. 防治方法

适时使用杀菌剂进行灭菌，如修剪后果园全园喷药，有效的药剂包括苯菌灵、有机铜剂及氢氧化铜。发病初期，可用甲基硫菌灵灌根。

（二）炭疽病

1. 症状

叶片感病后出现很多近圆形或不规则病斑，黄褐色，常发生于叶片的边缘或叶尖，病斑上有环状排列的小黑粒，病叶卷缩易脱落。果实感病后初期为褐色水渍状斑点，随后全果腐烂，变褐干枯，引起落果或成枯果挂于树上。高温、高湿时，该病发生严重。

2. 防治方法

在发病初期，可交替喷施 75％百菌清＋70％硫菌灵 1 000～1 500 倍液，或 30％氧氯化铜＋75％百菌清 800～1 000 倍液，或 40％三唑酮·多菌灵 1 000 倍液等，连续喷施三四次，视天气和病情隔 10～15 d 喷 1 次。

（三）枝枯病

1. 症状

被害枝梢初期出现褐色斑点，后渐扩大并绕茎扩展，致使一段枝梢变褐色至灰褐色坏死，斑面出现小黑粒，病斑以上的枝梢也枯死，严重发生时致树势衰退。

2. 防治方法

新梢抽出或发病初期喷施 40％多·硫悬浮剂 600 倍液，或 30％氧氯化铜悬浮剂＋75％百菌清（1∶1）1 000 倍液，3～4 次，视天气和病情隔 7～15 d 喷 1 次。

（四）日灼病

1. 症状

日灼病又称日烧病。主要危害夏造果实，被害果实向阳面果皮

變黃褐色或出現白色的枯死斑點，嚴重的日灼出現圓形下陷的枯死乾疤。還可被其他腐生菌腐生，一般多黃褐色硬斑，果實品質差。

2. 防治方法

果實附近留葉以起到遮擋作用，避免日光灼傷果實。著果後及時套袋，套袋時避免對果實造成傷口，且套袋前需要噴灑保護性殺菌劑。葉面噴施含鈣、鋅的葉面肥，增強果實抗熱性；結果盛期，增施鉀肥。

（五）根結線蟲病

1. 症狀

根結線蟲只危害根部，受害處形成瘤狀的根結。根結初為白色，表面較光滑，以後由於受土壤某些病原菌的複合侵染而逐漸變褐色。嚴重時主根和側根上布滿蟲瘤，連接成串珠狀，整個根系腫脹畸形，直到全根腐爛，植株枯死。被害植株生長不良，似缺肥缺水症狀，新芽變黑，葉片發黃，結果少而小。

2. 防治方法

選用無根結線蟲危害的健壯苗栽植。栽植前，結合整地施入石灰、有機肥對土壤進行改良。已經發病，可用10％噻唑膦顆粒劑2.0 kg混入細沙20 kg撒在果樹周圍，然後翻入土中，或用5％阿維菌素乳油1 500倍液進行灌根處理。

二、主要蟲害

（一）粉蚧

1. 危害特點

以若蟲、成蟲寄生於嫩梢、果柄、果蒂、葉柄和小枝上。新梢受害，幼芽扭曲、畸形、生長受阻；果實被害，影響外觀和品質，還誘發煤煙病。

2. 防治方法

選用噻嗪酮、噻蟲嗪、苯氧威、啶蟲脒、吡蟲啉、藜蘆鹼或苦

參鹼等葉面噴灑，進行防治。

(二) 蚜蟲

1. 危害特點

蚜蟲吸食葉片汁液，致新梢葉片生長不正常，影響光合作用和樹勢，也誘發煤煙病。每次新梢抽出都會引起蚜蟲危害。

2. 防治方法

新梢生長期間噴 10% 吡蟲啉 2 000 倍液 2～3 次，能有效控制蚜蟲危害。

(三) 尺蠖、捲葉蛾類

1. 危害特點

尺蠖以幼蟲危害嫩芽、嫩葉，吃成缺刻或將整片葉吃光。捲葉蛾類幼蟲吐絲捲綴葉片，躲藏其中危害。幼果受害引起落果。

2. 防治方法

每一次新梢萌發和花蕾生長期及時噴藥防治。可選用 90% 敵百蟲可溶粉劑 800 倍液，或 1.8% 阿維菌素乳油 2 000 倍液，或 4.5% 高效氯氰菊酯乳油 1 500 倍液。注意藥劑輪用，噴勻噴足，並盡可能採用地面與樹上相結合的辦法噴施。

(四) 果實蠅

1. 危害特點

成蟲將卵產於果內，果皮上有產卵孔。若果實內蟲少，果實可正常生長；若果實內蟲多，果實則不能正常生長，易造成落果。後期易腐爛，果實呈海綿狀。

2. 防治方法

番石榴套袋可以有效防治果實蠅危害。套袋一定要在小果時即幼果縱徑 2 cm 左右時進行，果實若太大果蠅可能已在幼果上產卵，造成損失。還可以利用果實蠅食物誘劑進行防治。果實蠅嗜好果實香味，配製誘餌，將其消滅在產卵危害之前。

第八節　採　收

一、採收期的確定

番石榴未成熟果實綠色，較粗糙，光澤差；成熟果實豐滿，色淡綠微黃，有光澤，有色品種呈現固有的色澤，肉質鬆脆。番石榴充分成熟時風味最佳。當地銷售一般充分成熟時才採收，遠銷則可適當提前採收。因此，要掌握果實成熟標準，即果實豐滿有光澤，色淡綠微黃，以此確定採收期。

二、採收時間

由於花期有先後，果實成熟期也不一致，應隨熟隨採，大量成熟期間應每天採收1次。番石榴採收應在晴天的清晨進行，此時溫度低，光線較弱，能較好地保持果實風味，有利於儲存。

三、採收工具

包括採果剪、採果筐和襯墊材料。

四、採收方法

採果一般帶果柄剪下，不棄套袋，並輕放於有襯墊的果箱、果籮內，避免機械傷。採後果實應避免日曬。

五、選果

果實採收後運至分級挑選的庫房內，除去套袋，剪去果柄，進行分級挑選、清潔和包裝。剔除爛果、病蟲害果及日灼果，選擇果形端正、果皮無斑點、生長正常的果實。

六、分級

(一) 果品重量

珍珠番石榴以 450～550 g 為基線，上下 25 g 一段扣 1 分，比例占 15％。

(二) 糖度

可溶性固形物含量以 13％為基線，不足 0.5％扣 1 分，比例占 40％。

(三) 果肉肉質

果肉厚度占 10％，果肉厚達 2.6 cm 以上為最高標準，每差 0.5 cm 扣 2 分。果肉細嫩度占 5％，以感官測定；風味占 10％，看是否有酸、澀、苦味，以感官測定。

(四) 外觀

果實外表無蟲、病、傷痕占 10％，外表清潔度占 10％。

特級果綜合分 90 分以上，一級 80～89 分，二級 70～79 分，三級 60～69 分。

分級後洗果、潔果，然後打蠟或套保鮮膜，套網袋，裝箱。番石榴包裝箱一般選用硬塑膠箱或硬紙箱，放 3～4 層，每層用厚紙墊分，包裝後盡快運往市場或儲藏保鮮。

第九章　椰　　子

> 椰子，棕櫚科椰子屬植物，原產於亞洲東南部、印度尼西亞至太平洋群島，中國廣東南部諸島及雷州半島、海南、雲南南部等熱帶地區均有栽培。

第一節　品種介紹

中國栽培的椰子主要有高種、矮種和雜交種3種類型，其中海南本地高種椰子按果實的大小，又可分為大圓果、中圓果和小圓果；矮種椰子按葉片和果實顏色，又可分為黃矮、紅矮、綠矮三種類型。

一、高種椰子

高種椰子，又稱海南本地椰子，抗風抗寒能力強，是海南島的主要栽培類型，種植面積占95％以上。高種椰子按果實的大小，可分為大圓果、中圓果和小圓果三種類型；按果實的顏色，可分為紅椰、綠椰兩種類型。海南高種椰子的植株高達20 m，基部膨大，樹冠有30～40片葉。栽後6～8年結果，每株年平均產果60～80個，經濟壽命80年左右。果型較大，椰肉含油率高，適合加工。

二、矮種椰子

矮種椰子，是從國外引進的以鮮食為主的一類，包括黃矮、紅

矮、綠矮及香水椰子。矮種椰子的植株只有 15 m 左右，栽後 3～4 年開花結果，每株年平均產果 120～140 個，經濟壽命 40 年左右。果小，味甜，椰肉含油率低，不利於產品深加工。其中黃矮椰子主要用於生產嫩果、園林綠化和作為雜交育種親本；紅矮椰子是極好的嫩果生產和園林綠化品種；綠矮椰子的單株結果數最高，是很好的育種材料，也可用於生產嫩果；香水椰子是水果和加工兼用的優良品種，尤其鮮果食用很受歡迎，但該椰子品種的適應性較差，性狀表現不穩定。

三、中間類型椰子

這一類型的椰子，植株高度中等，結果早，壽命長，產量高。一般栽植 3～4 年結果，第 8 年進入高產期。中國培育的椰子新品種，都屬於中間類型，適合海南島栽培。

1. 文椰 2 號

親本為馬來亞黃矮，嫩果果皮黃色。平均株產 115 個，高產單株可達 200 多個。果型較小，單果椰乾產量低。在海南的生態適應性強。

2. 文椰 3 號

親本為馬來亞紅矮，嫩果果皮橙紅色。平均株產 105 個，高產的可達 200 多個。抗風性、抗寒性中等，13 ℃以上可安全過冬，15 ℃以下出現裂果、落果。

3. 文椰 4 號

親本為香水椰子，嫩果果皮綠色，椰水和椰肉均具有特殊香味。平均株產 70 個，高產的可達 120 多個，經濟壽命 35 年左右。抗風性中等，不抗寒。

椰子各品種之間的樹形、果形、產量及抗逆性等差異較大。用於加工各種椰子產品的，以果型較大的本地高種為主；以鮮果銷售為主，尤其是作為旅遊產品銷售的，可考慮種植果色美觀的矮種椰

子；而雜交種是一種中間類型，果型中等，既可以用於後期加工，也可以用於鮮果銷售。生產中根據實際需要，正確選擇適栽品種，確保高產、穩產。

第二節　種苗培育

一、選種果

椰子種果的性狀對於椰苗的生長影響很大，椰子種苗培育用的種果要仔細篩選。確定好具有優良性狀的母株後，通常選擇位於椰子樹中部產量高的果穗留種果。然後從成熟的椰果中選擇充分成熟、中等大小的果實做種用。這些果實果肩上有2～3個壓痕，搖動時有清脆響聲，果皮顏色由青綠、黃或紅色逐漸變為黃褐色。椰子水過少或無椰子水、搖動時沙沙作響的果實，胚乳發育不良或已變質，作為種果成苗率很低。椰子嫩果果肉發育不完全，蛋白質和脂肪等含量低，採後腐爛，不能發芽。

二、種果催芽

椰子種果催芽的方法很多，一般分為自然催芽和苗圃催芽兩類，其中自然催芽發芽率低、畸形苗和劣質苗多，生產中大面積種植時採用的較少，但由於便於管理，節省勞力，比較適合少量椰果的催芽。而苗圃催芽苗齊、苗壯，在生產中常用。

（一）播種催芽

選擇土壤疏鬆、平整、半蔭蔽的地塊，深耕後開溝，溝的深、寬各15～20 cm，將種果果蒂朝上或同一方向傾斜45°，依次擺放於溝底，覆土蓋過種果的1/2～2/3。後期及時淋水和培土，避免種果過度裸露、曝曬失水，損失發芽能力。

不同品種或類型的椰子，催芽需要的時間長短不同。海南高種

第九章 椰　　子

椰子播種後 30 d 開始發芽，90 d 發芽達到高峰，180 d 後停止發芽；矮種椰子播種後 30 d 開始發芽，80 d 達到發芽高峰，175 d 後停止發芽；馬哇雜交種椰子播種 90 d 開始發芽，180 d 發芽達到高峰，230 d 後停止發芽。

後期椰果發芽多成長為劣質苗，不能高產。生產中，當發芽率達到 70％時，即可將未發芽的種果淘汰。

(二) 自然催芽

1. 懸掛種果催芽法

把種果串起來吊在空中，讓其自然發芽，長出芽的種果取下育苗，不發芽的種果賣給工廠加工各種產品。

2. 串珠堆疊催芽法

用竹篾或鐵線把種果 6～8 個串成一串，然後把一串一串堆疊成柱狀，高度 1.5～2.0 m，在樹蔭下或空曠地上，讓其自然發芽，待種果大部分發芽後，取出果芽育苗，不發芽種果出售加工。

3. 自然堆疊法催芽

種果隨意堆成堆，讓其自然發芽，芽長 10～20 cm 取出育苗。該法發芽不整齊，畸形苗多。

三、育苗

椰苗長至 15 cm 左右需移植到育苗圃繼續培育。育苗圃開溝，深寬各 25～30 cm，椰果行株距 50 cm×40 cm。每穴施 1～1.5 kg 混有少量過磷酸鈣的有機肥，栽下種苗後覆土蓋過種果。椰子的育苗圃，一般每四行為一床，床長 10 m，床間留人行道 60 cm。每床可育苗 80 株，每公頃可育苗 36 000 株。

椰苗移植後，立即淋透水，以後視情況而定，旱季則要加強淋水管理。安裝微噴灌設施、架設 2 m 高的蔭棚或加蓋一層椰糠或雜草和樹葉等保水。育苗初期一般不需要施肥，2 個月後，施一次以

氮肥為主的水肥。6～8個月可達出圃標準。

> 出圃標準：葉色深綠、葉脈明顯，株高110～120 cm，莖圍18～20 cm，7～8片葉，葉片羽裂早，無病蟲害。

此外，育苗也可採用袋裝育苗方法。袋裝育苗是把經催芽的種苗移植至塑膠袋中，填營養土育苗。植距與苗床育苗法相同，溝深20 cm，把袋裝苗按三角形排列溝中，覆土至袋高的1/2。袋裝育苗用工多，運輸量大，成本高，但壯苗率高，植後成活率高，生長快，投產早。在生產條件允許的情況下，應該重點考慮使用本法育苗。

第三節　園地選擇

椰子為熱帶喜光作物，在高溫、多雨、陽光充足和海風吹拂的條件下生長發育良好。椰子適合在低海拔地區生長，適合椰子生長的土壤是海洋沖積土和河岸沖積土，其次是沙壤土，再次是礫土，黏土最差。

椰園可建在沿海沙地，土壤貧瘠、灌木稀少，可不全墾，按株行距挖穴定植，以後再逐步清理雜草和灌木、改良土壤等。椰園若建在貧瘠沙地，最好採用全墾方式，在挖穴定植後立即種上豆科覆蓋作物，3年以後，再間種其他作物，或將覆蓋作物維持更長一段時間。椰園也可以建在土壤肥沃的坡地，應全墾，挖穴定植後，種上間作物或覆蓋物，種植間作物時必須等高種植，避免或減少土壤侵蝕。

海南島東南部，是椰子生長的最適宜區，包括三亞市、陵水黎族自治縣、萬寧市、文昌市南部、保亭黎族苗族自治縣南部、樂東黎族自治縣大部分地區及瓊海市大部分地區。海南島其他地區屬於椰子生長的適宜區。

第四節　栽　　植

一、栽植密度

椰子的栽植密度與椰子的品種類型有關，高種椰子的株行距有（7.5～8）m×（8～9）m，每公頃種植椰子 165～180 株；矮種椰子的株行距為（6～6.5）m×（6～6.5）m，每公頃種植椰子 225～240 株；中間類型的椰子，每公頃種植椰子 165～195 株。

海南的椰子目前有椰園、分散零星種植和公路綠化三種方式，種植的形式有正方形、三角形和長方形。其中長方形種植更有利於進行間作和多層混作，也有利於機械化操作。

二、栽植苗齡

小於 9 個月的苗，易受白蟻危害，不耐水浸，後期性狀也不宜鑑定，不宜採用。1 年生以上的大苗，起苗時傷根多，定植後成活率低，生長緩慢，管理費工。大面積栽植，一般以 1 年生苗最合適。

三、栽植時間

椰子苗在雨季栽植成活率高，長勢旺盛。雨季末或旱季栽植，緩苗慢。一般以 5～6 月為椰子栽植適期。

四、栽植方法

苗木要隨挖隨栽，不宜久置。挖苗時保護好種果不脫落，盡可能減少傷根。搬運時切忌丟扔種苗，要輕拿輕放，以免震盪固體胚乳，影響苗木快速恢復生長。

栽植穴規格一般為 80 cm×80 cm×80 cm，放入腐熟的有機肥

40 kg，並與表土混勻後回填土壤至栽植穴的 1/2 處，定植椰子苗，邊回填土壤邊壓實。

> **溫馨提示**
>
> 覆土深度要求「深種淺培土」，即覆土至種果頂部或讓種果僅有一小部分露出，泥土不撒入葉腋內，最後淋定根水。定植後常規管理。

目前椰園多採取寬行密株或大小行植法，充分利用土地和空間種植經濟價值較高的或適於椰園蔭蔽下種植的經濟作物，使單位面積收益增加。

第五節　幼齡椰園管理

椰子進入結果期前為幼齡期，是營養生長階段，時間 6～8 年。前 3 年生長緩慢，抗性差，畜害和獸害嚴重，需加強管理。

一、護苗補苗

海南島椰子種植區的土壤沙性重，滲漏多，易於乾旱，椰苗種植後可就地取材，及時用椰糠、雜草、樹葉等將栽植穴表面覆蓋，以免穴面曝曬，減少地面蒸發，抑制雜草生長，確保椰苗成活。

定植當年，如有死苗缺株，應及時補植。第 2 年如發現有明顯的落後苗或遭受損害致殘苗都應換植。所有補換植用苗都應用和該椰園的品種、苗齡、大小相同的後備苗。對補換植苗要特別加強撫管，確保成活，促進椰苗整齊。

椰子栽後第 1 年，生長較慢，到第 3、4 年莖幹開始露出地面。因此，一般從第 3 年起就應結合除草施肥開始逐漸進行培土，直至最後與地面培平。

二、水肥管理

（一）水分管理

椰子在定植後頭兩年，特別是當年，因為椰苗根系不甚發達，扎根不深，抗旱能力較差，如遇乾旱，勢必影響椰苗生長。因此，要注意旱情及時進行淋水抗旱，確保椰苗正常生長。

建園時，要挖排水溝。雨季定期檢查種植穴，在有一定坡度以及未建立覆蓋作物的土壤上，種植穴易被泥沙沖埋。隨時清理植穴，把沖進種植穴的泥沙挖出，以免阻礙生長。

（二）施肥

幼年椰子樹處於營養生長為主的階段，要在全肥基礎上突出氮肥。施氮肥能促進營養生長和提早開花，缺氮肥會抑制地上部分和根系的生長，造成植株矮、莖稈細、葉片少、幼葉呈淡黃綠色、老葉顯著變黃等。磷肥也能顯著提早椰子樹的開花時間。幼齡椰子樹生長前期對鉀的需求量雖不大，但鉀的不足會導致主幹細長、葉痕密集、生長緩慢。缺鉀的椰子樹即使追施鉀肥也難完全恢復，以致大大延長植株的非生長期。氯對幼齡椰子樹的生長和發育有明顯的促進作用。因此，椰子樹的早期施肥非常重要，施肥的好壞對後期的椰子樹生長和產量將會產生很大影響。

施肥的位置，第 1 年可在靠近椰子樹的土壤表層，第 2 年在離樹基部 0.8～1 m 的範圍內，第 3 年把施肥的半徑範圍擴大到 1.3～1.5 m，臨近結果期施肥半徑為 1.8～2 m。先除草，撒施化肥後，再鬆土埋肥。

海南島中等肥力的土壤，1～3 年生樹每年每株施有機肥 20～30 kg、尿素 0.25～0.35 kg、過磷酸鈣 0.25～0.5 kg、氯化鉀 0.15～0.25 kg（草木灰 1.5～2.5 kg 或田園土 5～10 kg）、魚雜肥 0.5～1 kg；4～6 年生樹每年每株施有機肥 30～50 kg、尿素 0.35～0.5 kg、過磷酸鈣 1 kg、氯化鉀 0.35～0.5 kg。

椰子的維管束為有限維管束，沒有束中形成層，不能進行次生生長。根據莖幹從基部至樹冠的直徑變化，可以反映出歷年的管理水準。

三、椰園除草

椰園內以種植穴為中心在直徑 2 m 範圍內如長有雜草均應及時剷除，其他地方若長有 30 cm 以上的高草也應及時控制，避免造成椰園荒蕪。此外，凡是椰園長有茅草、硬骨草和香附子等惡性雜草以及雜灌木等，均應及時連根清除。原則上是範圍小的用人工清除，範圍大的可用化學防治。

四、幼齡椰園間作

在沿海椰園，土壤沙性重，結構差，許多地方有機質含量低，植被稀疏，淋溶和侵蝕較為嚴重，行間種植綠肥覆蓋作物可以改善土壤結構、提高土壤肥力，是椰園管理的重要措施之一。適合種植的綠肥作物有三裂葉葛藤、山毛豆、矮刀豆等，其中以三裂葉葛藤最好。海南幼齡椰園也常間種短期經濟作物，以促進幼樹生長和增加經濟收益。常種的間作物有旱稻、甘蔗、玉米、花生、芋頭、木薯、薑、蔬菜等。間作物與椰子樹距離視作物種類和椰子樹齡而異，開始時保持 1.5～2 m，以後隨樹齡逐漸加大。每年除草不少於 2～3 次，結合進行中耕鬆土。

第六節　成齡椰園管理

一、椰園清理

海南氣候高溫高濕，椰園如長時間疏於管理，易繁生雜草雜木，大量消耗了土壤的養分，限制了椰子樹產量的提高，同時也易發生

病蟲害和鼠害，嚴重時導致椰園衰敗，因此要及時清理雜草雜木。

清理椰園的主要措施有：

① 砍除雜木，挖掉樹根，剷除雜草及草根，堆積曬乾後清理出椰園。

② 砍掉病蟲危害嚴重、無法挽救的病弱株，收集被病蟲危害後脫落的果實及花穗，集中噴藥處理後粉碎漚肥或者清理出椰園深埋。

③ 結合中耕培土，部分綠葉雜草可以直接翻入土中，用來壓青，增加土壤的有機質和含氮量。

④ 清理病蟲巢穴，結合打藥徹底滅殺。

二、中耕培土

定期中耕培土，可以改善土壤結構，保持椰園土壤溫度和提高土壤肥力，有利於增加產量。一般在雨季末期中耕，如雜草太多可適當在雨季進行。中耕深度 15～25 cm，通常離樹基 1.8 m 範圍內，用鋤頭結合除草，淺耕即可。耕作計劃取決於土壤類型、土壤坡度、雨量分布等因素。輕質土壤耕作不宜太頻繁，更不宜深耕。樹幹基部長出的氣生根要及時培土，能加固樹體，增大營養吸收面，對提高產量有一定的作用。

三、施肥

（一）營養要求

在營養三要素中，椰子特別需要鉀，其次是氮，最後是磷。椰子對氯元素的需求量與鉀元素同等。其他微量元素也要適時補充。

成齡樹施肥應根據土壤類型和椰子樹的營養需要，科學施肥。濱海沙土的椰園要適當增施有機肥。山地磚紅壤椰園，在追施複合肥的同時，還要適當施用一定的粗鹽。河流沖積土和有機質含量高的土壤，適當補充鉀肥。

（二）施肥方法

中等肥力水準的成齡椰園，每年施有機肥 20～30 kg/株或海藻 23～50 kg。有用綠葉壓青的，每株施 40～50 kg。如果施用化肥，宜在土壤水分充足時期施用。在乾濕季節明顯的地區施化肥宜在雨季進行，旱季則必須配合灌溉。

廄肥、堆肥、垃圾肥、牛糞、人糞尿等發酵腐熟後都是優良的有機肥。生產中還經常施用蝦糠、魚粉、漬魚等堆漚有機肥，肥效快。海藻、海草、海泥等也可作為椰子樹的肥源。

施肥的位置是椰子樹冠邊緣垂直線下的地面一圈或兩側開半月形淺溝，溝長 2 m、寬 0.5 m、深 0.5 m，肥料施入溝內覆土壓實。

（三）椰衣還田

椰衣除了用於加工製造業，還可以埋入椰園作為肥料。椰衣含鉀素高達 5%，直接埋入土中，既提供養分又保持水分。椰衣還田，第 3 年開始出現增產效果，增產效應雖然慢，但是椰子增產效果明顯且長久，可達 6 年。

埋椰衣溝靈活多樣，可以在 4 株椰子樹的中央，挖長寬各 3 m、深 1 m 的坑，或者挖直徑 2 m、深 0.5 m 的穴；兩行椰子中央挖 S 形長坑，寬 2 m、深 0.5 m；兩株椰子樹間挖椰衣溝，溝長 3 m、寬 1.2 m、深 0.5 m。挖好的溝內，分層掩埋椰衣，每層覆土，最後一層與地面平齊，把餘下的土覆在頂上。

四、椰子樹間作與多層栽培

椰子樹間作，是指在椰園內椰子樹行之間，種植其他作物的種植方式。多層栽培，是指在一塊地上同時分高矮層次，集約栽培兩種或兩種以上作物的栽培制度。這兩種方式，都可以充分發揮單位面積生產率並取得最大的經濟效益。

椰子樹樹幹筆直、樹冠蓬鬆、葉片疏朗，占據空間較小，太陽輻射光有相當部分可以透過葉層及株間到達地面。一個正常生產的

中齡椰園，約有一半的光能和大部分地面和空間未被充分利用，為椰園實行間作和多層栽培提供了基本條件。

生產實踐中，只要對間作物進行常規管理，椰園土壤肥力將明顯提高，果實的產量和品質也都有提高。在中國，椰農向來有椰園間作的習慣，但大多數是間種短期作物，如蔬菜、薯類和其他雜糧作物等。近年來開始間種多年生經濟作物，如試種較耐陰的可可等。在進行間作及多層栽培時，光能條件是可以滿足的，但肥料量就要適當增加，尤其是沿海沙質貧瘠土壤上，如果沒有足夠的肥料，特別是沒有有機肥料來改良土壤，間作作物難以正常生長。因此，在這樣的土壤上要增加有機肥施用量。在土壤肥力較低的情況下，也可以考慮先種植豆科覆蓋作物，經過幾年的栽種可較大改善土壤肥力狀況，而後再考慮間作其他作物。

椰園間作物的選擇是建立椰園多層次栽培的關鍵，必須根據多層栽培的特點和間作作物固有的特徵以及不同生態條件進行間作作物選擇。一般來說，間作作物所占面積為椰園總面積的 2/3 左右，要求在椰子莖基 2 m 半徑的活動根系內不種植間作作物。間作作物需具有一定的耐陰性、矮於椰子的高度、主要根系最好分布在椰子主要根系範圍之外、病蟲害少等特點。間作作物管理和收穫時進行的各種作業不能傷害椰子或由此引起的土壤破壞和侵蝕，不能造成椰子減產。

椰園間作的方式有單位間作，只間作一種作物，如辣椒、花生、薯類、咖啡等；多元間作，同時種兩種以上作物，如椰子＋花生＋薯類等；多層間作，間作物按高度分層次在椰園密集混作，如椰子＋咖啡＋薑等。

五、椰園種養

椰園混種各類牧草，實行農牧綜合經營，也是一項增加經濟收入的有效措施。海南省由於成片種植的椰園少，椰園放牧的不多。

但也有椰園放羊和養雞較成功的範例，特別是椰園養雞模式已被許多農戶所接受，不但養雞效益較好，椰子樹的生長狀況也在短期內明顯改善，椰子產量大幅度提高。

第七節　老樹更新

　　椰子樹隨著樹齡的增加而逐漸衰老時，生根的莖基圓錐部慢慢從下而上腐爛，老根死去，營養吸收面積減少，樹冠變小，產量降低。樹體失去了強固的支持力，極易被風吹倒，需要及時更新。

　　高種椰子樹經過50年左右的盛產期後，生產性能逐漸下降，進入衰老期。衰老期的來臨與品種、環境條件及管理有著密切的關係，疏於管理的椰園，會加速椰子樹的衰老，使其提早喪失生產能力。

　　一般60年左右的樹，就開始在樹下栽植新植株，為更新做準備。更新時，先伐除不結果樹。老樹砍伐前先毒殺，盡量減少老樹倒地時對更新植株的損傷。可採用莖幹注入高濃度除草劑或其他生長抑制物質，約3週樹冠萎蔫，2個月樹木光禿後砍伐。

　　為了維持椰園的生產力，在無須全面更新時，要經常用健壯的苗木補植缺株、更新病株和發育不良的植株。當椰園的多數椰子樹樹齡為50～60年時，不必再進行補植，應盡快全部更新。

第八節　病蟲害防治

　　椰子樹同其他的作物一樣，也會遭受到各種病蟲害的侵襲，影響椰子樹的生長發育，如椰子樹樹勢衰弱、長勢緩慢、產量減少，甚至也可以導致椰子樹的死亡。

一、病害

海南的椰子病害有 10 多種，主要病害有灰斑病、芽腐病、瀉血病、煤煙病、果腐病、炭疽病等。下面介紹幾種主要的椰子病害。

（一）椰子灰斑病

1. 症狀

椰子灰斑病由病菌侵染葉片，導致葉片的組織壞死，逐漸乾枯捲縮，最後脫落，植株生長勢弱。幼苗得病，生長緩慢，病害嚴重時樹死亡；成株椰子樹感染了灰斑病，開花推遲，著果率低，幼果脫落，從而導致椰子樹減產。所有的椰子生產國均有發生，除侵害椰子樹外，還侵染油棕、檳榔等多種棕櫚科植物。

發病初期，小葉片出現橙黃色的小圓點，以後逐漸擴展成灰色條斑，病斑中心轉灰白色或暗褐色，數個條斑匯合成不規則的灰色壞死斑塊。若病害繼續發展，整張葉片乾枯皺縮，如火燒狀。病斑邊緣有暗褐色條帶，外圍有黃暈。病斑上散生有圓形、橢圓形或不規則的小黑粒，即病原菌的分生孢子盤。孢子藉風雨傳播，高濕條件有利於病菌孢子侵染葉片。

本病的發生與樹齡的關係也很密切。一般來說，幼齡樹的葉片很少發生該病，成株和大樹的老葉發生較嚴重。病菌在老病葉及土壤表面都可以存活。

2. 防治方法

在高溫多雨季節發病最重。本病防治立足於保護幼苗和幼齡椰子樹以及矮種結果樹。加強栽培管理，苗圃要保持適當蔭蔽，合理施肥，適當增施鉀肥。發病後可噴灑 50% 克菌丹 500 倍液，或 50% 代森錳鋅 180 倍液，或 50% 王銅 500 倍液，或 75% 百菌清 250 倍液，或 50% 異菌脲可濕性粉劑 800 倍液，或 1% 等量式波爾多液。每隔 7～14 d 噴施 1 次，連續噴 2～3 次。嚴重發病時，必須

清除集中噴藥處理嚴重染病和已經病死、脫落的葉片，並採用上述藥劑進行噴施。

（二）椰子芽腐病

1. 症狀

椰子芽腐病分布廣泛，病菌除危害椰子外，還可危害橡膠、胡椒、檳榔、油棕、糖棕、可可等多種熱帶經濟作物。

感病初期，樹冠中央未展開的嫩葉先行枯萎，呈淡灰褐色，隨後下垂，最後從基部傾折。中央未展開的嫩葉基部組織呈糊狀腐爛，並發出臭味，已展開的嫩葉基部常見有水漬狀斑痕。在潮濕條件下，病組織長出白色黴狀物。此病從中間嫩葉的基部向裡擴展到芽的細嫩組織，致使嫩芽枯死腐爛，此時植株不再長高，周圍未被侵染的葉子仍保持綠色達數月之久。隨後較老的葉片按葉齡凋萎並傾折，最後剩下一根無葉的光幹樹。

2. 防治方法

通常高種椰子比矮種椰子更抗椰子芽腐病，在椰子品種選育時可以進行篩選。感病的植株，要及時剷除，並將砍下的莖幹切成數段集中噴藥處理。雨季來臨時噴灑氧化亞銅或1％波爾多液進行保護。病株可用甲霜靈＋多菌靈灌心澆葉，能達到很好的療效。

（三）椰子煤煙病

1. 症狀

椰子煤煙病，屬於侵染性病害。在椰子樹上比較蔭蔽的地方發生較多，嚴重影響葉片的光合作用。主要症狀表現為葉片背面出現黑色霉層或黑色粉狀物。開始在葉片局部發生，嚴重時可布滿整個葉背。不僅影響葉片的觀賞價值，甚至導致葉片提前衰老。

2. 防治方法

一般防治方法是透過噴施殺蟲劑，殺死介殼蟲或粉蝨，來防治該病的發生。另外在雨季來臨時噴施多菌靈和甲基硫菌靈也有利於抑制該病的發生。

（四）椰子莖幹瀉血病

1. 症狀

椰子莖幹瀉血病是椰子產區常見的病害，目前在海南地區的椰園發生較普遍。病菌除危害椰子外，還危害鳳梨、檳榔、橡膠、甘蔗、糖棕等作物。

症狀出現在樹幹部。初期為細小變色的凹陷斑點，然後病斑擴大匯合，在樹幹上形成大小和長短不一的裂縫，小裂縫連成大裂縫。隨著病情的發展，樹幹內纖維素解體，腐爛，從裂縫處流出紅褐色的黏稠液體，乾燥後變為黑色。嚴重時葉片變小，繼而樹冠凋萎，葉片脫落，整株死亡。

2. 防治方法

椰園加強田間管理，多施有機肥，增強抗病力，注意排灌，防止旱澇引起生理病。防止人為、動物、昆蟲對樹幹損傷，可降低病害發生。對於已經患病的椰子樹，用刮刀將病部組織刮除乾淨，並將刮下的病部組織集中噴藥處理，在傷口處用0.1％氯化汞消毒後，塗抹煤焦油或1：1：10波爾多漿等保護劑，保護傷口。

（五）椰子致死性黃化病

1. 症狀

黃化病是椰子樹的一種毀滅性病害，具有很強的傳播性，在高溫高濕的環境下發生較嚴重。除侵染椰子外，還侵染油棕、山棕、扇棕、棗椰子、蒲葵、魚尾葵、刺葵等多種棕櫚科植物。

發病初期從葉頂端開始褪綠黃化，後期心部腐爛，在結果樹上，各種大小椰子果實在未成熟時脫落，整個花序頂部變黑壞死，此時在樹冠中部也會出現黃化葉，並且隨著病情的發展症狀在樹冠頂端擴展，樹冠塌落後僅剩下桿狀樹幹。感病樹根由原來的紅色變成黑褐色；側根皮層和中柱向老的組織逐漸壞死腐爛，最終導致整個根系壞死。

2. 防治方法

病菌由同翅目蠟蟬傳播，並在其體內繁殖，因此尤其要防治傳播害蟲。加強果園管理，合理施肥灌水，提高樹體抗病力。做好椰園排水工作，保持適當的環境，挖除病株並集中噴藥處理，減少病源。對於感病輕微的植株，可以嘗試莖幹注射鹽酸四環素治療。

二、蟲害

目前，世界上有報導的椰子樹蟲害有 750 多種，海南島有 40 多種。主要椰子害蟲有椰心葉甲、紅棕象甲、二疣犀甲、椰圓蚧、椰花四星象甲、紅脈穗螟、油棕刺蛾和黑翅粉虱等。以下介紹的是幾種對椰子樹危害比較嚴重的害蟲。

（一）椰心葉甲

1. 形態特徵

椰心葉甲屬金龜子科葉甲蟲屬。成蟲細長、扁平，長約 10 mm。雄蟲比雌蟲略小。胸部紅褐色，頭部黑褐色，頭頂背面平伸出近方形板塊，觸角 4 節，鞘翅紅褐色至黑色。

2. 分布場所和寄主

椰心葉甲原發生於印度尼西亞和巴布亞新幾內亞。目前分布在美國夏威夷、澳洲、越南、泰國、馬爾地夫、關島、中國等 20 多個國家和地區。椰心葉甲自 2002 年在海南發現以來，短短幾年時間，已經擴散到海南的全部市縣，危害面積大，給海南造成的經濟損失達上億人民幣。另外，椰心葉甲還在廣東、廣西和福建的部分地區發生，其危害範圍甚至擴展到長江流域地區。

椰心葉甲的寄主非常多，可以在椰子、大王棕、檳榔、假檳榔、海棗、老人葵、魚尾葵等 30 多種棕櫚植物上取食，其中以椰子危害最為嚴重。

3. 危害特點及防治方法

椰心葉甲主要危害椰子樹的心葉和未完全展開的葉片。危害較

輕時，葉片呈白色條紋狀；嚴重時它可以使椰子樹的心葉全部枯死，像被火燒過一樣，造成椰子樹減產，甚至導致椰子樹整株死亡。

防治這種蟲子非常困難。一是椰子樹高大，如果用農藥來殺死它，一般農藥器具搆不著。而使用高壓功能的噴霧器，移動不方便。二是這種蟲子的生活場所非常隱蔽，農藥很難有效地滲透到心葉中去，噴施的農藥大量流失，嚴重汙染環境。

後來植保專家們研製出一種藥包，掛在椰子樹的心葉上，掛一次有3個月的效果，但是對椰子、檳榔這樣高大的樹木，要上樹掛藥也是非常困難的。目前，防治此蟲最有效的方法是生物防治。椰心葉甲最有效的天敵是椰心葉甲嚙小蜂、椰心葉甲姬小蜂。利用這兩種天敵來防治椰心葉甲在世界上有很多成功的先例。關島、澳洲還有臺灣等，均取得了良好的防治效果。目前，中國熱帶農業科學院正在生產此兩種寄生蜂。這兩種蜂是椰心葉甲的真正剋星，它們能在野外自主尋找椰心葉甲，省工又省錢，而且不汙染環境。海南好多地方的椰子樹，在2005年，由於椰心葉甲的危害，出現大量嫩葉乾枯的現象，經過近幾年利用椰心葉甲天敵寄生蜂治理，現在的椰子樹已大部分恢復正常生長。

（二）紅棕象甲

1. 形態特徵

紅棕象甲屬竹象科棕櫚象屬。幼蟲體長40 mm左右，黃白色，頭暗紅褐色，體肥胖，紡錘形，胸足退化。成蟲體長30 mm左右，紅褐色。成蟲的頭部前端延伸成喙，身體腹面黑紅相間，背上有6個小黑斑排列成兩行，鞘翅表面有光澤。蟲卵乳白色。

紅棕象甲成蟲具有短途飛翔、群居、假死的特性；喜夜間活動，白天常藏匿於葉腋下、夾縫間，在取食與交配時才短距離遷移。

2. 寄主

紅棕象甲原產於印度，主要分布於中東、東亞、南亞、太平洋

諸島及地中海沿岸部分國家和地區。紅棕象甲不僅危害椰子樹，還危害其他的棕櫚科植物，如油棕、糖棕、貝葉棕、海棗、大王棕、檳榔等棕櫚科植物。海南省紅棕象甲1年可發生3代，世代重疊。

3. 危害特點及防治方法

成蟲在椰子樹的傷口處產卵，經過2～3 d，幼蟲孵化，然後幼蟲順著傷口組織取食椰子樹的幼嫩組織，生活在椰子樹上部枝幹的心部和葉柄基部。一棵染蟲的椰子樹，常常有幾百頭幼蟲在取食。幼蟲經70 d化蛹。繭呈橢圓形，是用樹幹纖維做成的。羽化成蟲飛出來，或者直接在這棵受害的椰樹上產卵。而這棵染蟲的椰子樹，6～7個月就會死去。在此之前，很難發現這棵樹被紅棕象甲危害，當發現樹被危害時，這棵椰子樹已無法救活了。因此，很多人把它作為椰子樹的「頭號殺手」。

紅棕象甲防治困難。危害早期，可採用灌藥和噴藥殺蟲，或對椰子樹的主幹注入一些內吸型的殺蟲劑。若在枝幹上的傷口處，可以塗一些混有殺蟲劑的泥巴，毒殺前來產卵的成蟲。

生產中還可用發酵的棕櫚科植物組織引誘紅棕象甲的成蟲過來取食，從而集中捕捉。國外的許多地方採用聚集資訊素來吸引捕捉它，減少它在自然界的數量，從而保護椰子樹的正常生長。很多植保專家也正在積極探索與研究紅棕象甲的生物防治方法。

（三）二疣犀甲

1. 形態特徵

二疣犀甲的體長4 cm左右，黑褐色，有光澤。頭小，背面中央有1個向後彎曲的角狀突起。前胸背板大，自前緣向中央形成一個大而圓形的凹區。凹區四周高起，後緣中部向前方凸出兩個疣狀突起。腹面被褐色短毛，鞘翅密布不規則的粗刻點，並有3條平滑的隆起線。

2. 寄主

寄主為椰子、油棕、檳榔及多種棕櫚科植物，偶爾也危害鳳

梨、劍麻、甘蔗、香蕉、芋、野露兜等栽培和野生植物。

3. 危害特點及防治方法

二疣犀甲的成蟲喜歡取食椰樹的心葉、生長點和幼嫩的樹幹。危害心葉，心葉展開後葉端被折斷而呈扇形波狀截面，受害嚴重時樹冠變小；危害生長點，整株死亡；危害樹幹，留下孔洞，樹不抗風，還會吸引紅棕象甲侵入。防治紅棕象甲，先防治二疣犀甲。

二疣犀甲的幼蟲與成蟲生活的環境不同，幼蟲喜歡生活在腐爛的朽木或營養豐富的腐殖質中，尤其是當紅棕象甲殺死一棵椰子樹或者其他棕櫚科植物後，留下的椰子樹殘餘產物就是二疣犀甲幼蟲的好食物。在海南有些地方，很多椰子樹的死亡是由於這兩種害蟲共同危害造成的。

椰園中不能存在腐殖質和朽木以及大牲畜的糞便等，也可誘二疣犀甲的成蟲來產卵，以便殺死牠們的幼蟲。二疣犀甲發生高峰期，可用20％氯戊菊酯1 500倍液＋5％高氯·甲維鹽2 000倍液混合噴霧防治。國外多數採用綠僵菌和病毒來防治牠的幼蟲。

（四）椰圓蚧

1. 形態特徵

椰圓蚧屬半翅目盾蚧科。身體扁平，身體四周呈半透明的卵圓薄邊，身體中心部位呈淡黃色。雌成蟲，介殼近圓形直徑1.7～1.8 mm；雄成蟲介殼略小，有1對半透明的翅，腹末有1枚較長的交尾器。初孵若蟲淡黃綠色後轉黃色，有足和觸角，二齡時觸角和足消失。

2. 寄主

寄主植物非常廣，可以取食40科70多屬的植物。其中椰子是其主要寄主，另外還危害芒果、番木瓜、番石榴、酪梨和麵包樹等多種果樹。

3. 危害特點及防治方法

椰圓蚧1年發生3代，在椰子的苗期、成長期、花期和果期以

及收穫的果實上都可進行危害。若蟲和雌蟲附著在植物莖葉及幼果表面，吸取組織汁液，植物表面呈現不規則的褪綠黃斑，嚴重時，新葉和嫩果生長發育不良。另外，椰圓蚧分泌蜜露招致煤煙病，使葉片呈汙黑狀。

農業防治：剪除嚴重蟲害葉片，清理椰園內的乾枯病蟲殘葉，集中噴藥後粉碎漚肥或掩埋，並加強肥水管理，增強樹體抗逆性，減少蟲害的發生。

化學防治：可用5％啶蟲脒乳油1 500倍液葉面噴施；若蟲出現高峰期，用25％氯氟·噻蟲胺懸浮劑1 000～1 500倍液葉面噴施1～2次，7～10 d 1次。

> **溫馨提示**
>
> 防治注意事項：由於椰圓蚧危害部位比較隱蔽，加上椰子樹高大，防治難度大，葉面噴施藥液要均勻噴施到位，特別是葉背。

第九節　採　　收

椰子樹全年持續開花、全年結果，椰果從花粉受精到果實成熟大約需要12個月。其中，前1～7個月是迅速增長期，果實體積增長在這一時期已基本完成。第8～9個月是穩定或緩慢增長期，此時的椰子水最多，甜度也最大，是生產椰青果的最好採果期。第10～12個月是成熟期，此時的椰子果肉逐漸增厚，椰水量不斷減少、甜度也有所下降。到第12個月椰子果已完全成熟，果皮由綠色變成褐色，部分椰子果還會從椰樹上自行落下，可以直接從地上撿收。

但對大部分成熟椰子果來說，必須透過一定的外力才能使其掉落。多數已成熟的椰子果，只需用長竹竿一頂即可掉下。少數成熟

椰果很難脫落，必須透過人工爬樹採摘。爬樹時可使用像電工爬電線杆時用的攀爬器，當然爬樹高手也可以徒手攀爬。近年來，各種採果器、爬樹器相繼問世，雖然安全性好，但操作不方便，還有待於進一步完善。

　　通常情況下，椰子嫩果保鮮期為 1 週左右，但透過簡單加工後的椰青果可以保鮮 2～3 週。成熟的椰子果在較乾燥的條件下，可以保存至半年；經過深加工後，大多數椰子產品可保存一年以上。

第十章 香　　蕉

> 香蕉，芭蕉科芭蕉屬大型草本果樹，在熱帶地區廣泛種植。香蕉原產亞洲東南部，主要產區分布在中國的廣東、廣西、海南、福建和雲南等地，以及寮國和緬甸等國家的部分地區。海南的香蕉有瓊南-西南部香蕉優勢區、瓊西-西北-北部香蕉優勢區、中部山地蕉重點發展區、東部特色香蕉區。

第一節　主要種類和品種

目前生產上栽培的香蕉都是由兩個原始野生種即尖葉蕉和長梗蕉雜交後代演化或由某一野生種演化而來的，栽培的香蕉絕大多數為三倍體。香蕉為多年生粗壯高大的草本果樹。根據植株形態特徵及經濟性狀，中國香蕉主要分為香蕉、大蕉、粉蕉、龍牙蕉及其他類型。香蕉種植面積約86%，粉蕉約12%，大蕉和龍牙蕉及其他類型約2%。香蕉品種較多。

一、香蕉類型及品種

（一）香蕉植株特性

香蕉植株生長健壯，假莖黃綠色帶褐色或黑色斑。葉片較闊大，先端圓鈍，葉柄粗短，葉柄槽開張，有葉翼，反向外，葉基部對稱呈楔形。吸芽紫綠色，幼葉初出時往往帶紫色斑。果指向上生

長，幼果橫斷面多為5稜形，胎座維管束6根，果皮綠色；成熟果稜角小而近圓形，果皮黃綠色；完全後熟果有濃郁香蕉香味，果肉清甜。皮薄，外果皮與中果皮不易分離。果肉黃白色，3室易分離。不具花粉，故不能產生種子，單性結實。

香蕉是經濟價值最高、栽培面積最大的類型。香蕉品種間在品質等方面差異並不明顯，而在梳形、果形、產量潛力和抗逆性方面卻有一定差異。根據株型大小可將其分為高型、中型和矮型等品種、品系。高幹香蕉俗稱「高腳蕉」，株型高大，幹高3m以上，果指長大較直，包括高州高腳頓地雷、臺灣仙人蕉等。中幹香蕉幹高1.8～3.3m，粗大，負載力強，抗風力較強，屬於這種類型的品種較多，產量與外觀品質等商品性狀差異較大。矮幹香蕉幹高1.5～2m，莖稈矮粗，上下莖粗較均勻，葉柄及葉片短，葉柄基部排列緊密；果穗較短小，梳距密，果指短，較彎，不太整齊；果肉香味較濃，品質中等；抗風力強，是沿海地區庭院栽培的主要類型。

(二) 香蕉的主要品種

1. 高腳頓地雷

原產廣東高州。莖高3～4.5m，莖周50～60cm，每穗8～11梳，每梳果指數17條，果指長20～23cm，株產20～35kg。梳形美觀，果形較直，含糖量20%～22%，質優。抗風力弱，適於颱風少的地區。有立葉高腳頓地雷和垂葉高腳頓地雷2個品系。

2. 仙人蕉

臺灣最重要的香蕉品種，分布於臺南和臺中。適應性強，生長週期11～12個月，穗重25～30kg。仙人蕉是由臺灣北蕉變異而來，是臺灣主栽品種之一。莖高2.7～3.8m，莖周50～60cm，每穗8～10梳，每梳果指數17條，果指長18～23cm，株產16～30kg。抗風力弱，適於颱風少的地區。

3. 大種高把

又稱青身高把、高把香牙蕉、大葉青，原產廣東東莞。莖高

2.5～3.0 m，莖周75～85 cm。葉片長大，葉鞘距較疏，葉柄稍長而粗壯，葉背主脈被白粉。果軸粗大，果梳數較多，果指較長而充實。果實生長較迅速，可提早收穫。根群較深廣，耐肥、耐濕、耐旱和抗寒力都較強，但較易受風害。一般較高產、穩產。

4. 廣東香蕉2號

即631，廣東省農業科學院果樹研究所從越南品種的變異單株中選出。莖高2.2～2.6 m，莖周55～65 cm，每穗8～10梳，每梳果指數23條，果指長18～22 cm，株產17～30 kg。果指微彎，肉香甜，品質優，暢銷。適應性較強，抗風力中等。

5. 東莞中把

原產廣東東莞，珠江三角洲主栽品種。莖高2～2.8 m，莖周50～60 cm，每穗8～10梳，每梳果指數23條，果指長18～20 cm，果形稍彎，株產15～30 kg。品質中上，抗風力中上，抗病性和適應性較強，適於各蕉區栽培。

6. 廣東香蕉1號

即741，廣東省農業科學院果樹研究所選自高州矮香蕉的自然變異。莖高1.8～2.4 m，莖周55～60 cm，每穗10～11梳，每梳果指數18條，果指長17～20 cm，株產15～30 kg。果形稍彎，品質中上。抗風力較強，適合各蕉區栽培。

7. 威廉斯

澳洲主栽品種。莖高2.3～2.9 m，莖周50～60 cm，每穗8～11梳，每梳果指數22條，果指長18～22 cm，果形較直而長，梳形整齊美觀。香味濃郁，品質優。株產16～30 kg。抗風力與抗病性中等，對枯萎病敏感，適合各蕉區栽培。

8. 巴西蕉

1990年從澳洲引入，為中國目前最主要的栽培品種。莖高約3 m，莖周80 cm，每穗8～11梳，每梳果指數24條，果指長20～25 cm，果指直，產量高，商品性好。生長壯旺，抗風力較強，受

收購商和蕉農歡迎。

9. 矮腳頓地雷

原產廣東高州。假莖粗壯，高 2.3～2.5 m，莖周約 60 cm。葉片長大，葉柄較短。果穗長度中等，果梳數較多，梳距密，果指大，品質優。抽蕾較早，一般株產 15～20 kg，高產株可達 50 kg。抗風、抗寒力較強，遭霜凍後恢復較快。

10. 齊尾

原產廣東高州，又稱中腳頓地雷。高大，假莖高約 3.0 m，莖周約 65 cm，下粗上細明顯。葉窄長，較直立向上伸展，葉柄長，密整合束，尤其在抽蕾前後葉叢生成束。果穗和果指比高腳頓地雷稍短，果梳數較少，但果指數較多。不耐瘦瘠，抗風、抗寒、抗病力均較弱。果實品質中上。

11. 赤龍高身矮蕉

原產海南。莖高 1.6～2 m，莖周 55～60 cm，每穗 7～9 梳，每梳果指數 18～20，果指長 16～20 cm，株產 13～22 kg。抗風力較強，抗病性和耐寒力較弱。

12. 那龍香蕉

原產廣西南寧西鄉塘區那龍鎮。假莖高約 2.0 m，莖周約 70 cm。葉大、質厚，葉距密，葉柄短。假莖色澤紫紅帶綠，有褐斑。果穗長，產量較高，豐產單株可達 50 kg。以正造蕉產量和品質較好。抗風力較強，但抗寒力較弱。矮蕉中還有廣東高州矮、陽江矮、廣西浦北矮、海南文昌矮等，栽培和商品性狀相似，唯適應能力有一定差異。

二、大蕉類型

（一）大蕉植株特性

大蕉植株較高大健壯，假莖表面青綠色；葉柄溝邊緣閉合或內捲，無葉翼；葉片寬大，葉片基部對稱或略不對稱耳狀，先端較

尖，葉下表面和葉鞘微被白色蠟粉或無。果柄及果指直而粗短，4稜或5稜明顯，果頂瓶頸狀；果皮厚而韌，果實耐儲藏，成熟後皮色淡黃，外果皮與中果皮易分離；果肉3室不易分離，肉質軟滑，杏黃色或帶粉紅色，味甜或帶微酸，無香氣，偶有種子，品質中。大蕉是蕉類中最耐寒的類型，抗風力強，抗葉斑病和枯萎病，適應性好，栽培緯度超過北緯30°。吸芽青綠色。

（二）大蕉主要品種

1. 大蕉

又名鼓槌蕉、月蕉、牛角蕉、柴蕉、板蕉、芭蕉、酸芭蕉、飯蕉等。按假莖高度可分為高把大蕉、矮把大蕉，以矮型產量較高。珠江三角洲等地的大蕉類型較多，如順德中把、東莞高把、東莞矮把、新會畦頭大蕉。假莖高一般為3.0～4.0 m，莖周65 cm以上。株產15～20 kg。吸芽較多，叢生。

2. 灰蕉

又稱牛奶蕉、粉大蕉。植株強壯高大，假莖高3.2～3.4 m，葉柄細長，黃蠟色；嫩葉及幼苗葉片主脈背面帶淡紅色，幼苗假莖、葉柄、葉背表面被白色蠟粉。果形直，稜角明顯，皮厚被白色蠟粉；果肉乳白色、柔軟，故名牛奶蕉，微甜有香氣。分布於廣東新會、中山、廣州郊區等地。

三、粉蕉類型

廣泛分布於華南地區，包括廣東的粉蕉，廣西、海南的蛋蕉或糯米蕉，廣西及雲南的西貢蕉等。共同特點是：植株高大，一般超過3.5 m，假莖粗壯，淡黃綠色或帶紫紅色暈斑；葉片狹長而薄，先端稍尖，基部兩側不對稱楔形，葉柄狹長，一般閉合，無葉翼，葉柄和葉基部的邊緣有紅色條紋，葉黃綠色，葉背和葉鞘具豐富蠟粉，葉背中脈黃色或紫紅色；果梳密或稀，果柄、果指細短，果指微彎，稜不明顯，基部粗，頂部略細；果實軟熟後皮薄，淺黃色，

肉乳白色，肉質細膩，味甜微香；子房 3 室不易分離；適應性較強，生長壯旺，對肥水要求不高，株產 10～20 kg；抗葉斑病，抗寒力比香蕉強，抗風力和土壤適應性比大蕉弱，粉蕉成片栽培時易感染束頂病和枯萎病。

四、龍牙蕉及其他優稀類型

1. 龍牙蕉

又稱過山香、美蕉。莖高 2.5～3.5 m，莖周 50～55 cm。整株黃綠色，被蠟粉。葉狹長，基部兩側呈不對稱楔形，葉柄溝邊緣的翼葉及葉片基部邊沿為紫紅色。花苞表面紫紅色，被白色蠟粉。每穗 6～8 梳，每梳果指數 19 條，果指長 9～14 cm，果實生長前期常呈扭曲狀，充分長成後果指飽滿近圓形、略彎，軟熟後皮薄、鮮黃色；果肉乳黃色，肉質細膩，略帶香氣，品質優。株產 10～20 kg。較耐花葉心腐病和葉斑病，但易感染枯萎病，果實黃熟後容易開裂。

2. 貢蕉

引自馬來西亞。中國零星栽種，又名米蕉。株高 2.3 m 以上，莖周 50 cm，葉柄基部有分散的褐色斑塊。每穗 4～5 梳，每梳果指數 17 條，果指短小而直，圓形無稜，長約 10 cm。成熟果皮金黃色，果肉黃色，芳香細膩，品質優異。成片栽培時容易感染枯萎病。

3. 米指蕉

又稱小米蕉或夫人指蕉。雲南河口零星栽種。莖高 3.5～4 m，莖周 75 cm，果穗斜生，每穗 6 梳，每梳果指數 19，果指直而短小，長約 9 cm，穗重 5～9 kg。果肉黃色，肉質細滑，味酸甜，芳香，品質優。

海南是香蕉種植大省，主要分布於東方、陵水、三亞、樂東、文昌、瓊海、萬寧、澄邁、臨高、白沙等地，其中產量最大的是澄

邁和東方。海南屬於熱帶季風氣候，香蕉全年可成熟收穫，集中上市期一般在中秋、春節前與清明前後，目前主要有巴西蕉、寶島蕉、南天黃、桂蕉抗 2 號與中蕉 9 號等品種。

第二節　壯苗培育

香蕉可用吸芽苗、塊莖苗和組織培養苗作為種苗，目前生產上多採用組織培養苗。

一、吸芽苗

香蕉植株在其生長發育過程中會透過地下走莖在母株周圍不斷地生長出吸芽。根據吸芽的性狀和來源分為劍芽和大葉芽。劍芽可以選留作繼代母株，也可用作種苗。劍芽因抽生時期不同分為紅筍和褸衣芽。

（一）紅筍

紅筍是天氣回暖後長出地面的吸芽。這種吸芽基部粗壯，上部尖細，葉細小，因其色澤嫩紅而得名。一般在苗高 40 cm 以上才移植。

（二）褸衣芽

褸衣芽是香蕉上一年抽出的芽，生長後期氣溫較低，地上部生長慢，地下部的養分積累較多，形成下大上小的形狀，即葉片狹窄、細小，而根系多，適合用作種苗。

（三）大葉芽

大葉芽是指香蕉接近地面的芽眼或在生長弱的母株上或從地上部已經死亡的母株上長出的吸芽。由於擺脫了母株的抑制作用，吸芽葉片可迅速擴展，故名大葉芽。但因與母株的連繫差，大葉芽的假莖較纖細，地下球莖較小，極少用作種苗。

生產上根據香蕉上市時間和生長週期等因素選擇把不合適的吸芽

除掉，即除芽；在為下一代蕉生產做準備的時段會根據吸芽的發生情況進行選留，即留芽。吸芽作為香蕉重要的繁殖工具，不僅對香蕉的產量和品質有著重要的影響，還可以調整香蕉的上市時間，一般在母株抽蕾後選留一個健壯的吸芽繼承母株繼續進行香蕉的生產，即定芽。

吸芽苗應選擇球莖粗大充實、幼葉展幅狹小的劍芽，或由劍芽長成的高 1.2～1.5 m、根多、幼葉未展開的健壯吸芽苗，不宜採用假莖細弱、遠離母株、葉片早展開的大葉芽。春植可選縷衣芽，夏秋植可選紅筍或從已採收的蕉頭抽出的健壯大葉芽。種苗應從品種純正、無病蟲的蕉園選取。若在線蟲疫區取苗，必須經過消毒，即吸芽苗挖出後剪除根系，然後在 53～55 ℃的溫水中浸泡 20 min。縷衣芽根系較多，定植後先長根後出葉，生長迅速，結果早。紅筍定植後先出葉後長根，只要季節合適，均容易成活。吸芽苗在種植第一造就可獲得較高產量。缺點是容易帶病原菌，植株間一致性較差。

二、塊莖苗

香蕉的株齡 6 個月以內、距離地面 15 cm 處莖粗 15 cm 以上的吸芽，均可取塊莖作為種苗。取苗時將假莖留 10～15 cm 高切斷，挖起塊莖即可。塊莖苗的優點是運輸方便、成活率高、生長結果整齊、植株矮、較抗風。但高溫多雨季節塊莖切口易腐爛，應少傷害母株，必要時對塊莖進行消毒。

塊莖苗的繁育。將地下莖挖出後，切成 120 g 以上的小塊，大的地下莖可切成 8 塊，小的切成 2 塊，每塊留 1 個粗壯芽眼，切口塗草木灰防腐。按株行距 15 cm，把切塊平放於畦上，芽朝上，再蓋一薄層土、覆草、長根、出芽後施肥。到苗高 40～50 cm 可移植。塊莖的第一代苗的產量稍低於吸芽苗。

三、組織培養苗

以特定營養成分的無菌培養基，從香蕉芽的頂端分生組織誘導

不定芽，經過多次繼代培養增殖和誘導生根，成為試管苗。試管苗轉移到溫室苗床上，經過2～3個月培育，株高15 cm、12片葉時即可作為種苗。生產組培苗前，香蕉外植體可經去毒處理並經病毒檢測，培育去毒苗。組培苗的優點是運輸方便，成活率高，生長發育期一致，採收期集中等；缺點是初期纖弱，易感病蟲害，需特別保護。中國香蕉試管苗年生產量超過1億株，香蕉試管苗在主產區的普及率達到90％以上。

新植苗的發育狀況介於大葉芽與劍芽宿根苗之間。長新根前，新植苗從球莖吸取養料，不過，第一代吸芽不受母株控制，其營養生長期比宿根劍芽短約20％，果穗小20％～40％。較長的營養生長期有利於形成強壯的根系和球莖。

組織培養苗的壯苗要求長勢健壯，高度和葉片數整齊一致，根系新鮮無褐化，無矮化、徒長、花葉、黃化、畸形等變異，無病蟲害。

第三節　建　　園

一、蕉園選址

宜選地勢平緩、無週期性低溫危害、無風害、灌排水良好的肥沃沙壤土。熱帶地區大部分香蕉種植區週年無霜或霜凍不嚴重，空氣流通，地勢開闊，土層深厚、疏鬆、肥沃，但注意不選用重鹼、黏土、沙土或易積水的地段。山地丘陵地區選擇海拔低於500 m，避風避寒、背北向南的地塊。沿海地區還要選擇颱風危害不嚴重，有天然屏障的地勢或營造防風林。香蕉不宜連作，最好輪作1～2造其他作物。

二、整地

坡地栽植，過去常採用等高梯田種植，目前逐步推廣深溝種

植，方法是在等高線上挖一深溝，溝面寬 80 cm，溝底寬 70 cm，溝深 50 cm，單行種植，溝內回填表土，增施有機肥，回土後略呈溝狀。這樣，可充分利用自然降水，保持土壤濕潤。

平地栽植，建園時先深翻作畦，採用高畦深溝方式栽培，園地四周挖寬 1 m、深 1.5 m 的排灌溝，畦溝深 50～60 cm。一般畦面和排水溝共寬 4 m，每畦植蕉兩行，蕉穴離畦邊 50 cm，行距 2.4 m，植穴的大小視質地而定。土質愈硬，挖的穴愈大，一般寬 60～80 cm，深 60 cm。

種植前 10～20 d 挖好植穴。土壤 pH 小於 6.5 的地段要施石灰調節，石灰用量一般為 250 g/m^2。植穴種植的蕉園，石灰要與土壤混勻後回穴；採用壕溝式種植的，石灰也要混入深層土壤。每穴施有機肥 2.5～5 kg、三元複合肥（15 - 15 - 15）0.1 kg、過磷酸鈣 0.35～0.5 kg。

三、栽植時期

熱帶地區一年四季均可栽植香蕉，規模化栽植通常進行秋植。秋植宜在 8～9 月，以中秋前後為好，植後有 2 個月左右生長，當年紮好根，積累一定養分，過冬時已有 8～10 片大葉，抗寒能力較強，即使遇到輕度霜凍，對生長影響也不大，次年春暖後生長迅速，4～6 月收穫，產量高、品質好。

四、栽植密度

（一）種植方式

中國多採用單行或雙行種植，宿根蕉採取單行留單芽、單行留雙芽或雙行種植。水田蕉園多採用一畦雙行，蕉株以長方形、正方形或三角形排列，水位高時一畦一行；臺地、坡地宜單行種植，留雙芽。株距 1.5～1.8 m。雙行種植時，窄行間距 1.5～1.8 m，寬行間距最寬可達 3～3.5 m，以利各種操作機械行走。機械化程度

較低時，寬行間距可為2.5 m左右。單行留雙芽的，株距1.8 m，行距2.5～3 m。

種苗按高矮、大小分片種植，便於管理。當天起苗當天植，挖苗、運苗和種植過程避免折斷或擦傷。組培苗不宜弄散根部泥團，入穴後用碎土壓實，上面蓋一層鬆土。栽植深度以深於蕉頭6 cm左右為宜，過深過淺均不利於生長，植穴適當施些煤灰，利於根系生長。香蕉苗傷口要統一朝向，利於以後整齊留苗，便於管理。種後將泥土踏實，淋水，做好覆蓋、防曬工作。大苗定植適當剪除部分葉片，減少蒸騰失水，提高成活率。種吸芽的，把蕉頭的芽眼挖除，種後減少營養消耗。植後蕉苗基部蓋草並淋足水，無降雨時2～3 d淋水1次。

（二）種植密度

栽植密度視香蕉種類、品種、土壤肥力、單造或多造蕉、地勢、機械化管理程度而定。栽植方式採用長方形、正方形和三角形。一般單株植的株行距：矮蕉2.0 m×2.3 m，2 175株/hm²；中型蕉2.0 m×2.5 m，1 875株/hm²；高把蕉2.3 m×2.5 m或2.7 m×2.7 m，1 365～1 740株/hm²。例如目前推廣種植的威廉斯種植密度以1 650～1 800株/hm²較為適宜，即株行距為2.3 m×2.5 m，可獲得高產優質。

第四節　水肥管理

一、水分管理

（一）灌溉

香蕉旺盛生長期需水較多，抽蕾期為需水敏感期，水分過多或者不足均影響產量。香蕉每製造1 g乾物質，需從土壤中吸收600 g的水。有灌溉條件的蕉園，每株年平均可長葉片32.8～37.3

片；無灌溉條件的蕉園年平均長葉片僅28.9片。因此，灌溉能加快香蕉生長，提早結果，增加產量。中國香蕉產區降水多集中在5～8月，秋冬乾旱，尤其坡地受乾旱更為突出。

在水源充足、灌溉方便的蕉園可用溝灌，將水排入灌溝中，浸水至根下，日排夜灌。目前生產上多採用安裝滴灌設施，進行水肥一體化管理。每公頃設9～12個噴頭，每次噴5～6 h，每7～14 d噴1次，噴灌法在有葉部病害的蕉園可能加速病害傳播。各種灌溉方式的差異主要在於濕潤的土壤範圍不同。水肥一體化技術可節省灌溉和施肥的人工，提高肥料利用率，減少施肥數量，節水，一定程度上調節果樹的生長發育規律，使果樹高產優質。

（二）排水

香蕉忌積水或地下水位過高。排水不良，積水或地下水位過高，會使土壤空隙長時間地充滿水分。限制土壤和地面空氣交換，造成澇害，引起爛根。熱帶地區，雨量集中，5～8月常有大雨或大暴雨。因此，在雨季來臨前應結合培土修好排水溝，防止畦面積水。

二、肥料管理

（一）香蕉對營養元素的需求

香蕉是需氮、鉀高而需磷少的作物，其中鉀的消耗量為氮的2～3倍甚至更高。香蕉氮、磷、鉀施肥配比以1：（0.2～0.4）：（1.3～2.0）為宜。大蕉、粉蕉和龍牙蕉的需鉀量比香蕉多，但是其單株產量不如香蕉高，總施肥量少些。

（二）肥料種類

單質肥料可選擇硫酸銨、氯化銨、硝酸銨、尿素、過磷酸鈣、硫酸鉀、氯化鉀、生石灰或石灰石粉、硫酸鈣等。複合肥最好選用高鉀、高氮的專用複合肥。有機肥包括人畜糞尿、禽糞、動物廢棄物、魚肥、廄肥等動物性有機肥及稭稈、綠肥等植物性有機肥，有

機肥必須腐熟後方可施用。有機肥適量配合化學肥料施用可達到增產、穩產和改善品質的三重目的。

（三）施肥量

生產上香蕉全生育期分為三個階段：營養生長期、花芽分化期和果實發育期。各地的施肥量有所不同，一般每株用尿素 0.5 kg、過磷酸鈣 0.56 kg、氯化鉀 1 kg、複合肥 2 kg、花生麩 1 kg。香蕉的施肥是採用前促、中攻、後補的原則。各生育期的施肥量分別為：營養生長期 35%，花芽分化期 50%，果實發育期 15%。其中香蕉營養生長期對肥料反應最敏感，是重要的養分臨界期，施肥的增產效果常優於後期大量施肥。大部分肥料需在抽穗前施完。種植成活或留定吸芽後，就要開始施肥。另外種植前底肥要施足，還要施入提苗肥和抽蕾後壯果肥。

大部分香蕉產區屬於雨季和旱季分明的副熱帶氣候，土壤為紅壤土，土質較瘦瘠，雨季淋溶較重，故施肥量一般大些。以海南省每公頃種植 1 650 株香蕉的中產田為例，每年每公頃施肥量為氮 525～975 kg、磷 116～215 kg、鉀 923～1 710 kg，每月施 1 次，分 6 次於抽蕾前後施完，每次施肥量分別為 5%、10%、20%、30%、20%、15%。也可用三元複合肥或其他水溶肥，根據香蕉營養診斷指導氮、磷、鉀比例為 1∶0.5∶3 進行合理施肥。

龍牙蕉施肥量只需香蕉的 85%，大蕉和粉蕉則為香蕉的 50%～65%。施肥次數根據香蕉的生長發育期、肥料種類、土壤類型及氣候條件等而定。

（四）施肥方法

可分溝施和撒施兩種。栽植前的基肥為溝施，即離蕉頭 40 cm 處開一半圓形溝。溝深 20～30 cm，施後蓋上土。尿素、鉀肥、複合肥採用撒施，即在多雨季節施用，也可開 10 cm 淺溝，施肥後蓋土，花芽分化前後的 2～3 次大肥不適用溝施，可直接撒於地表，然後蓋土，以免傷根。施後淋水，保濕土壤，提

高肥料利用率。

沙質土、肥力低的蕉園或多雨季節，施肥宜少量多次。排水不良、根系發育不良或颱風後根系折斷，影響養分吸收時，可配合根外追肥。有些現代蕉園採用滴灌施肥技術即水肥一體化，既節省人工成本，又大大減少肥分流失。

第五節　植株管理

一、割葉

香蕉全生長發育期生成 35～43 片葉，其中劍葉 8～15 片、小葉 8～14 片、大葉 10～20 片。每個時期健康功能葉維持在 10～15 片便可實現高產目標。香蕉的功能葉片只能維持數月便枯死，所以香蕉的整個生育期，都要做好田間檢查工作，一般每月割除一次腐爛、乾枯下垂或感染葉斑病的葉片，集中養分供應給果實，增強通風透光性，減少病蟲滋生場所，避免感染其他蕉葉。果穗周圍的葉片，接觸到果實，從著生處割除整張或部分葉片，以免劃傷果皮引起斑痕。

二、除芽

環生於香蕉母株球莖上的吸芽很多，除芽可減少養分的消耗。規模化栽植香蕉，種苗都選用組培苗，田間管理時保護好母株，將吸芽全部清除，集中養分，提高產量。小面積栽植香蕉需要留 1～2 個芽接替母株。每年所需的吸芽留足後，多餘的吸芽應及時除去，以免影響母株的生長和結果。母株留的吸芽多，養分消耗大，會降低產量。吸芽的抽生，多在 3～7 月，8 月以後吸芽抽生明顯減少，因此在 3～7 月，每隔 15 d 左右除芽一次，8 月以後每月除芽一次。除芽時可用蕉鏟從母株與吸芽連接處切離吸芽，但此法傷

根太多。也可用蕉鏟齊地面把吸芽剷除，然後挖掉生長點，以防再生。

三、防倒

香蕉的假莖由老葉和葉鞘抱合而成，起支撐和疏導作用。真正的地上莖結構柔軟，只有疏導作用。而且香蕉根系淺、植株高大，受風面積大，容易遭遇風害而倒伏。抽蕾前或颱風來臨前，生產上常架立支柱防風，用粗壯的竹竿或木桿，背風向撐好綁穩。在風大、土層淺、根淺地區，幼苗栽種後即需立支柱。也可在四周的邊株各打一木樁，園內各植株用尼龍線綁成棋盤式相互拉緊，最後把繩固定在木樁上，防風性能較好。亦可在植株抽蕾後用尼龍線綁縛果軸後反方向牽引綁在鄰近蕉株假莖離地面約 20 cm 處，全園植株互相牽引，防止植株倒伏。

四、災後管理

（一）冷害後的管理

香蕉生長的最適溫度為 24～32 ℃，11～13 ℃ 開始出現冷害。如果是冷害較輕、假莖未受害的香蕉植株，可以割除受傷害葉片和葉鞘，防止感染病害。對孕蕾的植株，可用利刀在假莖上部花穗即將抽出處，割一條長 15～20 cm、深 3～4 cm 的淺切口，引導花穗從側面切口處抽出。受冷害的母株，可除去頭年秋季預留的吸芽，改留發育期較晚的小吸芽。如果母株地上部大部分受冷害死亡，不管是否已抽蕾，都應盡快砍去母株，使吸芽迅速生長，爭取在下一個冬季來臨前收果。

> **溫馨提示**
>
> 受過冷害的香蕉植株，要儘早施速效氮肥。

(二) 澇害後的管理

遭受澇害的植株先剪去部分葉片，然後在樹體和受淹部位噴藥防病，可用甲基硫菌靈等藥劑噴樹體、淋蕉頭。嚴重受澇的蕉園，吸芽可能尚有生活力，可砍去老蕉株，促吸芽重新生長代替之。

(三) 颱風災害後的管理

接近成熟的蕉株在颱風來臨前割去部分葉片。颱風危害後及時扶正倒伏的蕉苗並培土。大蕉株若未折斷，可小心地連同支柱扶正，培土護根，經過 1 週植株稍恢復生長後，施以稀的肥料，乾旱則灌水。砍除折斷的植株，加快吸芽生長。無吸芽的，可砍去倒伏株的假莖上半部，重新把母株種下。進行一次全園噴藥，防治病蟲害。

五、採後砍蕉

香蕉果穗收穫後及時清理假莖。實施多造蕉制時，採後在假莖 1.5 m 高處砍斷蕉株，讓樹體殘留營養回流至球莖，供吸芽利用。經 60～70 d 殘莖腐爛時挖去舊蕉頭。若採後留下全部假莖和葉片，讓舊蕉株慢慢腐爛死亡，則提供給吸芽的光合產物更多，比採後立即砍掉假莖對吸芽的生長更為有利。

第六節　花果管理

一、校蕾和斷蕾

香蕉在抽出花蕾時正好被葉柄托著，不能下垂，可人工將花蕾移側，使其能下垂生長，稱為校蕾。校蕾有利於花蕾下垂，防止果穗畸形或花軸折斷。

香蕉抽蕾後，雌花先開，接著開中性花，最後開雄花。中

性花及雄花不能結果，會消耗植株養分，降低產量。當花蕾開至中性花或者雄性花後，用刀將它除去，稱為斷蕾。斷蕾的目的是減少養分消耗，提高產量。結合斷蕾，一般每株只留8～10梳，多的疏除。斷蕾的方法是在離最後一疏果8～10 cm處將花蕾割掉。

香蕉斷蕾時間宜在晴天午後進行，傷口癒合快，傷流液少。避免在雨天或早上有霧時斷蕾，斷口不易癒合，且細菌容易入侵傷口引起腐爛。斷蕾時在斷口處塗抹殺菌劑溶液，並用塑膠膜包紮傷口，可有效預防傷口感染。

二、防曬

果軸容易受烈日曝曬而灼傷，阻礙養分運輸，影響產量。抹花後把果穗梗上的葉片拉下來，包蓋果軸，再用枯葉數片，遮蓋果穗向陽面，並用蕉葉的中脈將其捆好。矮稈香蕉與中稈香蕉適當密植，植株在抽蕾後葉片相互遮陰，日灼程度減少。

三、抹花

香蕉抹花是提高香蕉品質和外觀品質的關鍵技術之一。透過抹花可以集中養分供果實生長，避免幼蕉被香蕉乾花刺傷，也避免香蕉乾花劃破香蕉果穗上套的果袋。當香蕉果梳的果指展開，由向下轉到水平指向時進行抹花。此時花冠呈黑褐色，很容易脫落，抹花後，果指流出的果汁少，對其發育影響小。

抹花時用拇指和食指夾住花瓣中部，向上或向下用力掰斷花瓣和花柱。生產上抹花分2次完成。第1次抹花在上部花蕾伸開3～4梳蕉梳時，抹去此3～4梳的蕉花。抹花前先用塑膠薄膜、舊報紙、吸水紙或乾的蕉葉，在香蕉梳與梳之間墊好，以防抹花時蕉果流出汁液汙染果指，然後從上往下逐梳抹去所有蕉梳上的蕉花，把每個果指末端的花柱及花瓣全部抹掉。餘下蕉梳的蕉花在疏果、斷

蕾時，再抹除。每次抹花後，用70％甲基硫菌靈可濕性粉劑1 000倍液噴施，或用浸有明礬飽和溶液的海綿或布塗抹，減少乳汁汙染，保護傷口。

不抹花，香蕉套袋後果指會發霉，品質下降。抹花後果實病害減少、品質提高，收購價可提高10％～20％。

四、疏果

疏果在香蕉抽蕾後一個月左右進行，可與抹花同時進行。摘除香蕉的畸形果、單層果、三層果、雙連果、超生果和不完整果等。冬蕉不多於24條/梳，春夏蕉不多於26條/梳。頭把蕉少於10條單果的，要整梳疏掉。尾把蕉少於16條單果的，要整梳疏掉。當果穗上出現小指的果梳時，要整梳疏掉。一般每株香蕉保留8～10果梳，多餘的要摘除。

五、果穗套袋

套袋能有效地減少病蟲害、農藥汙染和機械傷，果實色澤好，品質優。一般在斷蕾後10 d左右進行。此時香蕉果指向上彎曲，蕉皮轉青。選擇晴天上午，噴保護藥，藥液乾後梳與梳之間墊上一層乾淨的珍珠棉墊，避免梳間蕉指的摩擦受傷，墊好後用藍色香蕉專用袋將果穗從下往上套好。套袋時先將頂葉覆蓋於果軸、果穗上再套袋，果袋上口紮於果軸距頭把蕉大於等於30 cm處，果袋要與所有的果梳有1 cm以上的距離。袋的長度以超出果穗上部15～45 cm、下部25 cm為標準，寬度以果實成熟後仍有一定活動空間為度。套袋時標記日期，利於採收時確定成熟度。

六、促進果實膨大

除了保證香蕉充足的肥水外，生產上還使用一些植物生長調節劑，提高產量。在蕉穗斷蕾時和斷蕾後10 d各噴一次「香蕉豐滿

劑」等，對促進蕉指增長和長粗，提高產量有良好的效應。在開花期使用1～3 mg/L濃度的防落素噴花對促進香蕉果指粗大和提高品質也有效果。

第七節　病蟲害防治

一、主要病害

（一）香蕉束頂病

1. 症狀

植株矮化，新生葉片一葉比一葉窄、短、直、硬，病葉質脆成束狀，葉脈呈現斷斷續續、長短不一的濃綠色條紋。感病植株不開花結果，在現蕾期感病則果少而小，沒有商品價值。

2. 防治方法

及時挖除病株噴藥消毒，開穴曝曬半月後再補種無病種苗，及時噴藥殺滅交脈蚜。

（二）枯萎病

1. 症狀

香蕉枯萎病俗稱黃葉病、巴拿馬枯萎病，蔓延快，是一種毀滅性病害。病株下部葉片及靠外的葉鞘首先呈現特異的黃色，初期在葉片邊緣發生，後逐步向中肋擴展，感病葉片迅速凋萎，由黃變褐而乾枯，其最後一片頂葉往往延遲抽出或不能抽出，最後病株枯死。個別植株不枯死，但果實發育不良，品質低劣。

2. 防治方法

發現病株要立即連根拔起銷毀，把病株斬碎，裝入塑膠袋內，加入石灰並封密袋口，移出且遠離蕉園荒地。病株去除後，病穴撒施石灰粉或噴灑福爾馬林液進行消毒。病穴周圍兩米範圍的蕉株用噁霉靈或甲基硫菌靈、多菌靈等淋根，殺滅病菌，預防病菌傳染。

（三）葉斑病

1. 症狀

主要危害葉片。蕉葉染病呈褐色長條斑、橢圓斑、綠枯斑，逐葉枯萎衰敗。染病香蕉慢抽蕾，果穗瘦，品質劣，抗寒力弱，嚴重減產減收。

2. 防治方法

可用硫黃、代森錳鋅、苯醚甲環唑、多菌靈等，先噴灑蕉頭周圍表土，再自下而上噴灑假莖及心葉以下蕉葉正、背面。特別是暴雨過後及時噴藥防治。

（四）炭疽病

1. 症狀

主要危害香蕉的果實，也可危害葉片、花序、果軸等。危害葉片時，葉片黃化。危害果實時，在果端附近先發病，初時為暗褐色的小斑點，之後病斑迅速擴大，可數斑融合。

2. 防治方法

栽植前，施用石灰調節土壤酸鹼度，可以降低病原菌毒性。田間管理時，增施有機肥和鉀肥，增強香蕉的抗病力。及時發現病株，徹底挖除。化學防治，可以選用甲基硫菌靈或咪鮮胺等。採收和運輸的過程中，盡量減少果皮的機械損傷。

（五）根結線蟲病

1. 危害特點

根結線蟲侵害香蕉根部，形成黑根，根短肥、結腫瘤，導致植株矮化、黃葉或叢葉、散把、葉邊緣失綠、葉片波浪狀皺曲。

2. 防治方法

植前穴施石灰調節土壤酸鹼度及施用阿維菌素、辛硫磷防地下害蟲。後期可將噻唑膦等殺線蟲劑，每株撒施 10～15 g 於蕉頭表土，殺死線蟲。加強肥水管理，約 15 d 後如有抽出新葉即是線蟲病可不必挖掉。如不能再抽新葉即是束頂病，每株灌入柴油 100 g 使蕉頭爛掉再挖去病株，以防傳染。

二、主要蟲害

(一) 交脈蚜

1. 危害特點

交脈蚜又稱蕉蚜、黑蚜。刺吸危害香蕉，使植株生長勢受影響，更嚴重的是其吸食病株汁液後傳播香蕉束頂病和花葉心腐病，對香蕉生產有很大危害性。

2. 防治方法

發現病株要及時噴藥消滅帶毒蚜蟲，並挖除病株，防止再度傳播病毒。有效藥劑可採用10％吡蟲啉1 000倍液。

(二) 香蕉象甲

1. 危害特點

香蕉象甲又稱香蕉象鼻蟲，蛀食假莖、葉柄、花軸、球莖，危害極大，也是颱風將香蕉折斷的重要原因。

2. 防治方法

在傍晚，用甲氨基阿維菌素苯甲酸鹽、氯蟲苯甲醯胺、阿克泰、烯啶蟲胺等殺蟲劑噴灑假莖，毒殺成蟲。

(三) 捲葉蟲

1. 危害特點

蟲苞多，葉片殘缺不全，阻礙生長，影響產量。

2. 防治方法

摘除蟲苞，保護天敵赤眼蜂、小繭蜂，噴藥防治第三、四代幼蟲，可用甲氨基阿維菌素苯甲酸鹽、氯蟲苯甲醯胺噴霧防治。

第八節 採 收

一、採收時間

根據市場對蕉指粗度的要求、運輸距離遠近和預期儲藏時間

長短來確定採收成熟度，即蕉指的飽滿度。果指飽滿度到 6.5 成時，催熟後基本可食；飽滿度超過 9 成時，催熟後果皮易開裂。因此，宜在飽滿度 7～9 成時採收。供長期儲藏或遠距離運輸的，採收飽滿度要求低些，如從廣州運往東北和西北時，飽滿度 7 成即可；而運往北京、上海的以 7～7.5 成為宜；運往湖南、江西等地的可在 7.5～8 成時採收；供當地銷售的飽滿度可在 8～9 成時採收。

飽滿度與果指粗度之間的連繫，經驗性判斷是看稜角的明顯程度與色澤，隨著果指生長的充實，稜角由銳變鈍，最後呈近圓形，越近成熟的蕉指，其果皮綠色越淡，飽滿度越高，則產量越高，品質越好，但不耐儲藏。一般以果穗中部果指的成熟度為準，果身近於平飽時為 7 成，果身圓滿但尚見稜的為 8 成，圓滿無稜則在 9 成以上。管理不正常或未斷蕾者果穗上下果梳的成熟度不一致。

以斷蕾或抽蕾後的發育天數並結合測定果指粗度來判斷採收成熟度是較準確的做法，如 5～8 月抽蕾的，65～90 d 可達到成熟度 7～9 成；而 10～12 月抽蕾的，則要 130～150 d。海南、廣東低海拔地區果實發育期短，而廣西和雲南南部海拔較高地區果實發育期長。

二、採收方法

採收過程要求果穗不著地，絕對避免果指機械傷。生產上多採用索道懸掛式無著地採收方式採收。兩人一組，先把蕉株攔腰斬斷，植株緩慢傾斜，一人托住果穗，用鏈條或繩索將果軸基部彎曲處縛住，另一人砍斷果軸。果軸長度要留 15～20 cm。果穗縛吊在鐵索上，從索道引至加工包裝場地，從採收到包裝，果穗不著地，機械損傷少，果實外觀品質好。沒有索道懸掛的，兩人抬或擔至處理場，放置果穗要墊有棉氈、海綿等軟物，避免果實間相互擠傷、

擦傷和碰撞。機械採收的用吊臂勾住果穗，用做成雙斜立面、加軟墊的車廂把果穗運至加工廠。

三、採後處理與包裝

靠近香蕉園設立採後處理工場。工場存放的果穗最好懸掛起來，避免擠壓受傷。在工場將果梳分切下來，用流水或在清潔池內清洗，除去果頂的殘留物。按照市場要求將果梳分切，不用任何藥劑處理，晾乾水氣和降低到規定溫度後包裝於內襯塑膠袋的開孔紙箱中，有的先用塑膠袋抽真空並置入乙烯吸收劑包裝。

四、適宜的儲運條件

香蕉儲藏適溫13～15℃，相對濕度90%～95%，注意通風換氣。夏季高溫期，宜用製冷集裝箱、機械保溫車或加冰保溫車；冷涼季節用普通篷車。車廂內貨物要排列整齊，並留有一定空隙，以利空氣流通和降溫。運入氣溫低於12℃的地區時需有保溫設備。運抵銷售地後要及時入庫。倉庫應該有通風換氣和控溫設施，庫房內地面設擱板，蕉箱排列整齊，留通風道，以利通風換氣。大型倉庫抽氣設備每小時換氣1次。

五、香蕉催熟

溫度、催熟劑和蕉果的生理成熟度等都關係到蕉果催熟轉色的快慢和效果。16～24℃為黃熟適溫，溫度高則轉色快，28℃以上高溫果皮不能黃熟而出現「青皮熟」現象。果肉內每相差2℃，成熟期可相差1～2 d。催熟劑常用乙烯利，濃度為500～1 500 mg/L，乙烯利濃度每相差500 mg/L，成熟期可相差1 d。在28℃以上催熟，乙烯利濃度以150～300 mg/L為宜。

此外，還要注意催熟房的濕度和換氣，保持相對濕度在

第十章 香　蕉

80%～90%，CO_2 濃度不得超過 5%。催熟作業週期太短會縮短貨架零售期，一般以乙烯利處理 24 h 後即進行控溫轉色，作業以 5～6 d 為宜。轉色期要逐漸降低溫度至 14 ℃，相對濕度至 80%，以免果皮過軟而裂皮和斷指脫把。皮色轉黃、果頂及指梗尚帶淺綠色時上貨架最好，一般可零售 4～5 d。

第十一章 鳳　　梨

> 鳳梨是中國熱帶和副熱帶地區的四大名果之一。鳳梨屬鳳梨科鳳梨屬，為多年生常綠草本植物。

第一節　品種類型

一、種類

在栽培上鳳梨均採取無性繁殖，它的變異較少，因此品種也較少，主要栽培品種更不多。目前鳳梨品種有六七十個，分為皇后類、卡因類、西班牙類和雜交種類四類。在海南省種植比較多的是皇后類和卡因類。皇后類的代表品種有巴厘，卡因類的代表品種有沙撈越。

（一）卡因類

栽培極廣，約占全世界鳳梨栽培面積的80%。植株高大健壯，葉緣無刺或葉尖有少許刺。果大，平均單果重1 100 g以上，圓筒形，小果扁平，果眼淺，苞片短而寬；果肉淡黃色，汁多，甜酸適中，可溶性固形物含量14%～16%，高的可達20%以上，酸含量0.5%～0.6%，為制罐頭的主要品種。

（二）皇后類

係最古老的栽培品種，有400多年栽培歷史，為南非、越南和中國的主栽品種之一。植株中等大，葉比卡因類短，葉緣有刺；果圓筒形或圓錐形，單果重400～1 500 g，小果錐狀突起，果眼深，

苞片尖端超過小果；果肉黃至深黃色，肉質脆嫩，糖含量高，汁多味甜，香味濃郁，鮮食為主。

(三) 西班牙類

植株較大，葉較軟，黃綠色，葉緣有紅色刺，也有無刺品種；果中等大，單果重 500～1 000 g，小果扁平，中央凸起或凹陷；果眼深，果肉橙黃色，香味濃，纖維多，供製罐頭和果汁。

(四) 雜交種類

是透過有性雜交等手段培育的雜交種良種。植株高大直立，葉緣有刺，花淡紫色，果形欠端正，單果重 1 200～1 500 g。果肉色黃，質爽脆，纖維少，清甜可口，可溶性固形物含量 11％～15％，酸含量 0.3％～0.6％，既可鮮食，也可加工罐頭。

二、主要品種

海南各地主要栽培品種及其特徵如下：

1. 巴厘

目前海南 70％ 以上的栽培品種，是主要的反季節北運水果。植株較卡因種小，但生長勢強，葉片較卡因種小且短闊，葉色青綠帶黃，葉背有白粉，葉面綵帶明顯，葉緣有刺。吸芽一般有 2～3 個，頂芽較卡因種和西班牙種小。3 月開花，花淡紫色。果形端正，圓筒形或橢圓形以至稍呈圓錐形，中等大，單果重 0.75～1.5 kg，大的 2.5 kg。果眼較小且較深，呈稜狀突起。最適合鮮食。5～6 月成熟。果皮和果肉均金黃色，肉質爽脆，纖維少，風味香甜，品質上等。該品種適應性強，比較抗旱耐寒，且能高產穩產，果實也比較耐儲運。缺點是：葉緣有刺，田間管理不方便；果眼比較深，加工成品率比卡因種低。

2. 無刺卡因種（沙拉瓦、沙撈越）

該品種植株高大，株高 70～90 cm，生長較強健，開張性，分頭。葉寬大、厚而長，開張，葉緣無刺，近葉尖及基部有刺，葉片

光滑，濃綠，中央有一條紫紅色綵帶，葉背有白粉。吸芽萌發遲，只有1～2個，頂芽小。果呈圓筒形或圓錐形，中果型，平均果重1.0～3.0 kg。7～8月成熟，較為高產、穩產，成熟時黃色至金黃色，果眼較小，呈稜狀突起，闊而淺平。果肉金黃色，鮮豔半透明。肉質細嫩，多汁，含糖多，甜酸適中，香味濃厚，果心小，品質上等，適合罐藏加工，成品率高。對肥水要求較高，抗病能力較差，易感凋萎病。果皮薄，果實容易受烈日灼傷及病蟲危害，從而引起腐爛。果實不耐儲運。

3. 土種

本地自留種。鳳梨植株中等大小，葉片細長而厚，葉尖常帶紅色，葉緣刺多而密。果瘦長，果小，重0.5～1 kg，圓筒形，頂部尖，果心較大，果眼較深，肉淺黃至白色，汁少，味酸，香味濃，纖維多且粗，品質一般，遲熟。因吸芽大數量多，果小，產量較低，栽培日漸減少。

4. 台農4號

植株長勢壯旺，植株外形與一般鳳梨相似，葉緣有硬刺，葉片開張、較大且厚，葉色近赤紫色；果實較大，果眼突出，平均單果重1.5～1.8 kg，甜度高，可溶性固形物含量16.1%，酸含量0.4%～0.5%。鮮食時不必削皮，沿著果眼剝食，既方便又好吃，不沾手，不傷嘴。香味濃，果心脆嫩，品質優良，售價高，暢銷國際市場。

5. 台農16

株高90 cm左右，葉緣無刺，葉表面中軸呈紫紅色，有隆起條紋，邊緣綠色。花期20～25 d，現蕾到成熟需135～140 d。小花外苞片紫色。平均果重1.4 kg，小果數93～260個。果實長圓筒形，成熟果皮橘黃色，果肉黃或淡黃色，纖維少，肉質細緻。芽眼淺，切片可食，不必刻芽眼。可溶性固形物含量17%，酸度0.4%，具有特殊香梨風味。

6. 台農17

又稱春蜜鳳梨，金鑽17。株高89.7 cm，葉緣無刺，葉面略呈

褐色，兩邊及下半段為草綠色。平均果重1 kg以上，圓筒形，整齊美觀。成熟果皮黃且稍帶紫紅色，果皮薄，芽眼淺，果肉黃或深黃色，質細密，細嫩可口，但果心稍大。果圓錐或者圓塔形；平均單果重 1.5～2 kg。果皮綠色夾雜黃色，果肉黃色；可溶性固形物含量 12％～15％，纖維度低。

第二節　種苗培育

鳳梨種苗，除了雜交育種用種子繁殖外，一般是用頂芽、裔芽、吸芽及莖部等進行無性繁殖。也有採用整形素催芽繁殖、組織培養育苗、老莖切片育苗等。無性繁殖的鳳梨苗，也常發生各種不良的變異，如多頂芽、雞冠果、扇形果、多裔果、畸形果等，甚至不結果，所以在繁殖採芽時，應注意母株的選擇。目前海南生產上大部分採用裔芽、吸芽和頂芽三種芽種進行無性繁殖，少量採用組培苗種植。

一、小苗培育

集中果園中的小頂芽、小托芽、小吸芽，分類種植在苗圃中。

留出育苗地，整地起畦，施下基肥後等待育芽。將採集來的小芽按大小分級，以 5～10 cm² 的株行距假植，種植不宜過深，以利根葉伸展。待小苗長至 25 cm 即可出圃供應定植。苗圃地宜選擇離種植大田較近、土壤疏鬆、排水良好、土壤肥沃的坡地，先將苗圃地犁耙，然後起畦，畦長 15～20 m，高 20 cm，寬 1 m，畦溝寬 30～50 cm。

二、延留柄上托芽和延緩更新期育苗

採果後留在果柄上的小裔芽仍能繼續生長，長至高 25 cm 時摘

下做種苗，對於待更新地段推遲耕翻，並以正常施肥培土管理護理一段時間，如噴水肥或過後撒施速效肥，使小芽迅速粗壯以供定植，然後翻地更新，可增加不少種苗。

三、植株挖生長點育苗

在優良品種推廣當中出現種苗奇缺的情況，利用未結果的植株挖去生長點以增殖種苗。待植株生長20片綠葉時，用螺絲刀挖除植株生長點，深度以破壞生長點為準，促使吸芽萌發、生長，達到種植標準時定芽定植。植株越大，長出的吸芽越壯，通常以5～8月處理最好。一般可長出吸芽2～5個。

第三節　園地選擇

鳳梨適應土壤的範圍較廣，由花崗岩、石灰岩風化而成的紅壤、黃壤，玄武岩風化而成的磚紅壤，火山灰形成的土壤，都能正常生長結果。疏鬆肥沃、土層較深、有機質豐富、排水良好的酸性沙壤土（pH 4.5～5.5），更有利於鳳梨生長，一般易獲得高產。

鳳梨園地宜選擇交通便利，靠近水源，土壤深厚、肥沃疏鬆的東南向或南向丘陵坡地，也可以平地。其中坡度小於15°的地塊可直接種植；15°～20°的斜坡地，陽光充足，種植鳳梨較好；坡度超過20°則管理比較困難，還要做好水土保持工作，如修築等高梯田。坡地種植鳳梨，如果水土流失，會造成根群裸露，後繼吸芽上升快，培土困難，植株容易早衰，產量下降，壽命縮短。山腳窪地，雖然土層深厚，保水力強，但如果排水不良，根部就會腐爛，植株黃化枯死，容易感染鳳梨凋萎病，不適合種植鳳梨。

海南地處南亞熱帶，雨水較集中，特別是在紅壤土地區，土質較黏重，排水尤為重要，丘陵地或低山開建的梯田和等畦，其內

壁一邊要開排水溝，然後在園地的四周或中間挖一主排水溝。在山坡凹處要挖多級的儲水溝以便儲水。儲水池除用於灌溉外，還可解決打藥、施肥用水問題。

第四節 栽　　植

一、整地

(一) 施足基肥

鳳梨是淺根作物，大部分根群都分布在耕作層 20 cm 以內，耕作層淺、土壤板結不利於鳳梨的生長。在種植鳳梨前 3～4 個月就要開始耕地，先將地深翻 30 cm，每畝施腐熟雞糞 1 500 kg、鈣鎂磷肥 50 kg。雙行種植的還要作畦。

(二) 種植畦

鳳梨的種植畦有三種：平畦、疊畦和淺溝畦。15°或以下的緩坡地、平地可用平畦，畦面寬 100～150 cm，畦溝寬 30～40 cm，深約 25 cm。較陡的山坡用機械或畜力開荒有困難，可以採用壘畦整地。在保水保肥力差的沙礫土的山地，淺溝種植可起到保水保肥的作用。但在排水不易的地形或黏重土中則易積水爛根，不宜採用。最後在鳳梨的種植畦上覆蓋黑色地膜，保墒。

二、種苗處理

(一) 種苗分級

海南大部分的北運鳳梨收貨時間都是在 2～4 月，可在採果時摘下生長健壯的托芽、頂芽，收果後疏除過多的吸芽、地下芽做種苗。這個時期，溫度逐漸回升，雨水逐漸增多，定植後很快就會發根生長。

為了便於生產上的管理，使全園鳳梨生長一致，種植前要進行

種苗統一採收、分級。一般在種植前，先選好採苗圃，再按種苗種植標準把同一品種、同一類芽苗進行統一採收，然後再按種苗的大小、強弱進行分級分類。在分級過程中，把種苗上過多乾枯黃葉去掉，把大苗上過長的葉進行部分剪除，把病株剔除。

（二）種苗消毒

種植時先按植株大小將芽苗分開，然後剝去基部的 2～3 片葉，並用 58％瑞毒·錳鋅可濕性粉劑 800 倍液，或 60％烯酰·乙膦鋁可濕性粉劑 500 倍液，或 70％甲基硫菌靈可濕性粉劑 800 倍液浸苗基部 10～15 min 消毒，晾乾後栽植。

三、定植密度

海南全年都可以種植鳳梨，但以 4～5 月種植最好，成活率較高。選擇晴天栽植，栽植的密度根據不同的品種、土地、管理水準而不同。鳳梨種植有 4 種方式：單行、雙行、三行和四行。一般種植可參考如下規格：大行距（人行道）0.7 m，小行距 0.5～0.6 m，株距 0.5 m；或大行距 1.1 m，小行距 0.4 m，株距 0.33 m。平地、緩坡地、巴厘種可種植密些；陡坡地、沙拉瓦種可植疏些。在一定的密度範圍之內，適當密植鳳梨，既可增產，又能減少除草工作量，降低生產成本。一般種植密度為畝植 2 200～4 000 株。

四、定植

把消毒好的鳳梨種苗擺放在畦面上。種植時，蓋土不超過中央生長點，頂芽種植深度為 3～4 cm，吸芽深 4～5 cm，大吸芽深 6～8 cm。覆土過厚，泥土濺入株心，影響生長或造成腐爛。覆土後壓實，保證種苗穩且充分接觸土壤，這樣鳳梨苗出根快，不易因風吹斷根、倒伏。

種植時可一手抓幼苗葉片，一手握住鋤頭或竹片，在定植位用鋤頭挖小穴放入芽苗後，扶正芽苗，兩手用力壓實植位土壤。栽植

後發現乾枯、腐爛、缺株的要及時補栽。

第五節　幼齡鳳梨園的管理

一、肥料管理

鳳梨在營養生長期，施肥應以氮肥為主，磷、鉀肥為輔，目的是促進鳳梨葉片抽生，增加葉片數和葉面積，為生殖生長打下基礎。定植成活後，每畝施尿素 15～30 kg＋硫酸鉀 10～15 kg，或用 0.3％尿素＋1％氯化鉀浸出液進行 2～3 次根外追肥。第 2 年春秋季各施肥 1 次，每次每畝施尿素 15 kg、三元複合肥 10 kg、硫酸鎂 1.5 kg、硫酸鋅 0.5 kg，穴施或雨天撒肥。也可根據鳳梨生長情況，每個月噴施葉面肥一次。

二、除草

鳳梨是淺根性多年生草本植物，植株矮小，尤其新種植和尚未投產的鳳梨園，雜草的不良影響很大。因此，在生產上必須及時清除田間雜草，除草可採用人工或化學藥劑除草。由於除草劑對雜草的處理有選擇性，且易對鳳梨造成傷害。因此，在使用化學方法除草時，應注意選用合適的除草劑，同時在使用過程中注意噴霧器不能有漏水或分頭不成霧，否則容易誤傷鳳梨植株。

三、培土

海南大部分的鳳梨都是種植在斜坡上，再加上新植鳳梨園土壤疏鬆，下雨過後，地表的土壤極易被雨水沖刷，造成鳳梨根系裸露，嚴重影響鳳梨植株的正常生長，因此，要結合除草進行培土，或在大雨過後，及時把被雨水沖刷或被泥土埋壓的小苗扶正培土，把露出的根系埋好。

四、覆蓋

鳳梨園覆蓋可以調節土壤的溫度、濕度、抑制雜草生長、減少水分蒸發、減少地表流失、促進鳳梨生長、提高產量。覆蓋物可以是間種的綠肥，也可以是稻草、綠肥莖稈、地膜等。

五、水分管理

鳳梨最忌積水，所以在雨季前都要休整縱橫排水溝，以利大暴雨時排水。另外，鳳梨雖然耐旱，但在苗期需要較多水分，因此，鳳梨苗期乾旱，要及時灌溉，可以安裝微噴灌或滴灌，以滴灌加覆蓋地膜效果最好。

第六節　投產園的管理

一、肥料管理

將要投產或已投產的鳳梨園都要繼續施肥。將投產和已抽蕾的植株，施肥以鉀肥為主，氮、磷肥為輔；而當進入果實發育高峰時，施肥應改為氮肥為主，鉀、磷肥為輔。施肥方法有撒施、溝施、穴施和滴灌施肥。

（一）花前肥

一般在催芽前15～20 d，第 2 年的 7～10 月進行。此時植株心部現紅，花序開始分化發育。每畝施複合肥 20～25 kg。這時期由於植株生長高大，株行間較密，不用水肥一體化施肥比較費勁。以前生產上一般在人行道挖穴施下後回土，或者結合灌溉撒施，施肥後要沖洗葉片，防止燒葉。

（二）壯果肥

在鳳梨謝花後進行。一般穴施，也可趁下雨撒施在人行道上，

不要撒在葉腋中。每畝施鉀肥 10～12 kg、尿素 25 kg、複合肥 10～15 kg。也可以單獨施複合肥，每畝施 25～30 kg。為了提高果實品質，在果實褪綠時噴 0.1％磷酸二氫鉀，或 0.3％～0.5％優質尿素，或葉面寶、高美施等葉面肥。

（三）壯芽肥

4～7 月採果後施的一次肥，此時果實已收完，作為明年結果母株的吸芽正迅速生長。此時的施肥管理尤為重要，直接影響翌年的產量。此期主要施速效化肥，或腐熟的人畜糞尿，每畝施尿素 15 kg、鉀肥 10 kg、複合肥 10 kg；或者淋施腐熟稀釋人畜糞尿 1 000 kg 最好。採果後及時施肥，有利於植株恢復長勢，促進幼芽生長，為翌年的豐產打下良好的基礎。

（四）根外追肥

鳳梨具氣生根，根外追肥更能促進其生長與結果，實現高優栽培。因此在整個生育期，可根據生長結果需求，用 0.2％磷酸二氫鉀加 0.3％尿素混勻或用 1％氯化鉀浸出液進行多次噴霧，增加植株營養。

二、中耕培土

鳳梨結果後，代替母株結果的吸芽自葉腋抽生，位置逐年上升，吸芽的氣生根不能直接伸入土中吸收養分和水分，勢必削弱生長勢，且容易倒伏，故需及時進行培土。

採果後結合施肥、除草，進行中耕培土，可促進土壤疏鬆通氣，使所留吸芽生長健壯，既促進生長結果，又可為翌年高產打下基礎。

部分鳳梨園還用稻草或野草覆蓋地表，起到保水、降溫、抑制雜草生長的作用。

三、催花

在海南，鳳梨自然開花率只有 85％左右，而果實成熟的時間

又大部分集中在 5 月下旬至 7 月的夏季，這不利於果實的銷售與價格的提高。催花，可調節鳳梨上市時間，提高經濟效益。

（一）植物生長調節劑種類

鳳梨常用於催花的植物生長調節劑有電石、乙烯利、萘乙酸和萘乙酸鈉等。目前，在海南應用較多和技術較成熟的是乙烯利。

（二）催花時間

巴厘品種在海南 4～5 月催花，9～10 月採收；6～7 月催花，11～12 月採收；8～11 月催花，翌年 1～4 月採收。海南的反季節鳳梨一般在 8～9 月催花，翌年 1～4 月收穫，沙拉瓦品種則比巴厘品種提早一個月進行催花。

（三）催花植株標準

巴厘品種 33 cm 長的綠葉數 30～35 片，單株重超過 1.5 kg；沙拉瓦品種 40 cm 長的綠葉應有 40 片，單株重則超過 2 kg。

（四）催花濃度

乙烯利催花的濃度要求不嚴格，250～1 000 mg/kg 都有效且安全；萘乙酸和萘乙酸鈉催花，通常使用濃度為 4～40 mg/kg，其中以 15～20 mg/kg 效果好。具體操作應根據氣候和品種不同而異，氣溫越高使用濃度越低，如巴厘品種使用乙烯利的濃度為 400 mg/kg；氣溫低使用濃度略微提高，如沙拉瓦品種使用乙烯利的濃度為 800 mg/kg。

經乙烯利催花的鳳梨，25～28 d 抽蕾，抽蕾率達 95% 以上。萘乙酸或萘乙酸鈉催花，經 35 d 左右的時間抽蕾，抽蕾率達 60%～65%，壯苗的抽蕾率也達到 90% 左右，但對宿根三年以上的老頭鳳梨催花效果不夠穩定，一般老頭鳳梨不採用它們來催花。

（五）催花方法

按一定的濃度配好生長調節劑後，用手動噴霧器裝藥液，並把噴頭取下，催花時用管頭對準鳳梨植株心，然後慢慢滴下藥

液，每株用量 30～50 mL。在催花時，可加入 0.2％濃度的優質尿素溶液。

四、壯果

結合根外追肥，用 0.2％磷酸二氫鉀加 0.3％尿素加 50～100 mg/kg 赤黴素或 200 mg/kg 萘乙酸（鈉），在開花 50％和謝花後各噴 1 次，增加營養，促進果實生長，提高品質。

此外，還可以使用活性液肥噴果。海南各地推廣奧普爾、施爾得、萬得福、高鉀葉面肥、藝苔素等噴果，其效果也比較理想，未出現黑心病。

五、催熟

在鳳梨生產上常用乙烯利催熟，效果較好，特別是秋、冬果採用乙烯利催熟，不僅使果肉色澤良好，還能使果實提早成熟，提前收穫。

用乙烯利催熟時的果實成熟度，一般掌握七分熟時進行。若按抽蕾到催熟時天數計算，夏秋果約在 100 d，冬春果約 120 d，催熟過早，品質差，產量下降。

乙烯利催熟的使用濃度為 1 000～1 500 mg/kg（即 0.1％～0.15％）經催熟處理後，夏秋果 7～12 d 果皮轉黃，冬春果由於氣溫低，需 15 d 左右，果皮才轉黃，方可採收，經乙烯利處理的果，採後應及時進行加工，否則容易發生生理性黑死。

六、頂芽和裔芽管理

（一）頂芽管理

當果實謝花後 7 d 左右，頂芽長到 5～7 cm 高時即進行封頂，具體做法：一種方法是一手扶果，另一手四指掌握幼果，扶穩，用大拇指將小頂芽推斷。另一種方法是打頂，當果實頂芽長到 15～

20 cm，頂芽已成熟，即進行摘除。但目前生產上很少進行打頂，主要是打頂後不利於果實保鮮，另外在銷售過程中，許多客商也要求不要打頂，一是美觀，二是貨架時間長。

（二）高芽管理

著生在果柄上的裔芽，會影響果實的發育，應及時分批除去。如果一次性摘除，會造成傷口多，果柄易乾縮而使果實傾斜。如果留作種苗，可把除下的外裔芽集中培養，或留低位的 1～2 個芽，讓其生長到 20 cm 左右摘下種植。

七、果實防曬

防曬主要是為了避免果實被灼傷，必須在收穫前一個月，採用稻草、紙、雜草等遮蓋物遮擋果實或綁頂端 4～5 個葉片，保護果實，以免曬傷。

第七節 病蟲害防治

一、主要病害

（一）鳳梨凋萎病

1. 症狀

又稱鳳梨根腐病。發病初期，葉片發紅，失去光澤，失水皺縮，葉尖乾枯，葉緣向下捲縮，最後葉片凋枯死亡。部分病株嫩莖和心葉腐爛，根部由根尖腐爛發展到根系的部分或全部腐爛，導致凋萎枯死。

2. 發病條件

病害的發生多在秋冬季高溫乾旱和春季低溫陰雨天氣。海南多發生在 11 月和翌年 1～2 月。秋季乾旱期，粉蚧繁殖快，可加速病情的發展；春季陰雨期，土質黏濕，造成根系不易生長而腐爛。山

腰窪地易積水；山坡陡，土壤沖刷嚴重，根系裸露；沙質土保水性能差，含水量少，根系易枯死。地下害蟲如蠐螬、白蟻、蚯蚓等吸食地下根頸部，也可加重凋萎病的發生。新開荒地發病少，熟地發病多；卡因種也較其他品種易感病，但卡因雜交種更能抗凋萎病。

3. 防治方法

（1）改進園地環境。選用高畦種植，防止果園積水和水土流失，對高嶺土和黏重土應增施有機肥料，改進土壤通氣性，促進根系生長。

（2）加強管理。及時滅殺鳳梨粉蚧和挖除病株，集中噴藥後粉碎漚肥。

（3）藥肥處理。發現病株，可及時選用上述藥劑加50％甲基硫菌靈可濕性粉劑400倍液和1％～2％尿素混合噴灑，以促進黃葉轉綠。病株周圍及其他健株基部地表都要淋施藥液，以防治鳳梨粉蚧及地下害蟲。

（二）鳳梨心腐病

1. 症狀

發病初期，葉片色澤黯淡無光澤，並逐漸變為黃綠或紅綠色。葉尖變褐、乾枯，葉基部出現淡褐色水漬狀病斑，並逐漸向上擴展，後期在病部與健部交界處形成一波浪形深褐色界紋，腐爛組織軟化成奶酪狀，心葉極易拔起，最後全株枯死。天氣潮濕時，受害組織上覆有白色霉層。

2. 發病條件

（1）高溫多雨季節，特別是秋季定植後遇暴雨，病害往往發生較重。

（2）土壤黏重或排水不良而易積水的果園亦利於病害發展流行。一年有2次發病高峰：春季的3～4月和秋季的10～11月。

3. 防治方法

（1）加強田間管理。及時拔出病株並集中噴藥處理。病穴換上

新土，再撒上少量石灰消毒，然後補苗。中耕除草避免損傷基部莖葉，合理施肥。

（2）發病初期，可用25％甲霜靈可濕性粉劑1 000倍液，或50％苯菌靈可濕性粉劑1 500倍液，或70％甲基硫菌靈可濕性粉劑1 500倍液，或用75％百菌清可濕性粉劑600～800倍液，或40％乙膦鋁可濕性粉劑400倍液噴霧防治。

（三）鳳梨黑腐病

1. 症狀

又稱鳳梨軟腐病。發病初期果面出現小而圓的水漬軟斑，果肉仍呈黃色透明，2～3 d病斑逐步擴大到整個果實，形成黑色大斑塊，組織由白黃色變成灰褐色並腐爛。病菌可侵害幼苗，引起苗腐，或從摘除頂芽、裔芽傷口處侵入，侵入嫩葉基部引起心腐病。

2. 發生條件

低溫、高濕、有傷口的果實易發病。漬水容易引致苗莖病。雨天除頂芽或摘除頂芽過遲，造成傷口過大、難以癒合時，果實易受害。鮮果運輸儲藏期間，機械傷口多，發病也多。

3. 防治方法

（1）減少機械傷口，從而減少病菌入侵機會。

（2）加強田間管理，注意雨季排水。

（3）鳳梨採收宜在晴天露水乾後進行，或者陰天採收，切忌雨天採收。

（四）鳳梨炭疽病

1. 症狀

病斑為綠豆大小的褪綠斑點，後擴大成橢圓形、淺褐色、凹陷、邊緣深褐色隆起的病斑。病斑可相連，中央偶爾生有突破表皮的黑色小點，即病原菌的分生孢子盤和剛毛。

2. 發病條件

高溫高濕條件下易發此病。

3. 防治方法

（1）合理施肥，排水，增濕磷、鉀肥，不偏施氮肥，使植株生長健壯，抗逆性增強。

（2）發病初期噴 0.5%～1% 波爾多液保護。病情嚴重時，用甲基硫菌靈，或百菌清，或多菌靈等殺菌劑噴殺。

（五）鳳梨日灼病

鳳梨日灼病是一種生理性病害。有些地區的日灼傷果率可高達 50%。

1. 症狀

灼傷部分的果皮呈褐色疤痕，果肉風味變劣。由於部分灼傷壞死，果實水分散失加快，極易成空心黑果，或因病菌侵染而腐爛。

2. 發病條件

6～8 月天氣炎熱，晴朗天氣日照強烈，特別是中午或午後這段時間，鳳梨果實正處於迅速發育成熟階段，摘除頂芽後果實的蔭蔽度有所降低，受烈日直射的部位易被灼傷。卡因種鳳梨果皮較薄，易遭日灼。

3. 防治方法

（1）束葉法。用塑膠袋束葉將果遮護。束葉不要紮得太緊，以既護果，又得通風為好。向西一面的葉片密一些，其他方向可疏一些。適用於無刺卡因品種處理。

（2）蓋頂法。用雜草、紙、芒萁等覆蓋在果頂護果。為防止大風吹掉覆蓋物，用兩面三片相對的葉片將覆蓋物紮緊。此法適用於有刺品種處理。用稻草、芒萁覆蓋透氣好，遇雨不易腐爛。

（3）紙包法。用黃色牛皮紙、報紙或白紙等將果實四周包住。防止烈日直接照射。

（4）穿葉法。將三片不同方向的葉相互扎疊在果面上，使其成平頂式，再將第四片葉從上面經第二片葉穿過，插回本葉的葉底拉緊即可。

（六）根線蟲病

1. 危害特點

受病原根線蟲危害使根部變色壞死。由於根群受損，葉片逐漸變成黃色，軟化下垂，植株生長衰弱，甚至枯死。

2. 防治方法

（1）在植前應用藥劑對土壤進行消毒。犁耙平整土地後，按溝距30 cm、溝深15 cm開條溝，撒施殺線蟲劑，如阿維菌素、淡紫擬青黴、厚孢輪枝菌等，施藥後即覆土壓實，可殺滅大部分根線蟲。

（2）對已發病鳳梨園，可選用噻唑膦、阿維菌素等藥物進行灌根或者拌土。也可採用物理和生物防治方法進行殺蟲。

二、主要蟲害

（一）鳳梨粉蚧

1. 危害特點

若蟲和雌成蟲多寄生於鳳梨的根、莖葉、果實及幼苗的間隙或凹陷處，吸食汁液，尤其在根部危害。幼苗受害發育不良，甚至枯萎。被害的葉片褪色變黃色和紅紫色，隨後葉片軟化，甚至凋萎；被害根變黑色，組織腐爛，喪失吸收功能，致使植株生長衰弱甚至枯萎；果被害後，果皮失去光澤，甚至萎縮，不能正常長大。

2. 防治方法

（1）鳳梨定植前藥劑處理種苗。用10％吡蟲啉可濕性粉劑1 000～1 500倍液，或50％馬拉硫磷乳油800倍液浸漬鳳梨苗基部10 min，可消滅大部分附著的粉蚧。

（2）加強鳳梨田間巡查，發現粉蚧立即用藥。可選用48％毒死蜱乳油1 000倍液＋3％啶蟲脒乳油1 500倍液，或25％喹硫磷乳油1 000～1 500倍液噴霧防治。20 d後再用藥一次。

(二)獨角犀

1. 危害特點

成蟲咬食鳳梨果實,常幾隻、十幾隻群集在果實上取食,把整個果實咬食完。鳳梨果實成熟前和採果後,成蟲危害新苗,從裡向外,咬食苗心內層幾張葉片基部的葉肉,留下纖維,使葉片逐漸枯死。

2. 防治方法

(1) 人工捕殺。5月中旬成蟲羽化盛期,組織人力捕捉成蟲。

(2) 藥劑防治。用90％晶體敵百蟲500倍液噴殺。

(三)白蟻

1. 危害特點

白蟻蛀食鳳梨樹皮、莖稈和根部,可誘發鳳梨凋萎和煤煙病,使果園植株長勢不整齊,樹勢衰弱,結果期延後。

2. 防治方法

(1) 加強果園管理。增施腐熟有機肥,合理灌溉,保持果園適當溫濕度,注意排水,提高樹體抗病力。結合修剪,及時清理果園,減少蟲源。

(2) 化學防治。發現有該蟲後可用40％敵百蟲乳油600倍液噴灑植株,或在蟻路上噴灑白蟻藥,即可將蟻群殺死。

第八節 採 收

一、成熟度

鳳梨果實在成熟過程中,果實由深綠色逐漸轉變成草綠色,再轉變成該品種成熟時所固有的黃色或橙色,有光澤;肉質和內含物也發生一系列變化,果汁增加,糖分增多,酸味減少,香氣增加,果肉由硬變軟。

果實採收的成熟度應根據不同的用途進行採摘，以適應各種需要。就近銷售的鮮食果以 1/2 小果轉黃採收為宜，即整個果有一半果眼呈黃色，其餘呈淺綠色，這種果成熟度好，果汁多，糖分高，香氣濃，風味最好。果實成熟度超過 3/4 再採收，品質就會下降，肉質變軟，有酒味，降低或失去鮮食價值。而遠銷或加工原料果，一般以小果草綠或 1/4 小果轉黃時採收為好，即果眼飽滿，果實基部 1~2 層果眼呈現黃色，其餘果眼呈草綠色，果縫淺黃色。此外，採收季節不同，鳳梨的採收成熟度也略不同。低溫季節，果實成熟速度慢，採收時期可略遲，以增加果實的糖分和重量。高溫季節，果實成熟速度快，特別是長途運輸的果實，採收期不宜過遲，否則，易引起果實腐爛，造成經濟損失。

二、採收時期

採收期因品質與栽培地區不同而異，由於催花技術的應用而能人為地調控鳳梨的抽蕾，從而改變了果實的採收與鮮果供應期，基本上可以做到鮮果週年上市。海南的主栽品種巴厘，大部分的採收期在 1~4 月。

三、採收方法

採收時間宜選擇在晴天晨露乾後進行，中午或下午不宜，多雲或陰天的上下午均可採收，雨天不宜採收。

採收時一般用刀採收，用利刀割斷果柄，留果柄長 2~3 cm，除淨托芽和苞片。根據要求留頂芽或不留頂芽。不留頂芽的，平果頂削去頂芽。用於就近工廠、當天加工的原料果，也可用手直接採收，即用手握緊果實，折斷果柄，然後摘除頂芽。

採果時要特別注意輕採輕放，防止碰撞造成機械損傷及堆放壓傷。

採後要及時調運，若運輸不及時而需臨時堆放者，不宜堆疊

第十一章 鳳　　梨

過高過多，以免壓傷。堆放時，最好放在樹蔭底下，或用樹葉、稻草、雜草或遮陽網遮蓋，以防烈日灼傷。若作為鮮果銷售，最好保留頂芽，以延長果實保鮮期，也有利於果實在運輸過程中不易碰傷，還可增加商品果的美觀度。現在海南北運鳳梨都保留頂芽。

第十二章　火龍果

> 　　火龍果，屬仙人掌科量天尺屬攀緣肉質灌木，具氣根。原產於巴西、墨西哥等中美洲熱帶沙漠地區，屬典型的熱帶植物，有熱帶水果之王之稱，因其外表肉質鱗片似蛟龍外鱗而得名。火龍果為熱帶、副熱帶水果，喜光耐陰、耐熱耐旱、喜肥耐瘠。火龍果營養豐富，具有較高的觀賞價值。目前中國火龍果主要在廣東、廣西、海南、雲南、貴州等省份種植。

第一節　品種介紹

　　栽培上，火龍果根據成熟後果皮的顏色，主要分為四大類：紅皮白肉火龍果、紅皮紅肉火龍果、黃皮白肉火龍果和燕窩果。紅皮白肉種是最為常見的一種品種，果型較大，甜度較低，比較清涼爽口。紅皮紅肉種也是常見的火龍果，甜度較高。黃皮白肉種習性與口感都比較接近於紅皮白肉火龍果。燕窩果也叫麒麟果，果實比前面三種小，黑籽，口感清甜，甜度最高，與其他火龍果不同的是，它的外皮上長滿了尖刺。

一、大紅

　　大紅果實大且果肉顏色深紅，果實橢圓形，肉質細膩，味清甜，不需要人工授粉及異花授粉即可有中等以上的果，且開花期間

遇雨亦不影響結果。但該品種皮薄，貨架期較短。

二、金都 1 號

金都 1 號火龍果品種是紅皮紅肉，肉質細膩，味清甜，有玫瑰香味，口感極佳，且自花結實能力強，不裂果，是現在很多地區種植的火龍果品種。

三、蜜紅

蜜紅火龍果品種樹勢強，枝條萌芽力強。果大，平均單果重 650 g，最大可達 1.5 kg 以上，產量高。果甜度高，中心可溶性固形物含量可達 22％以上。自花授粉率 100％，不易裂果。

四、粵紅 3 號

粵紅 3 號火龍果品種果實圓球形，單果重 285 g。果皮粉紅色，鱗片薄且數目較多。果肉雙色、清甜，可溶性固形物含量 14.1％，需要授粉。

五、雙色 1 號

雙色 1 號火龍果果實橢圓形，果皮暗紅色，鱗片長，略外張，果大，平均單果重 350.7 g，果肉外層紅色，中心白色，果肉硬度是大葉水晶的 1.5 倍，香味獨特。果皮厚 0.2 cm。品質特優，肉質爽脆、清甜、口感極佳。

六、紅冠 1 號

紅冠 1 號火龍果果實橢圓形，果皮紫紅色，鱗片較多，平均單果重 307.9 g，果肉紫紅色，果皮厚 0.3 cm。品質特優，肉質細膩軟滑、清甜、口感極佳。

七、桂紅龍 1 號

桂紅龍 1 號果實近球形，紅皮紅肉，果實較大，單果重 350～900 g，平均單果重 533.3 g，果皮厚度 0.30～0.36 cm，果肉中心可溶性固形物含量 18.0％～21.0％，邊緣可溶性固形物含量 12.0％～13.5％。肉質細膩，汁多、味清甜，品質優良。耐儲性好，自然授粉結實率高達 90％以上。

八、美龍 1 號

美龍 1 號火龍果紅皮紅肉，自花授粉結果率 89％以上。果肉細膩、較脆口、清甜。果實轉紅後留樹期 8～15 d，常溫貨架期 5～7 d。綜合抗病力中等，自花結實能力強。

第二節　壯苗培育

一、扦插育苗

扦插時間以春季最適宜，截成長 15 cm 的小段，待傷口風乾後插入沙床。插床不需要澆水，保持土壤的乾度。10 d 以後開始澆水。扦插 15～30 d 可生根，根長到 3～4 cm 時移植。

（一）插條選取

生產上，紅皮白肉火龍果、紅皮紅肉火龍果和黃皮白肉火龍果都採用扦插育苗。扦插用的火龍果枝條，要求無病蟲害、生長健壯，莖段長且莖肉飽滿。

（二）處理

插穗剪成 30～60 cm 長的莖段，下端削成楔形，露出 1～2 cm 的中央維管束，需注意保留中央髓部外之環狀形成層組織，其為主要發根部位。

削切好的枝條宜浸泡或噴施殺菌劑以防止病原菌入侵，再放置陰涼處晾乾，3～5 d傷口乾燥後，再進行扦插。為促進快速發根及增加發根量，可在基部蘸生根劑促進生根。

（三）扦插

為提高扦插苗成活率及避免陽光直射曝曬造成失水或曬傷，可先於溫室或半遮陰處設置育苗床進行扦插。選擇濕潤透氣的介質，如河沙、沙質壤土或培養土等，插穗豎直插入土3～5 cm。扦插初期土壤不要過濕，避免傷口腐爛。出根成活後再移植至田間定植，以加快成園，並減少莖基腐病的發生。

（四）扦插後注意事項

火龍果一般扦插後1～2週內即可生根，1個月後莖段上芽體開始萌發。宜選擇留強壯及近頂端部位的芽體，其餘疏除，適時給予水分及含氮量較高的肥料，促進莖稈生長。

二、嫁接育苗

火龍果的嫁接是採用髓心接。

選擇晴天嫁接。常用嫁接中的平接和楔接，其中楔接的成活率最高。28～30 ℃條件下，4～5 d傷口接合面即有大量癒傷組織形成，接穗與砧木顏色接近，說明二者維管束已癒合，嫁接成功，而後可移進假植苗床繼續培育。

（一）砧木和接穗的選擇

目前燕窩果多採用黃皮白肉火龍果、紅肉類型的火龍果可選擇白肉類型的火龍果作為砧木，進行嫁接換根。其他品種的火龍果還可作為部分花卉的砧木，提高觀賞價值。一般採取扦插繁殖法進行砧木育苗，半個月後扦插成活就可進行嫁接。

（二）嫁接時間

除冬季低溫期外，其他季節均可嫁接。因為冬春季節陰冷潮濕時間長，嫁接時傷口不僅難以癒合，還會擴大危及植株。因此，嫁

接時間最好選在3~10月，這樣有充分的癒合和生長期，並且利於來年的掛果。

（三）嫁接前的藥物處理

嫁接所用的小刀等都用酒精或白酒消毒，以防病菌感染。有條件的可用萘乙酸鈉溶液浸蘸接穗基部，這樣既能促進癒傷組織的形成，又能達到提高成活率的目的。

（四）嫁接方法

1. 平接法

用嫁接刀在砧木上端適當高度橫切一刀，然後將接穗基部切平，要求砧木和接穗的切口務必平滑乾淨，這樣砧木和接穗吻合不留空隙。將切好的接穗與砧木的髓心對齊，緊密貼在一起。用棉線捆綁固定或用牙籤固定好，再用膠帶纏綁嚴實。

2. 靠接法

削取3~5 cm的接穗，將接穗一邊的稜削掉，注意一定要削平，將砧木一邊的稜去掉，長度與砧木相對應。然後將削好的接穗緊靠砧木，用細線捆綁或用牙籤固定，最後用膠帶纏綁嚴實。

3. 插接法

適用於成熟的枝條。削取接穗3~5 cm，將底端1 cm的肉質去掉，削成楔形，露出髓心。平切砧木上端，劈開砧木的維管束，將髓心插入砧木的維管束中，用膠帶纏綁嚴實。

4. 芽接法

在砧木枝條的中上部，選一個芽點，斜切出一個三角形。切的深度達到砧木的髓心。在接穗上，同樣的方法切一個芽下來，放到砧木上，髓心對齊。將芽捆綁固定。

（五）嫁接後的管理

嫁接苗保持較高的空氣濕度，溫度在28~35 ℃，20 d後觀察嫁接生長情況，若能保持清新鮮綠，即成活。1個月後可出圃。

第三節　建　園

一、園地選擇

火龍果屬於熱帶、副熱帶水果，耐旱、耐高溫、喜光，對土質要求不嚴，平地、山坡、沙石地均可種植，最適的土壤 pH 6～7.5，最好選擇有機質豐富和排水性好的土地種植。火龍果怕寒，忌積水，氣溫 15 ℃ 以上，陰雨天氣較少的地區適宜栽植。

二、果園的開墾及種植穴的準備

火龍果種植方式多種多樣，可以爬牆種植，也可以搭棚種植，但以柱式栽培最為普遍，其優點是生產成本低、土地利用率高。所謂柱式栽培，就是立一根水泥柱或木柱，在柱的周圍種植 3～4 株火龍果苗，讓火龍果植株沿著立柱向上生長的栽培方式。

火龍果栽植前要深耕改土，施足有機肥。水田、畦地果園要採取深坑高畦，降低地下水位，防止水浸漚根。平地和水田的建園一般畦寬（包含溝）6 m，溝深 0.5 m 左右，溝面寬 0.8 m 左右。

三、架式選擇

從支架頂端到地面的垂直距離應保持在 180 cm 左右，如果是圓盤狀，那麼圓盤的半徑要保持在 35 cm 左右。整個支架主柱埋入土中的深度不小於 50 cm。搭架的密度保持在行距 2.0～2.5 m，架距 2.0 m 為好。

（一）立柱式搭架

一般採用水泥樁和鋼筋以及使用廢舊自行車輪胎來支撐火龍果樹，使其固定在頂端向四周生長。這種架式最常見，也最簡單，適

合中小型種植戶使用。

(二) 管柱式搭架

這種搭架方式在粵西地區近兩年新種的果園使用較多。傳統的立柱式搭架，枝條需要攀緣至圓環處，向四周生長，方能開花結果。使用這種方法，火龍果苗很快可生長至圓環四周，開花掛果時間節省 15 d 以上。

(三) 聯排式搭架

這種架式在平地火龍果園中應用日漸增多，其主要以水泥柱或鋼管柱、鋼絞線或鋼管、鐵條為支架材料，種植成縱向連續的樹籬式，讓枝條向兩側下垂生長。連排式架走向以南北為宜，受光較為均勻。

四、栽植

每年 3～9 月均可栽植。每畦種兩行，三角形種植，穴距 80 cm，每穴 3 株。山地要開等高梯田，梯面寬 3 m。深耕淺栽。火龍果一年四季均可種植，注意不可深植，植入約 3 cm 深即可，初期應保持土壤濕潤。栽植時把苗靠在樁基部，培疏鬆泥土或腐熟雜肥 15～20 kg，並淋透定根水，用繩將苗綁在樁上固定，苗入土 3 cm 即可。

第四節　肥水管理

一、肥料管理

火龍果的根系首要散布在表土層，所以施肥應選用撒施法，忌開溝深施，避免傷根。

(一) 幼樹肥料管理

火龍果 1～2 年生的幼樹，以氮肥為主，做到薄施勤施，促進樹

體生長。栽植前施足有機肥，定植後 30 d 當新梢萌發時開始施肥，一般情況下，每長 1 節莖蔓施肥 2 次，每次每樁施複合肥 0.25 kg。

（二）結果樹肥料管理

3 年生以上成齡樹，以施磷、鉀肥為主，控制氮肥的施用量。每年 7 月、10 月和翌年 3 月，每株各施牛糞堆肥 1.2 kg、複合肥 200 g。因為火龍果採收期長，要重施有機肥，氮、磷、鉀複合肥要均衡長時間施用。

> **溫馨提示**
>
> 使用豬糞、雞糞含氮量過高的肥料，火龍果枝條肥厚，深綠色且很脆，勁風時易折斷，所結果實較大且重，甜度低，或有酸味。

開花結果期間要增施鉀肥、鎂肥和骨粉，以促進果實糖分積累，提高品質。每批幼果著果後，根外噴施 0.3％硫酸鎂、0.2％硼砂、0.3％磷酸二氫鉀 1 次，以提高果實品質。

二、水分管理

火龍果雖屬耐旱植物，但要進行正常的生長、開花、結果，水分應均衡供應，一般土壤相對含水量達到 70％～80％就能正常生長。忌積水，雨季應注意排水。如根部長期積水，就會造成爛根導致減產或死亡。

火龍果生長季應全園土壤濕潤，尤其果實膨大期，土壤濕潤有利於果實成長。灌溉時切忌長時間浸灌，也不要自始至終經常淋水。浸灌會使根系處於長時間缺氧狀況而死亡，淋水會使濕度不均，而誘發生理病變。在陰雨連綿的天氣應及時排水，避免感染病菌導致莖肉腐朽。冬天園地要控水，以增強枝條的抗寒力。

第五節　整形修剪

一、摘心整形

　　火龍果種苗定植後，15～20 d 就會萌發新枝蔓。保留 1 根健壯向上生長的主蔓，利於集中營養、快速上架。當主莖生長達到預定高度後，打頂促進分枝，形成樹冠立體空間結構。主蔓上預定高度以下的側枝應及時剪除，離頂部較近的側枝可保留。當枝條穿過柱頂圈下垂生長後，將枝條的尖端摘除，促進火龍果側枝的生長。一般每枝可抽發 3～5 條新枝，視生長情況留 3 根生長健壯的枝條，均勻擺放、不重疊。當枝條長到 1.3～1.4 m 長時摘心，促發二級分枝，並讓枝條自然下垂。上部的分枝可採用拉、綁等辦法，逐步引導其下垂，促使早日形成樹冠，立體分布於空間。

　　每株保留枝條 15～20 根，每個立柱的冠層枝數在 50～60 條。後期隨著側枝的生長，對於側枝上過密的枝杈要及時剪掉，以免消耗過多養分。

二、修剪枝條

　　結果後，每個植株可安排 2/3 的枝條為結果枝，其他 1/3 的枝條可抹除花蕾或花，縮小枝條的生長角度，培養其為強壯的預備結果枝。結果枝條的長度一般為 0.8～1 m，枝條過長，營養供應鏈較長，營養供應不及時，導致結果小，品質差。

　　每年採果後剪除結過果的枝條，因其不易掛果或結果品質差，應剪去，使火龍果重新發出芽，以保證來年的產量。在生殖生長期間，為保證果實發育的營養需要，掛果枝和營養枝上新萌發的枝條全部疏去，還要疏去營養枝上所有的花蕾，縮小枝條生長角度，促進營養生長，培養其為強壯的預備結果枝，並及時剪除老枝、病枝、弱枝等。

第六節　花果管理

一、間種與人工授粉

種植火龍果時，要間種10％左右的白肉類型的火龍果。品種之間相互授粉，可以明顯提高結實率。若遇陰雨天氣，要進行人工授粉。授粉可在傍晚花開或清晨花尚未閉合前，用毛筆直接將花粉塗到雌花柱頭上。

授粉不一定要在晚上進行，早晨還是有較多花粉的。

二、疏花蕾

火龍果花期長，開花能力強，5～10月均會開花，每枝平均每個花季會著生花蕾2.7朵。授粉受精正常後，可剪除已凋謝的花朵。當幼果橫徑達2 cm左右時開始疏果，每枝留一個發育飽滿、顏色鮮綠、無損傷、非畸形，又有一定生長空間的幼果，其餘的疏去，以集中養分，促進果實生長。

三、摘除花筒

火龍果在花謝以後要及時摘除花筒，否則會降低火龍果的產量和品質。花筒不及時摘除，容易造成花皮果，影響果實的品質；還容易發生果腐病，影響火龍果的產量；容易滋生蟲害，特別是果蠅，對成熟的火龍果影響巨大。花筒一般在花謝後5 d左右摘除適宜，此時花筒發黃、萎蔫，容易脫離，摘除後的花筒要帶出園外集中銷毀。摘除花筒後，要立即全株噴施殺蟲劑和殺菌劑，進行殺菌消毒，防止病蟲害的發生。

四、人工補光促花技術

(一) 材料

根據基地實際核算，每 667 m² 大概需要 160 個 LED 燈，防水燈頭線、鍍鋅鋼線約 200 m，2.6 m 長的鍍鋅鋼管柱子約 50 根。

(二) 燈具懸掛方法

沿火龍果種植行向，在種植行中間，每隔 4 m 立 1 個柱子，柱子入土深 50 cm，柱子比火龍果植株高 60 cm；在柱子頂部拉 1 條鍍鋅鋼線，固定在種植行兩端；將電纜支線固定在鍍鋅鋼線上，燈具等距離分布，電纜支線上每隔 1.5 m 左右掛 1 盞 15W LED 黃色節能補光燈，補光燈離植株高度約為 60 cm，燈具安裝以「品」字形交叉光源排列，補光效果最好。配戶外防雨燈頭和數控開關，統一控制。

(三) 補光方法

1. 提前補充肥料

控制前批花果量，提前讓樹體儲備足夠多的營養，讓枝條得到足夠長的時間休息，這樣才具備萌發出較大花量的條件。在對果園進行補光之前後 20 d 左右，需要調節施肥配比，加強水肥供應。補光前後各追施 1 次有機肥，有機肥最好採用經堆漚、發酵後的羊糞、牛糞等，每株 5 kg 左右，直接覆蓋在種植壟上，之後的水肥以高鉀的複合肥為主；或者每株施複合肥（17－17－17）1~1.5 kg。天氣乾旱時每 3~4 d 澆水 1 次，為促花做好有利的水肥供應，為後期補光促花打下堅實基礎。由於火龍果的根系主要分布在表土層，所以施肥時應採用撒施法，避免開溝深施，以免傷根。

2. 補光時間

誘導火龍果成花需要同時滿足溫度與光照條件，二者缺一不可，溫度低於 15 ℃或光照少於 12 h 都很難成花。一般當地氣溫在 15 ℃以上、日照短於 12 h 就可以進行補光，即在進入秋分後至翌

年春分前進行補光。若補光時間太短會導致成花數量少，補光時間太長則耗電量大、投入成本高。因此，催晚花者最遲應在霜降前開燈，由於低溫影響人工補光效果，連續 10～15 d 補光時段氣溫低於 15 ℃時停止補光；催早花者應於當地補光時間段氣溫回升到 15 ℃以上時開燈，氣溫低於 15 ℃開燈也不會提早成花。一般每天每次補光 4～5 h，補光時間可在每晚 19：00～24：00。連續補光時間根據成花及產果期情況而定，如果補光時段氣溫較高，補光時間可適當縮短。

（四）促花後的管理

1. 壯花壯果肥

每株施生物菌肥 0.5～1 kg、複合肥（17-17-17）0.5 kg，目的是壯花、促進果實增大、提高果實品質。

2. 葉面追肥

花蕾期、果實發育期噴施 3～5 次葉面肥，常用葉面肥有磷酸二氫鉀、核苷酸等，噴施濃度依據產品推薦施用量。

第七節　病蟲害防治

一、主要病害

（一）炭疽病

1. 症狀

該病可發生在莖稈及果實上，初感染時，病斑為鏽色，後期凹陷小斑逐漸形成不規則斑，相互連接成片，逐漸變為黃色或白色，表皮組織略鬆弛，病斑上出現黑色細點，並突起於莖表皮。果實成熟後期轉色後才會被感染，一旦果實受感染會呈現水漬狀淡褐色凹陷病斑，病斑會擴大並相互連接。

2. 防治方法

發病初期開始噴藥，每隔 7 d 噴藥 1 次，連續 2～3 次。藥劑可選用 70％甲基硫菌靈可濕性粉劑 600 倍液，或 50％咪鮮胺錳鹽可濕性粉劑 2 000 倍液，或 10％苯醚甲環唑水分散粒劑 1 500 倍液，或 5％中生菌素可濕性粉劑 1 200 倍液，或 25％丙環唑乳油 3 000 倍液。

(二) 黑斑病

1. 症狀

植株稜邊上形成灰白色的不規則病斑，上生許多小黑點，病斑凹陷，並逐漸乾枯，最終形成缺口或孔洞，多發生於中下部莖節。

2. 防治方法

發病前，可用 80％代森錳鋅可濕性粉劑 1 000 倍液進行葉片保護。發病初期，藥劑可選用 70％甲基硫菌靈可濕性粉劑 600 倍液，或 50％咪鮮胺錳鹽可濕性粉劑 2 000 倍液，或 10％苯醚甲環唑水分散粒劑 1 500 倍液，每隔 7 d 噴藥一次，連續 2～3 次。

(三) 細菌性軟腐病

1. 症狀

病斑初期呈浸潤狀，半透明，後期病部呈水漬狀，黏滑軟腐，有腥臭味，並且蔓延至整個莖節，最後只剩莖中心的木質部未感染。

2. 防治方法

藥劑可選用 12％中生菌素可濕性粉劑 2 000 倍液，或 53.8％氫氧化銅乾懸浮劑 1 500 倍液，或 2％春雷黴素水劑 800 倍液，每隔 7 d 噴藥一次，連續 2～3 次。

(四) 莖腐病

1. 症狀

莖部組織受感染時，組織變褐色、軟化，嚴重崩解潰爛，病斑處凹陷。因此，莖脊常見缺刻狀病症，有時組織潰爛，僅剩中央主要維管束組織。

2. 防治方法

發病初期開始噴藥，藥劑可選用10％苯醚甲環唑水分散粒劑1 500倍液，或20％苯醚·多菌靈懸浮劑800倍液，每隔7 d噴藥一次，連續2～3次。

（五）病毒病

1. 症狀

火龍果肉質莖表皮有褪色斑點，呈淡黃綠色，或為嵌紋及綠島型病斑或環型病斑等，容易受其他菌類感染腐爛。

2. 防治方法

藥劑可選用2％氨基寡糖素水劑1 000倍液，或30％毒氟磷可濕性粉劑1 000倍液，或50％氯溴異氰尿酸可溶粉劑1 000～1 500倍液，植株噴霧防治。同時使用啶蟲脒、吡蟲啉等殺蟲劑，殺滅傳播病毒的蚜蟲、薊馬、飛虱等，防止蔓延。

（六）根結線蟲病

1. 症狀

火龍果根結線蟲病會導致根組織變黑腐爛，有的植株根部也會產生球狀根結。線蟲侵入後，細根及粗根各部位產生大小不一的不規則瘤狀物，即根結，其初為黃白色，外表光滑，後呈褐色並破碎腐爛。線蟲寄生後，根系功能受到破壞，使植株地上部分生長衰弱、變黃，影響產量。

2. 防治方法

可選用10％噻唑膦顆粒劑，穴施22.5～30 kg/hm^2，或在定植行兩邊開溝施入。也可用1.8％阿維菌素乳油1 500倍液進行灌根。

二、主要蟲害

（一）同型巴蝸牛

1. 危害特點

初孵幼螺在露水未乾前爬到火龍果嫩枝條危害，受害部位失去

光合作用，同時產生褐色黏液狀物質。熱帶地區夏季高溫高濕，雨量充沛，發生較為普遍。除了火龍果枝條背光處以外，其嫩梢、花和果實均可受到蝸牛的危害。蝸牛取食後火龍果呈凹坑狀，嚴重時影響火龍果生長。

2. 防治方法

大雨過後，在作物周圍撒施石灰粉。幼螺盛發期，均勻撒施6％四聚乙醛顆粒劑9～12 kg/hm^2。

（二）圓盾蚧

1. 危害特點

成蟲、若蟲刺吸枝條和果實的汁液，嚴重者布滿介殼，造成枝條發黃、植株生長勢衰退。

2. 防治方法

在若蟲盛期噴藥，此時大多數若蟲體表尚未分泌蠟質，介殼更未形成，用藥容易殺死。藥劑可選用45％馬拉硫磷乳油1 500倍液，或25％亞胺硫磷乳油1 000倍液，或50％敵敵畏乳油1 000倍液，或2.5％溴氰菊酯乳油3 000倍液等噴霧，每隔7～10 d噴一次藥，連續2～3次。

（三）果實蠅

1. 危害特點

當果實成熟果皮轉紅時，果實蠅成蟲把產卵針刺進將成熟的果實表皮內，卵在果實內孵化為幼蟲，隨後即在果實內蠶食果肉，導致果實腐爛，嚴重影響火龍果的產量和品質。

2. 防治方法

結果期使用實蠅性資訊素誘殺成蟲。發生盛期可噴施30％毒死蜱水乳劑1 000倍液，或用75％滅蠅胺可濕性粉劑2 000倍液進行噴霧防治，隔7 d噴一次，連續2～3次。

第十二章　火龍果

第八節　採　　收

　　火龍果授粉後 30～40 d，果皮開始變紅，有光澤出現時即可採摘。宜適期採摘，過早過遲採摘均有不良影響。過早採摘，果實內營養成分還未能轉化完全，容易影響果實的產量和品質。過遲採摘，則果質變軟，風味變淡，品質下降，不利運輸和儲藏。先熟先採，分期採摘。供儲存的果實可比當地鮮銷果實早採，而當地鮮銷果實和加工用果，可在充分成熟時採摘。

　　火龍果最好在溫度較低的晴天晨露乾後進行採摘。雨露天採摘，果面水分過多，易滋生病蟲，大風大雨後應隔 2～3 d 採摘，若晴天烈日下採摘，則果溫過高，呼吸作用旺盛，很容易降低儲運品質。

　　火龍果採摘時用的果剪，一定要是圓頭的，以免刺傷果實。果筐內應襯墊麻布、紙、草等物，盡量減少果實的機械損傷。採摘時，用果剪從果柄處剪斷，輕放於包裝筐或箱內。此外，採摘時還要盡量保留果梗，帶有果梗的果實在儲藏過程中比不帶果梗的果實重量損失少，其成熟過程慢一些，儲藏壽命也相對長一些，保留果梗可用果剪齊蒂將果柄平剪掉，這樣可避免包裝儲運中果實相互劃傷。

第十三章 百香果

> 　　百香果，學名西番蓮，西番蓮科西番蓮屬，因含眾多水果的香味而冠名。原產安的列斯群島，現廣植於熱帶和副熱帶。百香果為多年生草質藤本，漿果卵圓球形至近圓球形，種子較多。其果汁富含多種對人體有益的元素。葉形奇特，花色鮮豔，四季常青。具有較高的營養價值與觀賞價值。

第一節　品種介紹

　　熱帶地區大面積栽培的百香果品種以台農1號、紫香1號、滿天星、黃金芭樂、欽蜜9號和香蜜百香果為主。

一、台農1號

　　台農1號百香果是紫百香果與黃百香果的雜交品種，抗病性較強。果實圓形，成熟時果皮紫紅色，平均單果重62.8 g，大果達到120 g，果汁呈濃黃色，香味濃烈，酸度2.56％，果汁率33％。果皮較厚耐儲存。生長勢旺盛，可以自花授粉，耐濕、抗病性強。

二、紫香1號

　　紫香1號百香果耐寒性較強。圓形或長圓形，成熟時紫紅

色，果皮稍硬，平均果重約 65 g。果肉橙黃色，酸度低，香氣濃，風味佳，既可鮮食，也可加工果汁，果汁含量 28％左右。耐儲運。

三、滿天星

滿天星百香果成熟時呈現紫紅色或偏紫黃色，表皮布滿白色的斑點，果實較大，單果重達到 100～130 g，耐儲存。果汁率達 35％，果肉多，味香。不耐寒，抗病性很強。

四、黃金芭樂

黃金芭樂百香果成熟時果皮亮黃色，有光澤。果形為圓形，果實大，星狀斑點明顯。單果重 80～100 g。果汁含量高達 40％。甜度高，果肉飽滿，香味濃郁，適合鮮食，是目前最受歡迎的品種。

第二節　壯苗培育

一、實生苗

（一）留種

從抗逆性較強的百香果母樹上，留成熟果實，取種子，洗淨曬乾儲藏。

> **溫馨提示**
>
> 百香果種子不耐儲存，存放時間越久，發芽率越低。

（二）浸種催芽

將百香果種子洗淨後，用常溫水浸泡 1～2 d，撈出瀝乾水分，

用濕紗布或濕毛巾包裹，放於避光、通風處。每天淋水並翻動種子2～3次，7～10 d種子露白，即可播種。

（三）播種

育苗盤、營養袋土、苗床等都可以進行百香果育苗。育苗盤每穴1粒種子，覆土1.5～2 cm厚，澆透水。覆蓋遮陽網進行保濕。苗床育苗，行距30 cm、穴距20 cm，每個種植穴內播2～3粒種子，覆土2 cm左右，苗床澆透水。

（四）苗期管理

出苗前，營養土保持濕潤。種苗出土後，及時去除覆蓋物，苗期保持適當乾旱，並做好防病蟲工作。苗期可噴施2～3次葉面肥，葉面肥為0.2％尿素混合0.15％硫酸鉀溶液或0.2％磷酸二氫鉀溶液。

當百香果幼苗生長60～80 d，莖粗達到0.3～0.5 cm，高度50～60 cm時，即可出圃進行大田定植。百香果實生苗的根系發達，植株長勢旺盛。但是苗期生長速度慢，容易發生變異，當年不易結果。

二、扦插苗

（一）基質準備

基質的透氣性、透水性、養分含量、保水性能等，都會影響扦插成活率和成活苗的品質。河沙、蛭石、珍珠岩、草木灰、田園土、椰糠等都可作為百香果的扦插基質，其中河沙和草木灰較有利於百香果的扦插成活。

（二）插穗處理

選百香果1年生、葉片老熟、粗細適中的健康枝條，剪取2～3個節為一個插穗。一般一個插穗7～10 cm長，太嫩或太粗的枝條扦插成苗率都會降低。插穗處理時注意枝條的形態學上端和下端的區分，確保形態學上端朝上。插穗上部平切，剪口在節上方2～

3 cm 處，1～2 節保留葉片或剪掉葉片的一半。插穗下部平切或斜切，下部節上的葉或芽全部剪除。

（三）扦插

插穗剪好後，用生根劑溶液浸泡 2～3 min，生產上的生根劑溶液可以用生根粉配成 200 mg/L，促生根效果較好。百香果抽穗長度的 1/3～1/2 插到育苗盤或營養杯的基質中，直插或斜插都可以，插後壓實並澆足水，苗床上方覆蓋遮陽網。熱帶地區百香果的扦插可以隨時進行，為提高成苗率，盡量避開高溫乾旱的季節進行。

（四）扦插苗管理

扦插後，苗床保持濕潤，控制溫度 20～30 ℃。一定要控制好水分，防止水分過多漚根導致扦插失敗。百香果扦插苗的新葉展開 2～3 片後，適當見光，後期減少澆水次數。

扦插苗可以保持母本性狀，不易產生變異。扦插育苗繁殖速度快，培育成本較低，但扦插苗根系弱，抗病和抗旱性差，連續結果能力弱。

三、嫁接苗

選取高產、優質的木本枝條作為接穗，抗病毒品種的實生苗作為砧木，透過嫁接技術獲得新個體。嫁接苗具有抗病、抗旱、耐低溫，幼年期短，上棚、開花速度較早，高產等優勢。與扦插苗相比，嫁接苗需要耗費較大的人力和物力成本，價格較高。

（一）砧木選取

選擇抗病性強的百香果品種，培育實生苗。選長勢好、八葉一心、莖粗 0.2 cm 以上的苗作為砧木。嫁接前一天淋足水，苗高達到 25 cm 截頂後進行嫁接。

（二）接穗選擇

工作人員、場所及所用工具都要做好消毒工作，一般採用

75％的酒精消毒，避免嫁接傷口被菌類感染。剪取當年生綠色未木質化、芽點飽滿、葉色濃綠、無病葉的百香果枝條。選取頂芽2～3節以下，基部2～3節以上之間的百香果枝條保留葉片，每個葉片剪去2/3的葉面積。

（三）接穗處理

將接穗剪成4～5 cm的莖段，每個莖段有1個芽點，莖段上端離芽點1 cm左右。莖段下端離芽點3～4 cm，削去莖段下端兩側的表皮，長度為1.5～2 cm。選擇粗度和砧木粗度相近的健康接條作為接穗。

（四）嫁接

在砧木頂芽以下兩片葉子處進行平截，留下6片葉子，在平截處沿主幹中心向下劈開1.5～2 cm的V形切口，將削去表皮的插穗莖段下端插入砧木切口，使砧木切口與莖段下端形成層對齊後，用嫁接膜纏繞綁緊砧木與插穗。

> **溫馨提示**
>
> 嫁接過程最好在陰涼、避風的環境中進行，嫁接後覆蓋塑膠薄膜保濕，並覆蓋遮陽網遮光。

（五）嫁接後管理

嫁接後3 d內，要保證相對濕度在90％以上，3 d後濕度逐漸降低。不澆水施肥。嫁接成活後，進行常規水肥管理，剪除砧木上的非嫁接苗部分的萌芽。嫁接苗的新梢長5 cm以上可移栽。

百香果壯苗的標準：葉色濃綠，根系發達，無病蟲害；其中實生苗株高10～15 cm，嫁接苗和扦插苗株高25～30 cm，新生葉片展開4～5張，新苗莖稈粗壯；嫁接苗的嫁接口癒合好，無開裂。

第十三章　百香果

第三節　建　園

一、選地

百香果適應性強，對土壤要求不高。可種植在沙壤土、紅壤土、高嶺土等多種類型的土壤上，坡地、山地或能排灌的平地、水田都可以，不能選擇低窪積水地建園。

二、種植方式

百香果的種植方式有平棚式、籬笆式、垂簾式、雙垂簾式、人字架式、門架式、盆栽等。地勢坡度大、起伏不平且石塊等障礙物多，多選用棚架式。棚架多採用水泥桿、鋼管等材料做立柱。不同的搭架種植方式，密度差異較大。如平棚式種植百香果的密度為 1 500～2 250 株/hm²，雙垂簾式可以密植為 6 000 株左右/hm²。

> **溫馨提示**
>
> 栽植的行向，小於 10°的坡地栽植行向以南北行向為宜，大於或等於 10°的坡地等高栽植。

三、架式搭建

百香果園的搭架材料可以選擇水泥柱、石柱、防腐木條、竹竿等。水泥柱的截面為 8 cm×8 cm 左右，架設一條 1 cm 鋼筋或兩條 6 mm 鋼筋，高度 2.5 m 左右。水泥柱架設的密度有 4 m×4 m、4 m×3.5 m、3.5 m×3.5 m 等，每畝水泥柱 55～80 個。水泥柱的埋地深度一般為 40～50 cm。栽培架上供百香果植株攀緣的網，可以用布條、鐵絲等拉成，也可以用定製的專用栽培網。如主線用鋁

包鋼線，中間用鍍鋅線，網格寬度根據個人要求調節，生產中多用 80 cm×80 cm。也有不少人用熱鍍鋅管或鋼管＋塑鋼線，方便日後回收。

（一）「人」字形架搭建

「人」字形架選用竹竿等做立柱，竹竿長度為 2.6～2.8 m，架高 2.2 m，竹竿底部間距 2 m，「人」字形架間隔 1 m，「人」字形架行距 3 m。

（二）籬架搭建

籬架選用水泥柱等做立柱，立柱長度 2.6～2.8 m，立柱行距 1.5～2 m，立柱間距 3～4 m。籬架分 3 層，第一層離地面 80 cm，第二層與第一層、第三層與第二層間距 50 cm，籬面可選用布條、鐵絲綁拉。

（三）門架搭建

門架選用水泥桿或竹竿等，立桿長度 1.8～2 m，架面高度為 1.4～1.6 m，門內桿距 2 m，門行距 1 m，門間距 3 m，門架頂端用竹竿橫拉。

（四）棚架搭建

棚架選用水泥桿、鋼管等，立桿長度 2.6～2.8 m，棚高 1.8～2 m，桿間隔 4 m，桿行間距 3 m，棚面選用布條、鐵絲等均勻拉成網狀。

四、栽苗

百香果的栽植穴規格一般為 60 cm×60 cm×60 cm，提前挖好。每穴用表土和有機肥 20 kg、鈣鎂磷肥 0.5 kg 混勻回穴 2/3，再用複合微生物肥料 0.5 kg 與心土混勻回穴，並使穴土高出地表約 20 cm。栽植時，在穴中挖 20 cm 深的小坑，將百香果苗從營養杯中取出，將主根垂直放入坑內，舒展根系，邊填土邊輕輕向上提苗，扶正、壓實，使根系與土壤緊密接觸。填土後，在樹苗周圍理

出樹盤，淋透定根水。

第四節　水肥管理

一、水分管理

百香果是淺根系植物，喜濕潤環境，既忌積水又怕乾旱。百香果的枝葉生長量大，需要的水分較多。其中新梢萌發期，花芽分化以及果實迅速膨大期是需水關鍵時期，需保持土壤濕潤。百香果花芽生理分化前及果實生長後期需要相對乾燥的環境，有利於提高果實品質。

> **溫馨提示**
>
> 百香果生長期間，長時間乾旱缺水會減少全蔓的伸展長度，導致花少、果小，影響產量和品質。多雨季節或果園積水應及時排水。

二、肥料管理

（一）幼苗期施肥

百香果幼苗期的管理目標是下足基肥，壯根提苗。栽苗時，每株百香果混土埋施基肥。苗木定植成活後至新芽抽出開始追肥，每株百香果兌水淋 0.4% 磷酸二銨或者尿素 0.2 kg，每隔 7 d 施 1 次，連續施 3 次。苗高 60～80 cm 時，每株施複合肥（15-15-15）0.1 kg。施肥方式為水肥或距植株 25 cm 淺溝施，溝寬 18～20 cm，深 12～15 cm。百香果植株上架後，每株施複合肥（15-15-15）0.15 kg，施肥方式為水肥或距植株 50 cm 溝施，溝寬 18～20 cm，深 20～30 cm。百香果幼苗生長期間，視生長情況，葉面噴施海藻肥等葉面肥，及時補充營養。

（二）結果樹施肥

1. 促花肥

百香果爬滿架後，距百香果主幹 40～50 cm，挖施肥穴，穴寬 30～35 cm，深 20～25 cm。每株埋施複合肥（15-15-15）0.25 kg。花蕾期噴施 0.2%～0.3% 硼酸 900 kg/hm^2，促進花器官發育。

2. 壯果肥

百香果謝花後至幼果期，每株每次施 0.25 kg 複合肥（15-15-15）+0.1 kg 鉀肥，每月施用 1 次。採用穴施，穴寬 30～35 cm，深 20～25 cm。百香果果實快速生長期，根據實際有效成分含量進行稀釋後，葉面噴施磷酸二氫鉀、微量元素水溶肥、糖醇鈣、硝鈉·胺鮮酯等混合液。百香果膨果著色時則應充分補充鉀、鈣等元素。如幼果期噴施 0.2% 硼酸＋0.3% 磷酸二氫鉀 900 kg/hm^2，利於百香果幼果穩果和增加甜度，有效提高百香果的產量和品質。

3. 萌芽肥

百香果採果後，及時挖寬 30～35 cm、深 25～30 cm 的施肥溝，每株埋施農家肥 20 kg，或每株撒施複合肥（15-15-15）0.15 kg、硝酸銨鈣 0.1 kg 和中量元素肥 0.05 kg，有利於剪枝後，促根系生長和新梢抽生。

第五節　整形修剪

一、幼樹的整形修剪

（一）幼樹整形

百香果苗的主蔓長到 40～50 cm，插支柱引主蔓上架。田間管理時，及時抹掉 60 cm 以下腋芽，促進主蔓生長。

1. 垂簾式整形修剪

垂簾式種植百香果，主蔓長到立柱頂時，摘心留 2 條二級蔓。主蔓上 60 cm 以下的分枝及葉片全部抹除掉。每條二級蔓留 5～6 條三級蔓，均勻分布。相鄰兩株百香果的二級蔓滿架後，對超出另 1 株 30 cm 處，斷頂並綁紮，利於抽發三級蔓。三級蔓作為主要結果枝，垂下來，頂層接下層或下層接地，進行斷截，並做好水肥管理工作以促旺長。

2. 籬架和「人」字形架整形修剪

籬架和「人」字形架種植百香果，百香果主幹高 70 cm，主蔓上留 3 條作為二級蔓。二級蔓長 0.6～0.8 m 短截，留 2～3 條作為三級蔓，三級蔓長至 1～1.2 m 後短截。

3. 棚架整形修剪

棚架種植百香果，主蔓高 1.6～1.8 m，主蔓上留 3 條作為二級蔓，二級蔓長至 0.6～0.8 m 後短截，留 3～4 條作為三級蔓，三級蔓定長 1～1.2 m 短截。

（二）幼樹修剪

百香果達到定幹高度時，摘心；二、三級蔓達到規定長度時，摘心。二級蔓上每隔 20～25 cm 留 1 條三級蔓，三級蔓作為結果母枝。

二、結果樹的修剪

採果後疏枝。當每條三級蔓上的最後一個果摘完時，把這條三級蔓留 1～2 個節，其餘剪掉。讓第 2 批次的三級蔓結果，這樣每年可有 2～3 批次的三級蔓結果枝。適當疏除過密的二、三級蔓及下垂的細弱枝。

採果後儘早修剪。修剪過晚，新梢變小、變短。百香果忌重剪，過度修剪會降低產量，使主蔓枯萎，嚴重時整株死亡。

百香果生長期間，還要及時摘除老葉、過密葉片，修剪多餘的不

結果枝、病蟲枝、老弱枝等，避免營養被過多吸收。休眠季修剪枯枝。

第六節　花果管理

一、授粉

(一) 自花授粉

百香果的花朵外圍有一圈紫色的須條，色彩鮮豔，會吸引許多昆蟲，而且還能接住雄花掉下來的花粉，這樣它自己就能完成授粉過程，或者透過招來的昆蟲採蜜採花粉後從這裡經過也會把花粉留在上面，等花包起來的時候剛好靠在柱頭上。

(二) 輔助授粉

百香果可以進行自花授粉，但設施內或部分百香果品種自花授粉的成功率不高，通常藉助人工輔助授粉或蜜蜂授粉。

1. 人工授粉

人工輔助授粉最好在 9:00～11:00。授粉時用棉花棒、毛筆或是紙巾蘸取雄蕊的花粉，然後塗到雌蕊的柱頭上，3個雌蕊都塗一遍。授粉成功，3 d 就能長出小果子，半月內就會迅速長大。若授粉失敗，一般 2 d 花就會掉落。

2. 蜜蜂授粉

蜜蜂授粉效率高。蜜蜂進入前後，確保調控設施內溫度在 18～25 ℃，將蜂箱固定在設施內距離地面 50 cm 左右的高度。蜂箱放進後 1～2 d 盡量不要進行田間操作，讓蜜蜂盡快適應新環境，提早進入授粉狀態，也可避免蜜蜂對人造成傷害。

二、疏花

百香果進入花期，要及時疏除病害感染、蟲害損傷、發育不良以及局部過密的花。

三、疏果

百香果的每批花謝花後一個月內，及時疏除病、蟲、畸形的幼果。每條結果蔓留 5～7 個果。

第七節　病蟲害防治

一、主要病害

（一）疫病

1. 症狀

百香果苗受害後，初期在莖、葉上出現水漬狀病斑，病斑迅速擴大，導致葉片脫落或整株死亡。大田病株嫩梢變色枯死，葉片變棕褐色壞死，形成水漬狀大斑，果實也形成灰綠色水漬狀大斑，均極易脫落，病株主蔓可發展形成環繞枝蔓的褐色壞死圈或條狀斑，最後整株枯死。在高溫潮濕天氣，病部生稀疏白霉。

2. 防治方法

高溫多雨季節傳播速度非常快，發現後立即用藥，有效藥劑有甲霜·霜脲氰、甲霜·錳鋅、烯酰嗎啉等。用藥時配上咪鮮胺、吡唑醚菌酯等，同時防治炭疽病、褐腐病。

（二）莖基腐病

1. 症狀

百香果主莖基部軟腐，植株慢性死亡。病部呈水漬狀，後變褐，逐漸向上擴展，可達 30～50 cm，其上莖葉多褪色枯死。病莖基潮濕時可生白黴狀病原菌，莖幹死後有時產生紅橙色的病原菌。該病的發生常與莖基部受傷有關。

2. 防治方法

每 20 d 用敵克松或咯菌腈＋高錳酸鉀灌一次預防。巡園時發

現葉片發黃或出現凋萎現象，要及時檢查莖部和根部。發病初期扒開莖基部土壤，刮除病部，用甲霜·噁霉靈、絡氨銅、氯溴異氰尿酸、噁霉靈·福美雙等灌根及塗抹病部。

（三）花葉病毒病

1. 症狀

百香果受害葉片呈花葉狀，帶淺黃色斑，葉片皺縮，果縮小、畸形，果皮變厚變硬，果肉少。這種病在冷涼乾燥季節發病較多。

2. 防治方法

噴施鹽酸嗎啉胍＋海精靈生物刺激劑葉面型暫時緩解病情，待收果後再集中噴藥消毒。防治蚜蟲、粉虱、蟎害等傳毒媒介。

（四）炭疽病

1. 症狀

炭疽病初發生在百香果的葉緣，產生半圓形或近圓形病斑，邊緣深褐色，中央淺褐色，多個病斑融合成大的斑塊，上生黑色小粒點，即病原菌分生孢子盤。發病重的葉片枯死或脫落。

2. 防治方法

高溫多雨期，及時用藥保護。有效藥劑包括嘧菌酯、咪鮮胺、咪鮮胺錳鹽、丙森鋅、代森錳鋅、苯醚甲環唑等及其複配藥劑。

（五）褐腐病

1. 症狀

褐腐病主要危害百香果的果實，幼果受害初期出現水漬狀淡黑色病斑，後出現不規則黑色病斑，受害果面不凹陷。果實未成熟時提前落果。

2. 防治方法

發病初期可用咪鮮胺＋吡唑醚菌酯等防控。

（六）灰黴病

1. 症狀

灰黴病主要危害百香果的花器、枝梢和葉片。發病初期，花瓣

和柱頭呈褐色水漬狀斑點，後逐漸向萼片和花柄蔓延，導致花朵成喇叭狀，無力張開。天氣潮濕時，病花腐爛，表面產生灰黴；若天氣乾燥，病花乾枯萎縮，殘留於枝上經久不落。該病屬於氣傳病害，可以隨空氣等進行傳播，低溫高濕時易發病。

2. 防治方法

雨後天晴時，噴施保護性藥劑如代森錳鋅等預防病害的發生。發病初期可選用嘧菌酯、啶酰菌胺、嘧菌環胺、異菌脲、腐霉利等進行防治。

（七）潰瘍病

1. 症狀

潰瘍病主要危害百香果的果實，果面有近圓形的病斑凸起，常有輪紋或螺紋狀，嚴重影響其商品性，帶病斑果實不耐儲藏，品相差。潰瘍病屬於細菌性病害，高溫多雨是重要發病條件，果面有傷口時易暴發。

2. 防治方法

加強害蟎、薊馬、實蠅、蝸牛、潛葉蛾等蟲害的防治，減少果面傷口。大雨前後用藥保護，如氫氧化銅。發病初期可用噻唑鋅、噻菌銅、中生黴素等噴霧防治。

二、主要蟲害

（一）蚜蟲

1. 危害特點

主要危害嫩梢，並傳播病毒。

2. 防治方法

黃板誘殺。化學防治可以採用高效氯氰菊酯或高效氯氟氰菊酯，混合噻蟲嗪、吡蟲啉、呋蟲胺或啶蟲脒等，進行葉面噴灑。

（二）介殼蟲

1. 危害特點

以刺吸式口器危害枝葉，能誘發嚴重的煙煤病。

2. 防治方法

做好清園工作。保護跳小蜂、蚜小蜂等天敵昆蟲。化學防治採用毒死蜱混合噻嗪酮或螺蟲乙酯，進行葉面噴灑。

（三）蟎

1. 危害特點

主要危害葉片和果實。

2. 防治方法

高效氯氟氰菊酯混合毒死蜱，進行葉面噴灑。

（四）果實蠅

1. 危害特點

成蟲產卵於果實的表皮，使果實的表面隆起，卵孵化後幼蟲在果實內蛀食，影響果實的商品價值。

2. 防治方法

主要採用物理防治方法，如掛黃板、用糖醋誘殺都是經常使用的方法。還可採用生物防治，如用性誘殺劑誘殺。

（五）薊馬

1. 危害特點

危害嫩梢、花期、幼果，影響果品。

2. 防治方法

懸掛藍板誘殺。可在開花前用藥防治，如用高效氯氰菊酯或高效氯氟氰菊酯混合噻蟲嗪或吡蟲啉等，進行葉面噴灑。

第八節 採 收

百香果的採收期以果實充分成熟、香氣濃郁時為宜。一般在開花後 60～80 d，果實顏色開始由綠轉變成品種固有顏色紫或黃且有香味時採收。有些果實成熟後掉落在地上，可以撿拾。樹上

果皮綠色的未熟果不宜採收。未熟果經催熟後，酸度高，香味也會降低。

百香果採收應該選擇在晴天早晨為宜，盡量不要在高溫時採果，雨天或雨剛停忌採，否則會增加傷口，使果實腐爛，主蔓染病。採果時要輕拿輕放，保護葉片，盡可能避免機械損傷。

採摘下來的百香果運送包裝場或果園陰涼通風處就地整理，嚴格剔除病蟲危害果和傷果，之後根據市場需要進行包裝。包裝可以用襯有塑膠薄膜的紙板箱、木箱或竹籮等，在堆積待運及運輸中要注意保濕。

第十四章　番木瓜

> 　　番木瓜又稱木瓜、乳瓜，屬番木瓜科番木瓜屬，為熱帶、副熱帶常綠多年生草本植物，原產於墨西哥及美洲中部地區。番木瓜的莖不分枝或有時於損傷處分枝，具螺旋狀排列的托葉痕。花果期全年，果實長於樹上，外形象瓜，產量高、營養豐富，富含維他命類，未熟果實含木瓜蛋白酶，果肉可做食品或飼料，熟果可鮮食，可加工等，在醫學、化工、食品、飼料上都有廣泛的應用。
> 　　番木瓜喜高溫多濕熱帶氣候，不耐寒，生長適宜溫度為25～32℃，氣溫10℃左右生長趨向緩慢，5℃幼嫩器官開始出現凍害。根系較淺，忌大風，忌積水。對土壤適應性較強，酸性至中性的丘陵、山地都能正常生長，但以疏鬆肥沃的沙質壤土或壤土生長為好。在中國，番木瓜主要分布於廣東、海南、廣西、雲南、福建等地。

第一節　品種介紹

　　海南省先後種植過嶺南番木瓜、泰國番木瓜和馬來西亞番木瓜等品種，由於抗病性和外觀、品質等原因，這些番木瓜逐漸被淘汰。目前，海南栽培的主要品種如下：

一、穗中紅

廣州市果樹科學研究所培育的大果型品種，特點是早熟、豐產、優質。果實色澤豔麗，味清甜，是鮮食、菜用的優良品種。株型矮化，莖稈灰綠；葉略小，缺刻多。在海南4～8月開花時，果實成熟期120～150 d；而10月開花則需6個月以上才能採收。穗中紅花性較穩定，高產穩產，平均單果重約1.2 kg，果形美觀，兩性株果長圓形，雌性株果橢圓形，果肉橙黃、質滑、味清甜，可溶性固形物含量11.5%～12.5%。不抗環斑花葉病。

二、日升

臺灣選育的優質小果型系列品種，特點是結果早，結果能力強，果形美觀，果實大小較一致，果皮光滑，果溝不明顯，畸形果少，雌果近球形，兩性果實長圓形。一般在定植後7～9個月可採收，平均單果重500～700 g，果肉紅色豔麗，可溶性固形物含量12%～14%，品質優，風味極佳。植株矮壯，較抗環斑花葉病。

三、台農2號

由臺灣選育的中果型優良品種。該品種生長勢強，早生，植株較小，結果早，產量高。在海南種植，從播種至開花7～9個月，產量較高，株年產量32.6 kg，平均單果重1.1 kg。雌果橢圓形，兩性果長橢圓形，果形平整美觀，果面光滑，成熟後果皮橙紅色，果肉紅色多汁，可溶性固形物含量11%～12%，果味清爽。較抗花葉病。

四、華抗2號

華抗2號番木瓜是華南農業大學和廣州市番禺區種子公司共同選育的高抗番木瓜環斑花葉病，高產、高酶的雜交一代組培新品種。植株矮生，抗風力強，葉柄紫紅色，葉色濃綠，早蕾早花，著

果率高，果卵形，單果重 1.5～2.0 kg，肉色橙黃，味甜，可溶性固形物含量 11%，年畝產 7 000 kg 以上。

五、穗優 2 號

穗優 2 號是廣州市番禺區種子公司選育的雜交一代小果型組培品種。該品種抗病、優質、早收穫。高抗番木瓜環斑花葉病，全為兩性株，在高溫期花性趨雄程度較輕，著果穩定，果倒卵形。單果重 0.5～0.8 kg，成熟後果皮黃色，果肉紅色，肉質嫩滑，味甜清香，可溶性固形物含量 13% 以上。產量較高，單株年產果可達 80～90 個，產量穩定。

六、嶺南種

引自夏威夷，在海南有較長的栽培歷史，特點是植株較矮，早結豐產，兩性株果實較長，肉厚，果肉橙黃色，味甜，含可溶性固形物約 11%，有桂花香味。耐濕性較強。其中又選出嶺南 5 號和嶺南 6 號。嶺南 5 號果較小，平均單果重 1 kg 左右，果較圓。嶺南 6 號果較大，平均單果重 2～3 kg，果實長圓形。

七、穗黃

穗黃番木瓜是 2002 年廣州市番禺區種子公司選育出來的中果型番木瓜組培新品種。該品種高抗環斑花葉病，全為長圓形兩性株，在高溫期花性趨雄程度較輕，著果穩定，果紡錘形或倒卵形。單果重 0.8～1.3 kg，果肉黃色，肉質嫩滑，味甜清香，可溶性固形物含量 13%～15% 及以上。高抗環斑花葉病，單株產果 50～60 個，果菜兼用型。

八、中白

中白番木瓜是海南選育，植株偏矮粗壯，抗颱風，抗病毒，結

果能力強，著果率高，單株果數 80 多個，單果重 0.4～1.0 kg，果皮黃紅色、光滑美觀，果肉橙黃色、肉厚、汁多、肉質細膩嫩滑、氣味清醇芳香。平均畝產 6 000 kg 以上。

九、紅日 2 號

紅日 2 號番木瓜由廣州市果樹科學研究所選育，株型矮壯，結果早。始果高約 56 cm，兩性果呈長橢圓形，連續著果力強，單果重約 700 g，單株產量 19 kg 左右，豐產穩產，品質優，環斑型花葉病毒病發病較輕。

十、美中紅

美中紅番木瓜為廣州市果樹科學研究所選育的小果型紅肉品種。植株較粗壯，兩性果呈紡錘形，肉質嫩滑清甜，品質極佳，單果重約 600 g。適應性較強，較耐花葉病，具早熟豐產性。

第二節　種苗培育

番木瓜育苗目前生產上主要採用實生育苗和組培苗，以下介紹常用的種子實生育苗技術。

一、苗圃地選擇及苗床準備

番木瓜幼苗忌積水，怕霜凍，尤其怕冷濕。因此，育苗地應選擇地勢較高、排灌方便、溫暖、光照充足的地方。番木瓜花葉病毒可透過昆蟲和接觸傳染，故苗地應選擇遠離舊番木瓜園 0.5～1 km 的地方，並與葫蘆科瓜園距離 200 m 以上。

平整土地，清除雜草，用石灰進行消毒後起畦。為了便於防寒等田間管理，畦嚮應東西走向，畦高 20 cm，寬 150 cm 左右，搭

建高 1.8 m 左右的拱形棚，蓋好遮陽網，或搭建網室防蟲、防病。

二、營養土配製及裝袋（杯）

採用營養袋育苗是防止移苗傷根、保證移栽成活的有效措施。海南地區在 10 月底和 11 月上旬播種。催芽後用營養鉢育苗，以保護根系。營養土配方為充分腐熟的農家肥 20％、沙壤土 50％、細沙 30％，混勻後用 70％甲基硫菌靈藥液 5 kg/m^3 淋澆消毒後備用。播種前裝袋（杯），營養袋規格為 12 cm×13 cm，營養杯規格為 9 cm×9 cm。裝滿土要稍加壓實，以防定植時泥土鬆散，影響成活。營養袋（杯）四周填泥土固定和保濕。

三、種子處理及播種育苗

先用清水洗淨種子，然後用 70％甲基硫菌靈 600 倍液浸泡消毒種子 20 min，撈出用清水洗淨，再用磷酸三鈉 1 000 倍液浸泡 30 min，撈起洗乾淨，最後用 4％赤黴素乳油 800 倍和 0.01％天豐素乳油 2 000 倍混合液浸泡 18 h 左右，撈出用紗布包好，放在 33～35 ℃下催芽，催芽過程中注意保持種子濕度，不能過濕或過乾，5～7 d 種子破殼露白後播種。每袋（杯）播 1～2 粒種子，播後蓋一層稻草，澆透水，保濕保溫，最後蓋上遮陽網或塑膠地膜，待種子萌芽後，及時掀開覆蓋物。

四、苗期管理

番木瓜生長的適溫為 16～32 ℃，冬季應做好防寒保溫工作。苗期管理主要包括以下幾點：

1. 搭矮拱棚

搭矮拱棚可防寒或防曬，低溫期育苗要蓋上塑膠薄膜保溫，高溫期育苗要用遮陽網降溫。番木瓜播種 7～15 d 後，幼苗的子葉陸續露出表土，應及時揭去覆蓋物，用竹片搭拱棚，蓋上塑膠薄膜或

遮陽網，以保溫防寒防曬，促進幼苗生長。棚內溫度超過 35 ℃ 或陽光強烈時，10:00 以後把拱棚的薄膜揭開或兩端揭開通風降溫，17:00 左右重新蓋上，並結合加蓋遮陽網調節溫度和光照。

2. 水肥管理

用營養袋（杯）育苗時營養土較少，隨著小苗生長，吸水量增加，營養袋（杯）水分容易乾枯。應保持營養袋（杯）中土壤持水量 70% 左右，營養土表面發白時，應及時澆水，否則會影響小苗生長。當小苗長出 3～4 片真葉時，開始淋施 0.1%～0.3% 複合肥水（$N：P_2O_5：K_2O=15：15：15$），以後每 5～7 d 淋施 1 次，濃度從小到大逐漸增加，但不能超過 0.3%。培育健、矮、壯苗要合理控制水分、養分和溫度，做好控上促下和煉苗。幼苗長出真葉後開始控制水分，促進根系生長，抑制莖、葉節間伸長，土壤不能過濕，以捏之成團為宜；施肥以磷、鉀肥為主，少施或不施氮肥；溫度控制在 30 ℃ 左右，光照充足，以達到葉厚，色綠，苗高度適中，節密，透過營養杯可見發達粗壯的白根。

當苗木長出 5～6 片真葉時，逐漸減少蓋小拱棚的時間，控制肥水，尤其是氮肥，可促使莖稈增粗，葉片長厚，幼苗抗逆性增強。

3. 出圃定植

培育約 90 d，當番木瓜苗高 20 cm、長出 10 片以上真葉時就可出圃定植。出圃時要用竹筐、木箱或堅固紙箱、塑膠箱盛裝，容器內要株株靠緊，單層擺放防止壓傷幼苗。

避免中午陽光強烈時出圃裝運，最好陰天出圃。運輸途中注意遮陽，到達目的地後存放於室內或有遮陰的地方，並盡快定植。

番木瓜優良苗木的標準是矮壯、莖粗、葉片齊全、葉色濃綠、鬚根多、無爛根、無病蟲害。

4. 病蟲害防治

番木瓜苗期主要病蟲害有花葉病、炭疽病、白粉病、根腐病、蚜蟲、紅蜘蛛等。若發現有環斑花葉病的病株要及時清除，以免病

害擴散。幼苗陸續出土後，每週噴 1 次 70％甲基硫菌靈 1 000 倍液，或 50％多菌靈 1 000 倍液，以防感染根腐病、炭疽病。防治白粉病，可噴 40％膠體硫 500～600 倍液 2～3 次。防治蚜蟲用 50％抗蚜威可濕性粉劑 2 000 倍液噴殺 2～3 次。紅蜘蛛較少時，用水沖洗 2～3 次，蟲量較多時，用 1.8％阿維菌素 4 000 倍液噴霧 2 次。

第三節　園地選擇與整地

一、園地選擇

番木瓜怕旱忌澇，對氯化鈉敏感，商業化栽培宜選水、熱資源豐富的壩區，要求土壤疏鬆，土層深厚，富含有機質，避風向陽，排灌方便，地下水位在 50 cm 以下，交通便利，無汙染和惡劣環境，且周邊無舊番木瓜園、無葫蘆科及十字花科的菜園。

二、整地

水田或低窪地，宜採用深溝高畦法以降低地下水位。犁翻園地後充分曬垈，打碎耙平耕作層土壤用石灰進行土壤消毒和調節 pH 5.5～6.7。按畦寬 5 m（包含溝）起畦，畦溝深、寬各 40 cm，雙行種植，並在園地四周挖深、寬各 60 cm 的總排水溝。播前噴除草劑，全面滅草。

第四節　栽　　植

一、栽植時間

海南一年四季均可栽植。其中 3 月上旬至 4 月上旬定植，植後

氣溫逐漸升高，雨量充足，植株生長快。

二、栽植方法

定植的株行距可根據不同品種的樹冠幅度和各地的自然條件來確定：樹冠幅度大的品種種稀一些，幅度小的種密一些。在蔭蔽的平地種稀一些，山地、山坡地種密一些。

株行距為（2.3～2.4）m×2.5 m，每穴雙株，每 667 m² 種植 220～240 株，兩株相距 20～30 cm，現蕾後選留綜合經濟性狀較好的兩性單株，每 667 m² 留 110～120 株。按規劃好的株行距在畦上挖植穴，植穴長、寬、深均為 50 cm。並在定植前 1 週，結合回填，各穴施入與表土充分拌勻的有機肥 10 kg、過磷酸鈣 500 g、硼砂 5～10 g。

栽植時，在穴頂挖深約 15 cm 的小坑，把苗放入坑內，同時將營養袋（杯）除去，不要壓破土團，以免傷根。將苗向畦溝方向傾斜 45°進行斜栽，覆土厚度以略高於苗根頸為宜。回填表土壓實，淋足定根水。然後鋪稻草或地膜等覆蓋保溫保濕，防止土壤板結。

> **溫馨提示**
>
> 10:00 前或 17:00 後或陰天栽植較好。植後每天淋水 1 次，保持土壤濕潤。成活後逐漸減少淋水次數。定植後用敵克松淋澆根 1 次，可有效防治小苗根腐病，提高成活率。

三、補苗

定植後死苗、缺苗要及時補苗。用來補苗的苗齡要與定植的苗一致，且補苗在陰雨天進行較好。移植時帶土團，種植深度與原來一致，移植後淋水，並注意防曬保濕。

第五節　水肥一體化技術

一、微噴灌裝置

番木瓜園每 8～10 hm² 安裝一臺 18 kW 水泵用於抽水，砌一個長、寬、深為 3 m×3 m×1.5 m 的水肥池，安裝一臺 3.5 kW 自吸泵作為肥池的攪拌泵，不間斷攪拌肥池裡的肥料。再安裝一臺 5.5 kW 的管道泵，增加 φ110 m 管道輸送水的速度，從而增加 φ40 mm 噴帶出水量，在管道泵 φ110 mm 出水管中安裝一個三通接頭，在 25 mm 管徑頭上接入軟管。另一頭導入肥池的底部，管道泵在輸送水流中，形成一個負壓，池中的水肥順著軟管進入輸水管中，隨著水流向前運動，水肥自然混合均勻。順著 φ40 mm 噴帶噴水，番木瓜苗四周全部灑滿肥水。

二、施肥原則

番木瓜的施肥原則：苗期勤施薄肥，現蕾期、幼果期、盛果期重施；以農家肥為主，化肥為輔，有機肥和無機肥相結合。生產上多以有機肥為基肥，有機水肥為追肥，化肥為補肥。

三、施肥方法

葉面肥噴施，化肥淺溝施或撒施。一般幼樹用環溝施，溝深 10 cm，寬 15 cm，沿滴水線施後覆土；3 個月大的壯樹，在植株兩側沿滴水線挖淺溝施肥後覆土。施肥時不要灼傷莖、葉。

> **溫馨提示**
>
> 一般乾旱季節兌水澆施，雨季或有噴灌設備的撒施後澆水，效果較好。有機肥中的餅肥或農家肥需腐熟 20 d 後兌水施用。

四、肥料配比

（一）苗期

番木瓜苗期 60 d 內，兩行苗之間增加一條 ϕ40 mm 無孔噴帶，再用 ϕ4 mm 小噴管一頭紮進噴帶內。另一頭引伸到木瓜苗的根部，運送清水、肥水、灌根的藥，採用高塔造粒技術生產的三元複合肥（15 - 15 - 15），縮二脲含量低，對幼苗根系不造成傷害。肥池的肥料濃度按 1：300 配製，攪拌機拌勻後，管道泵把肥水吸進噴帶內，順著噴管流到根的周圍，一次的肥水量 1 kg 左右，視天氣情況每 10 d 一次肥水，20 d 增加一次藝苔素、胺基酸液體肥，可使初期早生快長。

60～120 d 番木瓜幼苗到 70 cm 高，靠小噴管送水和肥的量已經滿足不了番木瓜的生長需求。每行番木瓜苗設一條 ϕ40 mm 三孔噴帶，一般水肥配比，一株番木瓜每次施三元複合肥 0.1 kg 或硫酸鉀鎂肥 0.1～0.15 kg，視天氣情況每 10 d 一次水肥。

（二）開花期

開花期是決定番木瓜產量的重要時期，要加大肥水管理。此時在每棵樹的滴水線四周挖深 10 cm、寬 15 cm 的環溝，追施微生物有機肥 4 kg、硫酸鎂鉀肥 1 kg、複合肥 0.5 kg，蓋土並澆水。

（三）結果期

番木瓜的結果期持續時間長，施肥要掌握好勤、薄、均的原則。一般全部施用水溶性的肥料，每 10 d 施肥一次。最好複合肥、鉀肥、胺基酸液體肥配合施用，保證每個果實得到充分營養，提高單果重。

注意噴水肥時調低噴水高度，盡量不讓肥水濺到果皮，玷汙果皮，造成次果，賣相差。

五、水分管理

番木瓜園規模化生產，採用微噴灌效果較好，可合理供給番木

瓜各生長期所需水分。經常保持土壤濕潤，視土壤含水量，每1～3 d噴1次水，保證在乾旱季節也能供水，避免落花落果。

> **溫馨提示**
>
> 雨季注意及時排水，嚴防積水或過濕引起爛根。可結合中耕除草對畦面進行培土，防止露根現象發生，排除積水隱患。

第六節　植株管理

一、定苗

由於番木瓜株性不夠穩定，兩性株和雌性株比例幾乎各占一半，而果肉較厚的兩性果才是商品果。所以種植番木瓜一般採取每穴種2株，待植株剛現蕾開花時，根據花性可鑑別出兩性株，選留經濟性狀好的兩性株，清除雌株和雄株，缺株的位置及時補植。

目前生產上購買組培苗，一般在出圃前都已經對苗的性別進行了鑑定，可以單株栽植，管理上可省略這一步。

二、矮化植株

人工矮化栽培可促使植株生長矮壯，提高抗風能力，便於疏花疏果、採果等操作。具體做法：在定植時，採用斜植，將苗斜45°種植，植後一個月，株高約30 cm時，進行第1次拉苗矮化，即用綁帶順番木瓜苗斜栽方向套住其莖稈（生長點向下15 cm的位置），朝地面緩慢下拉至離地10 cm高處，用竹竿固定；第2個月植株高50 cm時進行第2次拉苗，經兩次適當拉苗矮化，株型基本固定，形成幹粗、株矮、結果部位低的樹形。

拉苗可使植株基部彎曲，節間短，自然高度降低約50 cm，開花提前，掛果數增多等。

三、除枯葉、摘側芽

番木瓜莖稈被拉彎後易長側芽，側芽會消耗植株養分，抑制開花結果，又妨礙通風透光且易滋生病蟲，要及早抹除。殘存的枯枝敗葉會劃傷果實，引起流乳和病害，也要清除。

四、人工輔助授粉

番木瓜株性和花性均不穩定，自然授粉著果率低，畸形果多，以致影響商品果率和產量。透過人工輔助授粉，可大大提高番木瓜的著果率，增大果實，減少畸形果，從而提高其商品果率和產量。具體做法：在晴天上午 10:00，選取健壯植株上當天開放的兩性花，用鑷子輕輕地取下其上的花藥，放於乾淨的玻璃器皿中，勿傷子房，然後用毛筆蘸一下花藥上已裂開散出的花粉，輕輕地塗在剛開放的雌花或兩性花的柱頭上，人工輔助授粉即完成。

生產上採用組培苗篩選過全為兩性花的植株，可以不進行人工輔助授粉。

五、疏花疏果

番木瓜現蕾開花後，每一個葉腋處均能成花，有的是單花，有的則是數朵花形成花序，要進行人工疏花疏果。每一葉腋僅留1～2朵花，多餘的花及時疏去，避免消耗過多養分。

對病蟲果、畸形果和過密的弱果應及時疏除，每個節位選留1～2個優質果，提高商品果率。

六、防風

番木瓜根淺，莖部中空，大風易將植株連根拔起或攔腰折斷，一般要採取防風措施。透過採取苗期矮化，長高後用竹竿加固，營造防護林，或在大風來臨前割葉等措施減少風害。

第七節　病蟲害防治

番木瓜病害已知的有 40 多種，中國番木瓜產區常發生的病害有 10 多種，其中發生最普遍、危害最嚴重的毀滅性病害是由病毒引起的番木瓜環斑花葉病。從種子消毒到果實採收應遵循「預防為主，綜合防治」的植保方針，減少花葉病、炭疽病、葉斑病、白粉病、霜疫病、瘡痂病、根結線蟲病的發生和危害，及時防治蚜蟲、紅蜘蛛、薊馬、果實蠅、棉鈴蟲、介殼蟲。

一、主要病害

（一）番木瓜環斑花葉病

番木瓜環斑花葉病來勢凶，傳播快，危害大，是毀滅性病害。可透過蚜蟲、摩擦等多種途徑傳播。病毒還可寄留在園地、園周的寄主上，生長期再傳給植株，其發病果實品質極差，失去商品價值。

1. 症狀

植株感病後最初只在頂部葉片背面產生水漬狀圈斑，頂部嫩莖及葉柄上也產生水漬狀斑點，隨後全葉出現花葉症狀，嫩莖及葉柄的水漬狀斑點擴大並連合成水漬狀條紋。老葉極少變形，但新長出的葉片有時畸形。感病果實上產生水漬狀圈斑或同心輪紋圈斑，2～3 個圈斑可互相連合成不規則大病斑。在天氣轉冷時，花葉症狀顯著，病株葉片大多脫落，只剩下頂部黃色幼葉，幼葉變脆而透明、畸形、皺縮。

2. 防治方法

（1）農業防治。目前還沒有完全有效的根治藥物及方法，只能採取農業綜合防治措施。

選擇耐病品種：一般嶺南種較易感病，在病區可改種耐病品種，如穗優、穗黃、日升等。

加強栽培管理：改進栽培管理措施，增強植株抗病能力。選購去毒組培苗，施足基肥，加強水肥管理，補充微量元素，促進植株生長健壯。

及時砍除病株：植株在營養生長期一般抗病性較強，當進入開花結果階段，抗病性減弱，此時田間會陸續出現病株，應注意檢查，發現初發病株應及時砍除，並集中噴藥處理後粉碎漚肥，防止病害擴展蔓延。

防治蚜蟲：全園噴藥殺滅蚜蟲，減少傳毒介體的數量。

（2）藥劑防治。可用10％吡蟲啉可濕性粉劑1 500～2 000倍液與病毒必克或病毒寧、菌克毒克、病毒A、83增抗劑、植病靈乳劑、嗎啉胍等抗病毒藥、增抗劑混用。在蚜蟲遷飛高峰期，特別是乾旱季節及時檢查噴藥，注意清除果園周圍蚜蟲喜歡棲息的雜草。

（二）番木瓜炭疽病

1. 症狀

番木瓜炭疽病可全年危害番木瓜，發生率較高，在高濕環境發病較嚴重，果實儲藏期還可繼續危害。被害果面先出現黃色或暗褐色水漬狀小斑點，而後逐漸擴大，病斑中間凹陷，四周出現輪紋狀，變黑。葉片上病斑多發於葉尖、葉緣，出現褐色不規則小黑點，逐漸乾枯，有的病斑擴大，有輪紋，葉柄上出現輪紋下凹病斑，後變為小黑點。

2. 防治方法

及時清園，噴藥消毒或深埋病葉、病果，在高濕季節發病初期，可用50％代森錳鋅可濕性粉劑300倍液，或40％滅病威懸浮劑500倍液，或75％百菌清可濕性粉劑800倍液，或70％甲基硫菌靈可濕性粉劑800倍液噴霧防治，每5～7 d噴藥1次。

（三）番木瓜霜疫病

1. 症狀

葉斑褐色，呈不規則水漬狀，莖稈呈深褐色，水漬狀腐爛，葉片發黃，果上開始呈不規則褐色水漬狀斑，擴大至整個果實而軟腐。

2. 防治方法

用70%甲霜・錳鋅600倍液或70%乙膦鋁・錳鋅800倍液防治效果較好。

（四）番木瓜疫病

1. 症狀

主要危害番木瓜果實，常在果實蒂部首先發病。病部水漬狀，淡褐色，病健交界處無明顯的邊緣。天氣潮濕時，果實很快腐爛，病部上面著生有稀疏的白色霉層，為病菌的孢子囊梗及孢子囊。尚未發現根、莖基、葉片被害。

2. 防治方法

以藥劑防治為主。當病害出現後，應立即噴藥。每隔10～15 d噴藥1次，噴藥次數要根據天氣及病情而定。有效藥劑有：58%瑞毒・錳鋅可濕性粉劑600倍液，或65%代森鋅可濕性粉劑500倍液，或25%甲霜靈可濕性粉劑800倍液，或90%乙膦鋁可濕性粉劑500倍液，或1%波爾多液。此外，要及時清除田間的病果及病苗。

（五）番木瓜白粉病

多在溫暖潮濕季節發病，11月至翌年1～2月為發病高峰期。

1. 症狀

葉片正面和背面有白色黴狀斑，病斑無明顯邊界，黴斑逐漸擴展，顏色加深成粉狀斑，嚴重時病斑布滿整張葉片，呈淡黃色，甚至乾枯脫落。

2. 防治方法

發病初期，每7～14 d噴藥1次，連噴2次。可選用12.5%腈菌唑乳油3 000倍液，或80%戊唑醇可濕性粉劑6 000倍液，或

20％三唑酮可濕性粉劑2 000倍液，進行噴霧防治。

（六）番木瓜瘡痂病

1. 症狀

受害部多位於葉背面的葉脈附近，初為白色，後變黃色至灰褐色，圓形或橢圓形，逐漸變厚呈瘡痂狀，表面組織木栓化，與此相對應的葉正面呈不規則的黃斑，後轉大塊黃褐斑，葉片略皺縮。果面病斑與葉斑相似，但斑面略凹陷粗糙。

2. 防治方法

結合炭疽病防治，選用25％咪鮮胺500～1 000倍液，或50％多菌靈1 000～1 500倍液進行防治，效果較好。

（七）番木瓜黑腐病

1. 症狀

主要危害果實，形成圓形至橢圓形或不規則的褐色、稍凹陷的病斑，上生灰色至黑色黴狀物。病斑有時也生在葉片上，圓形至不規則，也生灰色至黑色黴狀物。

2. 防治方法

及時清園，集中噴藥消毒或深埋病葉、病果。在病害高發季節，用10％苯醚甲環唑水分散粒劑2 000倍液或50％多菌靈可濕性粉劑600倍液噴霧預防，始發時用70％代森錳鋅可濕性粉劑500倍液，或40％氟矽唑乳油8 000倍液噴霧防治。

（八）番木瓜根腐病

1. 症狀

主要危害根莖部，育苗期和剛定植不久的小苗較容易感病。特別是苗地及栽培地塊過於潮濕或排水不良造成積水，土壤黏性大更易感染此病。植株發病初在莖基部呈水漬狀，後變褐腐爛，葉片枯萎，植株枯死，根變褐壞死。

2. 防治方法

深挖排水溝，降低地下水位，及時排水；用敵百蟲、甲基硫菌

靈、多菌靈加生長調節劑愛多收、萘乙酸等混合液灌根；噴葉面肥改善營養。

（九）番木瓜莖腐病

1. 症狀

番木瓜莖腐病是近年發生的一種病害，以沙土為重。感病後，莖部產生水漬斑，並流出白色膠水狀物，後組織消解縊縮折倒、萎縮，濕度大時病部產生棉絮狀菌絲。

2. 防治方法

種植時植株基部不能埋過深；藥物防治同霜疫病，注意用藥水澆基部。

（十）番木瓜瘤腫病

1. 症狀

這是一種生理性病害。病株葉片變小，葉柄縮短，幼葉葉尖變褐枯死，葉片捲曲脫落，花常枯死。果實很小時就大量脫落。在嫩葉、花、莖和果面上均有乳汁流出，並在流出部位有白色乾結物。沒有潰爛的果實有瘤狀凸起，凹凸不平，瘤腫處的細胞硬化，有脂肪沉澱物，嚴重的瘤果種子退化敗育，幼嫩白色種子變褐色壞死。

2. 防治方法

補充硼元素可防治。土壤施硼砂，分 2～3 次施，每次株施 5～10 g。葉面噴 0.25％硼酸溶液，每月噴 1 次。

二、主要蟲害

番木瓜蟲害主要有蚜蟲、紅蜘蛛和介殼蟲等，全年均可發生，溫暖乾旱季節發生嚴重，在開花結果期也有果實蠅、薊馬、棉鈴蟲等危害。應以農業防治為主，結合使用生物、物理和化學藥劑防治。

（一）紅蜘蛛

1. 危害特點

紅蜘蛛主要活動於番木瓜的葉片背面，吸取汁液。每年達 20 多

代，抗藥性較高，在植株老葉和含氮量高的葉片繁殖快、危害重。

2. 防治方法

及時清除老葉，科學用肥。藥劑選用1.8％阿維菌素乳油3 000倍液，或20％噠蟎靈懸浮劑1 500倍液，或40％炔蟎特乳油1 500倍液等。主要噴葉背，藥物要交替使用。噴撒硫黃粉可抑制其生長。

（二）蚜蟲

1. 危害特點

蚜蟲的成蟲、若蟲均吸食嫩芽幼葉的汁液，致使新葉皺縮、扭曲，其排出的蜜露可引起煤煙病；而更為嚴重的是可以傳播番木瓜環斑花葉病毒病。番木瓜環斑花葉病的病原病毒隨著汁液吸入蚜蟲體內，使蚜蟲成為帶毒蚜蟲，當帶毒蚜蟲再去吸食健康植株時，便把病毒傳播給健康植株。其傳播病毒病所造成的損失，遠比自身直接危害嚴重得多。

2. 防治方法

蚜蟲對黃色具有強烈的正趨性，掛黃色誘蚜板進行種群數量測報或誘殺。化學防治可用10％吡蟲啉可濕性粉劑1 500倍液，或50％抗蚜威可濕性粉劑2 000倍液，或50％馬拉硫磷乳油1 500倍液等進行噴殺。

（三）番木瓜圓蚧

1. 危害特點

番木瓜圓蚧屬同翅目盾蚧科。以成蟲、若蟲刺吸番木瓜植株的葉、莖及果實的汁液。被害植株生長勢弱，被害果難以黃熟，味淡肉硬，品質降低，易腐爛。

2. 防治方法

徹底清除被害植株，集中噴藥處理後粉碎漚肥，降低蟲口密度，消滅越冬圓蚧。在若蟲初孵化期，噴灑10％吡丙醚乳油1 000倍液。如果樹幹上害蟲盛發，用柴油加藥劑塗抹樹幹，可起到較好

的效果。

番木瓜園內，每棵植株上各掛一個黃板和藍板進行誘殺，經常替換，效果比較好。

第八節　採　　收

一、採收適期

番木瓜由開花至果實成熟的時間，因品種和結果的季節不同，短則 90 d，長則達 210 d 以上。過早採收，果實沒有成熟，果品品質達不到要求；過晚採收，果實不耐儲藏。必須根據果實用途不同，儲藏和運輸所需時間長短，確定採收標準。適時採收，才能保證果實品質，方便儲運。

番木瓜果實的發育進程可根據皮色及硬度來判斷，由幼果到成熟果實的變化過程是：粉綠－濃綠－淺綠－黃綠－出現黃色條紋－黃紋擴大（果肉尚硬）－黃果（果肉變軟）。果皮出現黃色條紋，表明果實已開始進入成熟期，可以採摘。供本地市場銷售的鮮果，成熟度要求高些，果面有兩條或三條黃色條紋（三畫黃）、果肉將要開始變軟時採收較為合適。供應外地市場的果實，因儲運時間較長，可在果皮剛開始變黃，尚未出現黃條紋時採收，果肉較硬、果皮堅實、運輸方便，且後熟後能夠保持番木瓜固有的風味。

果實乳汁狀況的變化也反映其成熟度。隨著果實趨於成熟，乳汁顏色由乳白變淡，後變成輕微混濁的半透明狀，汁液減少，流速減慢，較易凝結。果實完全成熟後，乳汁基本消失。

二、採收方法

採摘應選擇晴天進行，採果前噴殺菌劑。採收時，手握果實向上掰或向一個方向旋轉，連果柄一起摘下。不帶果柄採收，採後果

柄處易感染病菌而發病。成熟的番木瓜果實，由於皮薄、質軟，容易造成機械傷，所以在採收的過程中要小心操作，避免損破果皮。採下的果實要放於墊有泡沫紙或紙屑的木箱或塑膠箱內，輕放，果柄朝下，使滴下的乳汁不汙染果面。果實裝箱不能滿箱，以防擠壓。將採摘裝箱的果實及時運送到採後處理場，嚴禁曝曬，防止果面發生日灼。

第十五章　無　花　果

　　無花果為桑科無花果屬的落葉小喬木，是副熱帶果樹，有近800個品種。無花果原產地中海沿岸，於漢代傳入中國，並最早在新疆南部栽培，隨唐代「絲綢之路」傳入內地，在中國已有2 000年的栽植歷史。中國的無花果產地主要分布在山東、新疆、江蘇、上海、浙江、福建、廣東、陝西、甘肅、四川、廣西等地；華北地區的無花果主要集中在山東沿海的青島、煙臺、威海地區；江蘇省主要分布在南通地區、鹽城地區、丹陽市、南京市；福建省集中栽培主要在福州市，上海市郊也有一定面積。新疆主要分布在阿圖什、庫車、疏附、喀什市、和田等地。山東無花果面積最大，約 0.23 萬 hm^2，其中威海有 2 000 hm^2，青島、煙臺、濟南較多。新疆無花果面積全國第 2，為 0.10 萬～0.13 萬 hm^2，其中阿圖什市 667 hm^2 左右，喀什地區和和田地區各 200～267 hm^2。2016 年，全國無花果種植面積已達 5 000 hm^2，產量達到 4.18 萬 t。海南省在 2018 年才開始從浙江引進，在東方、樂東、五指山、陵水、萬寧等市縣零星試種植。

第一節　品種類型

一、無花果的類型

　　按照無花果是否經過授粉才能結實將無花果分為以下四種類

型：普通類型、斯密爾那類型、中間類型和原生類型四大類。

（一）普通類型無花果

普通類型無花果是副熱帶落葉果樹，幾乎不需要冬季低溫就能打破休眠。其雄花著生在花序托上部，花序主要為中性花和少數長花柱雌花，不需授粉就能結實，形成一種可食用的聚合肉質果實。同時，長花柱雌花經人工授粉還可獲得種子。目前世界範圍內無花果栽培品種絕大多數為此類型。

（二）斯密爾那類型無花果

斯密爾那類型無花果原產於小亞細亞斯密爾那地區。花序托內只著生雌花，只有長柱花。透過無花果小黃蜂傳播原生型無花果花粉受精，才能形成可食用果實。有夏果和秋果，生產上主要收穫秋果。當地許多製乾品種屬於此類。

（三）中間類型無花果

中間類型無花果的結果習性，介於斯密爾那類型和普通類型中間。第一批花序不需經過授粉即能長成可食用果實，為春果。第二、三批花序需經授粉，才能發育成可食用果實，為夏果和秋果。

（四）原生型無花果

原生型無花果是原產阿拉伯地區及小亞細亞的野生種，被認為是栽培種類品種的原始種，其花序托上著生雄花、雌花和蟲癭花，雄花著生於花序托內的上部，蟲癭花密生於花序托的下半部，雌花也著生於下半部，但數量極少。在溫暖地區，該品種一年可產生三次果，即春果、夏果和秋果。美國栽培的三種食用無花果，很可能為原生類型的無花果演化而來。其中春、夏、秋果的一季果實裡可能會發現隱藏的小黃蜂幼蟲或成蟲。花托內的短花柱花產生花粉，適於無花果小黃蜂產卵，具協助雌株或其他類群無花果授粉作用。

二、無花果的品種

中國目前主栽無花果的品種較多，有青皮（威海、上海青皮）、

瑪斯義陶芬、波姬紅、金傲芬、美麗亞、福建白蜜雙果（長江 7 號）、中國紫果（紅矮生）、日本紫果、豐產黃、布蘭瑞克、芭勞奈、新疆早黃、中農矮生（B1011）、中農紅（B110）、加州黑、蓬萊柿、綠抗 1 號、砂糖（西萊斯特）等。根據果皮顏色可分紅色品種、黃色品種、綠色品種等；根據果實用途，可分為鮮食品種、加工品種、觀賞品種等。目前在海南種植長勢比較好、深受歡迎的主要是鮮食紅色品種波姬紅。

（一）波姬紅

波姬紅無花果，1998 年由美國引入中國，為鮮食品種。樹勢中庸、健壯，分枝力強，新梢年生長量可達 2.5 m，葉片較大，始果部位 3～5 節，極豐產。果長卵圓形或長圓錐形，果形指數 1.37，果實成熟後果皮紫紅色，果肋明顯。單果重 80～100 g，味甜、汁多。耐鹽鹼性較強。

（二）豐產黃

豐產黃，原產於義大利，加工用品種。樹勢中庸，枝條纖細，抗病性好，適合高溫高濕的環境，特別豐產。單果重 60 g 左右，果實成熟後果皮琥珀色略帶淺紅，果肉緻密，味道濃甜，口感好。果目小，減少了昆蟲侵染和酸敗。果皮較厚而有韌性，易於儲運。

（三）芭勞奈

芭勞奈也稱芭勞內、大芭，2013 年由日本引入中國。鮮食、加工兼用品種。樹勢中庸，新梢年生長量約 2.1 m，樹勢開張，分枝角度較大，節間短，分枝力較強。始果節位低，一般在 3～4 節。抗病性好，節間短，豐產性好。果實成熟後果皮褐色，皮孔明顯，果形指數約 1.3，果大，單果重 110 g 以上。甜味濃，肉質為黏質，品質好。

（四）青皮

青皮無花果品種為鮮食、加工兼用品種。樹勢強，主幹明顯，側枝開張角度大，豐產性強。果實中等大小，扁、倒圓錐形，果形

指數 0.86 左右。果實成熟前綠色，熟後黃綠色，果肉淡紫色，果目小，開張，果面不開裂，果肋明顯，果皮韌度較大，果汁較多，含糖量高。該品種適應性廣，南方栽培注意控制旺長。

(五) 布蘭瑞克

布蘭瑞克品種的無花果，原產於法國，加工用品種。長勢中庸，樹姿開張，分枝力較弱，枝條中上部著果較多，連續結果能力強。果實倒圓錐形，成熟後果皮黃綠色，單果重 80 g 左右。果頂不開裂，果實中空，果肉含糖量高，可達 18%～20%，肉質細，味甘甜，品質佳。

(六) 中國紫果 (紅矮生)

紅矮生品種的無花果，盆栽無專用型。樹矮小，枝條節間短，分枝多，樹形優美，果期長，較耐陰。結果性特強，果實成熟後果皮紫紅色。適合盆栽或作為矮灌木植於庭院、花園，用於觀賞。

(七) 砂糖

砂糖無花果品種，從義大利引進。樹勢強、樹姿稍直立，耐寒性強，適合北方地區種植，豐產性強。果小，梨形，單果重 60 g 左右。果梗長，果皮紫褐色，有果粉。果肉柔軟多汁，味濃甜，品質極佳。

(八) 日本紫果

日本紫果又稱日紫，是鮮食加工兼用優良品種。樹勢強旺，分枝力強，葉片大而厚，結果早，特豐產，抗寒性強，耐旱耐澇。果實圓球形，果形指數 1，果柄長 0.5～1 cm，果目處開裂較深；成熟後果皮深紫色，果肉鮮豔紅色，單果重 100～180 g，味甘甜，品質極上，果皮韌度大，耐儲藏。

第二節　培育壯苗

無花果的繁殖方式有多種，如扦插、分株、壓條都可以繁殖無

花果。生產上扦插育苗是最常見的方式。扦插苗能保持品種特性，繁殖速度也快。在無花果的育種工作中，也可採用種子培育實生苗。這裡主要介紹無性繁殖中的幾種方法。

一、扦插繁殖

（一）苗床準備

選沙壤土作為露地插床。撒施生石灰 750 kg/hm^2，施足基肥深翻土壤，起 1.2 m 寬的小高畦，整平畦面，保持土壤含水量 60% 左右。為便於育苗期間水分管理，每個小高畦可鋪設微噴管。

（二）插條準備

1. 插條的採集

9～10 月，結合波姬紅無花果植株的修剪，選取半年以上無病蟲害的木質化枝條，堆放在陰涼通風處，噴灑多菌靈或高錳酸鉀溶液殺菌。

2. 插條的處理

將波姬紅無花果的枝條剪成 30 cm 左右長的小段作為插條，插條下端剪成馬蹄形，上端剪成平面，不留葉片。剪口盡量在枝條的節間處，切口平滑，防止後期腐爛。每個插條至少含 3 個芽眼。插條下端 1/3～1/2 部分用 500 mg/L 生根粉浸泡 20 min 左右取出。

（三）扦插

處理好的插條，立即斜插入苗床，保持插條統一方向傾斜，角度為 45°～60°，扦插深度為插條的 1/3～1/2，至少兩個節間埋入土中。插條的株行距為 15 cm×15 cm。扦插時，不可將插條直接插入苗床，而是用約等於插條粗和長的木棍斜插洞，然後將插條放入洞內。扦插後立即壓實插條周圍的土，並立即噴水保濕。

（四）扦插後的管理

1. 降溫保濕

全部插條扦插結束，每個小高畦覆蓋白色塑膠薄膜成小拱棚，

保濕。整個苗床上方覆蓋遮陽網，保持育苗棚內溫度 25 ℃ 左右，基質濕度 60% 左右，空氣濕度 85% 左右。每天 9:00 和 16:00，噴霧狀水，每次噴水不宜過多，基質過濕易腐爛。扦插後 1 週內結合澆水，噴灑低濃度的生根粉和多菌靈水溶液各 1 次。

2. 水肥管理

扦插後 15 d 左右，約有 1/2 的無花果插條開始萌發新生芽，此時小拱棚應打開兩端，進行通風。5~7 d 後育苗棚覆蓋的塑膠膜半敞開，並減少噴水次數，僅上午噴水 1 次，降低空氣濕度。此時空氣濕度過大，會導致無花果新生苗徒長。根據無花果新生葉片生長情況，當插條展開新葉後，結合噴水噴愛多收 600 倍液 1~2 次。插條新梢 10 cm 左右時，用 1% 尿素澆施 1 次。

3. 苗期整枝

每個插條長出 1~5 個不等數量的新生枝條。當苗床內 1/2 的插條的新生枝條長至 15 cm 左右時，開始進行苗期整枝，即去除多餘側枝，僅保留一個側枝。去除側枝時，每個插條一次僅去除一個側枝，傷口癒合後再去除第二個側枝……直到去除全部多餘側枝，最終保留一個健壯的、低節位的側枝，作為苗的主幹進行培養。

4. 煉苗

扦插苗整枝前，逐漸撤掉全部塑膠薄膜；整枝結束後可以撤掉全部的遮陽網。管理逐漸接近大田管理，充分鍛煉新生苗。

二、分株繁殖

無花果進行分株繁殖時，將無花果根部的泥土挖開，一段時間後，無花果的根部會萌發出一些根苗，這部分苗有自己的根系，根據需要將這些根苗連同根部一起切割挖出，挖出後修剪，除去密枝或枯枝條，然後栽植。無花果的分株繁殖，成活率高，但是苗的大小不同，繁殖的量也有限，少量繁殖可採用此法。

三、壓條繁殖

無花果的壓條繁殖，有水平壓條、曲枝壓條或堆土壓條三種。具體操作方法為將枝條水平或彎曲埋入土中，或用土堆埋萌櫱基部，待其生根後，將枝條截斷，與母株分離，帶根定植。生產上採用這種方法進行繁殖的不多。

四、嫁接繁殖

在加快無花果的優良品種繁育及改接優良品種時，可用嫁接繁殖。無花果的嫁接方法與多數果樹的嫁接方法相同，芽接可採用T形芽接、方塊形芽接、「工」字形芽接和嵌芽接，枝接多採用劈接、切接、單芽腹接、插皮接等。

第三節　園地選擇

一、園地選擇

無花果喜光怕澇，耐旱，不耐寒，對土壤條件的要求不高。園地應選擇光照充足、排灌水良好的中性或微鹼性沙壤地。地勢平坦或有一定的坡度最佳，黏性土壤和低窪地不利於無花果的生長。為了降低病蟲害的傳染，園地選址最好遠離桑科植物。

二、整地

（一）改良土壤

深翻土壤後施足有機肥，結合整地撒施不少於 15 000 kg/hm^2 腐熟的有機肥。無花果喜微鹼性土壤，而海南的土壤偏酸性，可在整地後撒施生石灰調節土壤的酸性，生石灰的施入量為 750 kg/hm^2 左右。

（二）起壟

结合整地，起壟。壟高 20 cm，寬 1 m，壟距 1 m。壟面鋪設滴灌管，並覆蓋黑膜防草保墒。海南的土壤內線蟲危害比較嚴重，種植園起壟後覆膜前還要進行線蟲預防，比較有效的方法是將噻唑膦或阿維菌素均勻撒於壟面，再覆膜。

三、選苗

要求栽植的無花果苗木枝條粗壯、葉色濃綠、根系發達、無病蟲危害。移栽前剪去扦插苗的頂端嫩梢部分，僅保留新生枝幹的 10～15 cm 和 1～2 片功能葉。盡量不選已經掛果的無花果苗。

四、移栽

壟上栽 1 行無花果苗，株距 0.7～1 m。移栽時挖深坑，放入無花果苗，舒展開根系再回填土壤，壓實。將插條全部埋入土中為宜。移栽結束立即打開滴灌，澆定根水。視品種長勢和管理水準，每 667 m^2 栽無花果苗 350～600 棵。

五、搭建綁枝支架

無花果在海南生長時間長，枝條可長到 2 m 左右長，每個葉腋處都有掛果，比較重，枝條易倒。所以大面積種植時，要進行搭架防倒。

在種植畦中間隔 10 m 立 1 根水泥柱，在水泥柱高 80～90 cm 處與水泥柱垂直成 90°角紮一根長 60 cm 鍍鋅鋼管成第一道橫梁，水泥柱第一道橫梁上隔 60～70 cm 處紮一根長 80 cm 鍍鋅鋼管成第二道橫梁。橫梁兩側各綁紮 2 道鋼絲，成梯形架以綁枝。

第四節　水肥管理

一、水分管理

海南的秋冬季天氣乾旱，降水少，移栽後為了盡快緩苗，每天8:00澆水一次，水量以濕潤土層 5 cm 為宜。有條件的適當遮光和噴水，增加空氣濕度。持續澆水 1 週後，無花果開始抽生新枝條，適當減少灌水次數和灌水量。波姬紅無花果比較耐乾旱，葉片充分展開後，適當減少灌水次數，保持灌水的原則為乾透澆透，以促進無花果根系的生長。

無花果的葉片比較大，水分蒸發量大，天氣乾旱時，要及時灌溉。出現果實後，加大澆水量和澆水次數，每天保持土壤濕潤。但是灌水過多，易落花、落果、落葉，還會降低果實的含糖量，造成裂果。另外，無花果夏休眠期可以不澆水，雨季要及時排水。

二、肥料管理

（一）有機肥

建園時，結合整地撒施不少於 15 000 kg/hm² 腐熟的有機肥，以後每年的 9～10 月，重剪結束，都要進行補施有機肥。補施有機肥時，在苗兩邊 40 cm 處開 20 cm 深溝，將有機肥 15 000 kg/hm² 撒入溝內，蓋土。

（二）追肥

無花果現果前，時間很短，約一個月的時間，以追施尿素為主，促新生葉片生長。無花果現果後，營養生長和生殖生長同時進行，持續時間較長，營養需求比較大，所以現果後增加磷、鉀肥和腐殖酸的施用。8～9 月，海南的陰雨天比較多，無花果出現夏休眠，此期不建議追肥。

追肥時結合灌水，多次少量施入。每 667 m² 共追施 46％尿素 12.5 kg、14％過磷酸鈣 12.5 kg、50％硫酸鉀 12.5 kg、黃腐酸鉀 30 kg。根據產量表現酌情追肥，並配合施用 Ca、Mg 等中量元素。以後每年隨樹齡的增長適當增加肥料施入量。

第五節　整形修剪

一、疏枝

無花果分枝多，結果前要進行疏枝，即剪去生長過旺枝、過密枝、細弱枝和徒長枝等，改善樹冠內的通風透光條件，集中養分促進花序分化和果實的生長發育。無花果進入結果期後，基本上每個葉腋著生一個無花果，但有些葉腋還同時萌生側芽，這些側芽要及時抹掉，否則與果實競爭水分、養分，還遮擋陽光，引起落果或果實著色不均。

二、摘除老葉

5 月，海南省開始進入雨季，光照強度降低，日照時間縮短，部分果實出現果實變小、果實表面的蠟質層不明顯或顏色不夠紫紅等問題。摘除植株各枝條底部的老葉，使果實充分受光，有利於果實的生長發育和著色。葉腋處著生無花果的葉片要保留。

三、摘心

7～8 月，海南北部地區種植的波姬紅無花果的枝條生長緩慢，所有的果實都變小，商品價值不高；南部地區種植的無花果出現夏休眠現象，植株的新梢不再萌生無花果。這個時期，可以粗放管理。為促進後期果實的生長，5 月底至 6 月初對每個枝條進行摘心，有利於提高果實的單果重，摘心後注意抹芽。

四、重剪

根據海南地區的氣候特點和無花果的品種特性，鮮食無花果的樹體適合叢生形。9月底，在無花果樹的基部留高 10 cm 重截 1 年生枝，留 3～5 個新梢作為主枝，培養結果，矮化樹體。剪截的枝條可以作為插條進行扦插擴繁。以後每年的 9 月再在各主枝上進行短截，促其再發新枝，選留 3～5 個新梢作為結果枝。短截時宜在晴天的早上或傍晚進行，避開下雨天。重剪後及時補充有機肥。

第六節　病蟲草害防治

一、病害

無花果在海南省剛剛開始種植，應加強施肥、整枝等技術管理，其病蟲害較少，幾乎不用採用化學防治病蟲。在空氣濕度比較大的地區，若果園排水不良、過於密植、植株徒長等，無花果易生病，影響無花果產量。田間管理時，起高壟，減小栽植密度或減少選留枝條數，壟面覆蓋材料改用透氣的地布等，可減緩病害發生。

（一）根腐病

1. 症狀

無花果的根腐病主要出現在幼株上，成株期發病少。發病初期植株未見異常，隨著根部腐爛程度加劇，新葉首先發黃，後植株上部葉片出現萎蔫；病情嚴重時，整株葉片發黃、枯萎，根皮變褐，並與髓部分離，後全株死亡。

2. 發病規律

該病由腐黴、鐮刀菌、疫黴等多種病原侵染引起，在溫度、濕度較高的環境下，極易發生。

3. 防治方法

可用 20% 甲基立枯磷乳油 1 200 倍液,或 50% 氯溴異氰尿酸可溶粉劑 1 000 倍液灌根。

(二) 灰斑病

1. 症狀

葉片受侵染後,初期產生圓形或近圓形病斑,直徑為 2～6 mm,邊緣清晰;以後病斑灰色,在高溫多雨的季節,迅速擴大成長條形、不規則病斑,病斑內部呈灰色水漬狀,邊緣褐色,後病斑擴大相連,整葉變焦枯,老病斑中散生小黑點。

2. 發病規律

該病由半知菌亞門真菌引起發病。一般在 5 月下旬至 9 月中旬發生,高溫高濕時發病嚴重。

3. 防治方法

使用 40% 多菌靈膠懸劑按 1.5 kg/hm^2,稀釋成 1 000 倍液噴霧;或結合防蟲用 2.5% 溴氰菊酯乳油 600 mL/hm^2,與 50% 多菌靈可濕性粉劑 1.5 kg/hm^2 混合噴霧施用。

(三) 鏽病

1. 症狀

主要危害無花果葉片、幼果及嫩枝。葉片在 5 月中旬發病,初期葉片正面出現 1 mm 大的黃綠色小斑點,逐漸擴大成 0.5～1 mm 的橙黃色圓形病斑,邊緣紅色;發病後 7～14 d,病斑表面密生鮮黃色小粒點,並逐漸變黑,後葉背面隆起,生出許多土黃色毛狀物。嫩枝受害時,病部橙黃色,稍隆起,呈紡錘形。幼果染病,表面產生圓形病斑,初為黃色,後變褐色。

2. 發病規律

一般在 5～9 月發生,高濕時發病嚴重,發病盛期伴有大量落葉。

3. 防治方法

防治無花果鏽病要從 6 月下旬開始，做到無病早預防；8～9 月是防病的關鍵時期，做到勤噴藥，保夏秋葉，壯新梢。藥劑預防每隔 10～15 d 噴布 1 次代森錳鋅保護性殺菌劑，連噴 2～3 次，以保護葉片不受鏽病菌侵染。在無花果葉片剛開始發病，即出現針尖大小的紅點時，立即噴施內吸性殺菌劑，常用的有氟矽唑、苯醚甲環唑、三唑酮等，連噴 2～3 次，防止病情擴散。

（四）疫霉果腐病

1. 症狀

主要危害果實。果實受害多從病果內壁開始，逐漸向外擴展霉爛，病果內壁果肉變褐、霉爛，充滿灰色或粉紅色黴狀物。當果內霉爛發展嚴重時，果實胴部可見水漬狀不規則濕腐斑塊，斑塊可彼此相連，後全果腐爛，果肉味苦。

2. 發病規律

該病由多種真菌侵染引起，一般於 6 月下旬可見發病的新梢和果實，颱風季節多雨病害易發生。在田間一般近地面的枝條先發病，隨後擴展到全樹。凡果園地勢低窪，排水不良，樹幹低矮叢生，枝條過密而鬱閉的發病重。

3. 防治方法

在發病前，噴施 40％多菌靈可濕性粉劑 600 倍液，3 d 一次，連用 3 次。發病時，於 5 月下旬和 6 月上旬兩次施用 25％噻嗪酮可濕性粉劑，每次每畝施用 40 g，防止害蟲傳播致病菌。

（五）根結線蟲病

預防線蟲，可在栽苗前或每年的 9 月短截後，與有機肥一起穴施或溝施噻唑膦水乳劑或阿維菌素顆粒劑；對於已經感染線蟲的植株，需進行藥劑灌根。由於無花果果實的生長具有連續性，掛果後盡量避免使用農藥，患病植株單獨治療，施藥後間隔 7～14 d 才可採收果實。

1. 症狀

根結線蟲寄生在無花果根部，危害根系的幼根組織，呈結節狀，引起腐爛、腫大、不長新根。根結線蟲造成的機械損傷形成的傷口，也為其他病害、病菌入侵提供了有利的途徑。

無花果在根結線蟲侵染危害初期，樹冠並不是很明顯地顯現衰退現象，隨著根結線蟲的不斷繁衍，越來越多的鬚根被危害，樹冠才顯出比健康樹生長勢差、弱的現象，即出現抽梢少，葉片小，葉緣捲曲、黃化、無光澤，掛果少、產量低的現象。受害較重時枝枯葉落，嚴重的會引起整株枯死。

2. 發病規律

老園發病較為嚴重，連茬常使無花果受害加重，沙質土壤中比黏性土危害重。根結線蟲主要分布在 5～30 cm 深的土層中，集中生活在根系的周圍。根結線蟲的傳播分為遠距離傳播和近距離傳播，遠距離傳播透過病苗、病土等方式傳播，而果農平時的農事工作、水流則是根結線蟲近距離傳播的方式。

3. 防治方法

由於無花果的種植期長，防治根結線蟲可選用持效期較長的阿維菌素、涕滅威、噻唑膦等殺線蟲劑。無花果移栽前，將藥劑溝施、穴施或撒施於土壤表面，也可結合埋肥、培土，在無花果生長期間再用一次。如果無花果受害嚴重，則進行灌根。

二、蟲害

波姬紅無花果的果實甜度高，老園的蟲害比新園嚴重，主要蟲害有薊馬、桑白蚧等。

（一）薊馬

1. 危害特點

無花果葉子富含蛋白酶，薊馬對無花果葉片危害不明顯。成蟲棲息果內，食害小花，使小花變褐，影響果實發育。成熟果受害

後，果肉變成黃色，甚至褐色，失去商品價值。

2. 發病規律

薊馬一般1年發生6~10代，每代歷時20 d左右，溫暖乾旱天氣，發生危害更嚴重。一般而言，薊馬成蟲極活躍，擴散速度很快。但懼陽光，白天多在蔭蔽處，清晨、夜間、陰天在向光面危害較多。

3. 防治方法

（1）藍板誘殺。薊馬具有趨藍性，利用它的這一特性，在田間懸掛黃、藍色板，在色板上面塗抹新機油進行誘殺。

（2）藥劑防治。在薊馬發生初期，用5%啶蟲脒1 500~2 000倍液，進行全面噴灑，每5~7 d噴灑一次，連續噴灑兩次。可收到很好的效果。薊馬容易產生抗藥性，應與其他農藥交替使用。經過噴灑啶蟲脒之後，間隔10 d左右，田間如果仍然有薊馬出現，可用聯苯菊酯、丁醚脲的複配製劑800~1 000倍液，進行均勻周到的噴灑。由於薊馬具有晝伏夜出的特性，傍晚用藥效果最佳。

（二）介殼蟲

1. 危害特點

介殼蟲除了危害樹冠局部的枝梢、葉片，也會危害無花果果實，吸食汁液繁殖。葉片上經常躲在背面，被害部位失綠變黃，影響光合作用。初孵若蟲向嫩葉及果實上爬動，後固定在葉背或果實上危害。被取食的枝條，容易失水，導致樹勢衰退。果實被害，果皮變粗糙，嚴重時介殼蟲還會分泌大量蜜露，誘發煤煙病，使果實商品性大打折扣。

2. 發病規律

蔭蔽背風果園發病較重。介殼蟲喜歡溫暖濕潤的環境，所以雨季來臨的時候才大量繁殖。當氣溫下降天氣乾燥的時候，介殼蟲就躲在枯枝爛葉、飛機草和小飛蓬的根部，來年雨季來臨就大量繁殖，沿著樹幹爬上果樹危害枝葉和果實。

3. 防治方法

（1）人工防治。加強果園修剪，增加果園通風透光度，秋剪時將受害重的枝梢整枝剪除，並集中噴藥後粉碎漚肥。在介殼蟲剛開始危害時，只是少數無花果枝葉受害，此時可以用硬毛刷或細鋼絲刷刷除寄主枝幹上的蟲體或人工摘除受害部位並清出果園。

（2）化學防治。依據蟲情及時施藥，在幼蚧初發期特別是一齡若蟲抗藥力最弱時施藥，施藥間隔一般為 7～10 d，連施 2～3 次，使用的藥劑有吡蟲啉、啶蟲脒、高效氯氰菊酯等。發生較嚴重的園區建議選擇毒死蜱、螺蟲乙酯、噻嗪酮等藥劑。

三、飛鳥

飛鳥比較難防，只能在果實成熟期，每天的上午、下午各採收一次，園內不留隔日成熟果，以盡量減少損失。

四、草害

海南的雜草生長旺，很難根除，每年需要進行多次除草。距離無花果植株較遠的區域，可進行化學除草，如用草銨膦等噴灑；距離植株較近的區域，建議物理清除雜草。使用除草劑要慎重，嚴格控制噴灑範圍，避免噴濺到無花果葉片和枝幹，造成藥害，甚至死苗。

第七節　採　　收

無花果的營養生長和生殖生長幾乎是同時進行的，管理得當，每個葉腋處著生一個無花果，因出現的時間有早晚，成熟期也不同，宜分批採收。海南的波姬紅無花果在 1～2 月進入採摘期。無花果的採摘最好在晴天的早晨或傍晚進行，輕拿輕放。採摘時做好

防護，避免無花果汁液接觸裸露的皮膚而引起搔癢。

　　充分成熟的波姬紅無花果，果皮顏色呈現紫紅色，頂端小孔微開，外皮上網紋明顯易見。成熟度越高，果皮顏色越深，甜度越高，同時果實越軟。充分成熟的果實不耐運輸，適合近距離銷售；遠距離銷售，要在果實八分熟，即果實開始轉色，還未變軟時採摘。

第十六章　黃　　皮

　　黃皮屬蕓香科黃皮屬，熱帶常綠小喬木。黃皮在越南、泰國、柬埔寨、寮國、印度和美國的佛羅里達州都有種植。中國廣東、海南、雲南、福建、廣西壯族自治區等省份以及臺灣種植較多。黃皮既是果樹，又是綠化和藥用樹種。

第一節　品種介紹

一、主要種類

　　黃皮共有20餘種，原產於中國的有7種，分別為：黃皮，熱帶地區廣泛種植的栽培品種；宜昌黃皮，原產湖北省宜昌市，雲南省也有分布，可作為雜交育種用的原始材料；貴州黃皮，原產貴州省；雲南野生黃皮，原產雲南省；光滑黃皮，華南地區及雲南省都有分布；小葉黃皮，原產海南省；假黃皮，原產海南省的霸王嶺、吊羅山等地。

二、主要品種

　　以前種植的黃皮以實生苗為主，其後代是各式各樣的黃皮實生樹，遺傳差異大。近幾年才開始進行嫁接繁殖。中國各地栽培的黃皮品種很多，主要有長雞心黃皮、大雞心黃皮、鬱南無核黃皮、欽州無核黃皮、龍山無核黃皮、白糖黃皮、長圓黃皮、晚熟黃皮、白

蜜黃皮、大紅皮黃皮、獨核黃皮、赤金鐘原黃皮、章奎黃皮、紅嘴雞心黃皮、牛奶黃皮等。

熱帶地區產業化栽培的品種不多，有甜黃皮、酸黃皮、青皮黃皮、黑皮黃皮、砂糖黃皮等。其中甜黃皮供鮮食，酸黃皮供加工果汁、飲料之用。

黃皮的品種根據成熟期又可分為早熟、中熟、晚熟三大類。海南省黃皮的上市時間多為5月中下旬，5月以前成熟的為早熟種，5~6月成熟的為中熟種，6月後成熟的為晚熟種。

（一）長雞心黃皮

俗稱雞心黃皮。該品種樹勢健壯，樹冠開張，嫁接苗定植後2~3年開始結果。果穗較大，果實大，呈長雞心形，平均單果重7~9 g。果實充分成熟時果皮為金黃色，皮薄，果肉黃白色，肉質緻密，味較甜。每顆果實有種子2~3粒。果實可食率45％~60％。在海南6月下旬至7月上旬成熟。

（二）大雞心黃皮

樹冠開張，樹高大，嫁接苗定植後3年開始結果。果穗較大，單穗重達500 g以上。果實形似雞心，平均單果重8~10 g，大的可達15 g。果皮較厚，蠟黃色；果肉黃白色，果汁多，味甜而微酸；果實質地緻密，較耐儲運。每顆果實有種子2~4粒。果實可食率47％~62％。在海南6月底至7月中旬成熟。

（三）郁南無核黃皮

該品種樹勢強健，樹冠開張。果穗長20~30 cm，結果疏散。果實為無核漿果，將其與其他有籽黃皮混栽，也發現有籽出現。果實開始著色轉黃前，果皮呈青色時稜角分明，此特徵也是它與其他黃皮的重要區別。果實大而均勻，一般單果重9~10 g，大的可達16~18 g。果實充分成熟時向陽面為橙色，皮較厚不易裂果；果肉為橙色，肉質結實嫩滑，含纖維少，味甜酸可口。果實可食率85％。為鮮食中遲熟品種。

(四) 龍山無核黃皮

該品種樹勢壯旺，適應性強。果穗大，著果密，每穗重3000 g。果實呈橢圓形或呈雞心形，單果重4～5 g，最重的達11 g。果皮較薄，米黃色。果肉乳白色，嫩滑多汁。開花時間不一，熟期有先後。與普通的有核黃皮異花授粉時，會產生有核黃皮。

(五) 白糖雞心黃皮

又稱白糖黃皮。該品種樹勢健壯，樹高大。果穗較大，單穗果重250～500 g，平均單果重7～9 g。果實呈長雞心形。果皮為淡黃色至檸檬黃色，果皮較薄，充分成熟時容易裂果。果肉為白色，肉質軟滑，果汁中等，味較淡，每顆果實有種子3～4粒，可食率47％～63％。6月底成熟。

(六) 牛心黃皮

該品種樹勢壯旺，樹高大。果穗重300～450 g，平均單果重11 g。果大，果實呈圓形似牛心，果皮深黃色、較厚，耐儲運。果皮與果肉不剝離。果肉乳黃色，甜酸可口。種子一般是4粒。晚熟品種，豐產性好。

(七) 白蜜黃皮

該品種粗生，植株壯旺，枝條較密。果實呈橢圓形，單果重12 g。果皮中等厚，淡黃色至黃色。果肉乳白色，酸甜多汁，果肉質地結實，種子4粒。適合加工。晚熟品種，豐產性好。

第二節　壯苗培育

零星種植黃皮的地區，可以用種子繁育實生苗。實生苗的產量和品質差異較大，參差不齊，不能用來進行規模化栽植。高空壓條繁殖的苗木，可以保持母樹的遺傳性狀，幼苗生長快、結果早，但是損耗枝條，培育的苗木大小不均勻，不利於產業化管理。透過嫁

接繁育出來的果苗，既保持了母樹的優良特性，又節約了繁殖材料，可以避免剪取大量的枝條而傷樹，短時期內繁育出大批優良苗木。現在嫁接育苗技術已廣泛應用於黃皮果樹的種植。

一、砧木苗的培育

砧木苗是由種子播種而培育成的樹苗。黃皮的種子採於適應當地環境、抗性強、果大飽滿、充分成熟的酸黃皮或甜黃皮。置陰涼處堆漚數天至腐爛，脫去皮肉，再用清水沖洗乾淨，晾乾，剔除細小的、發育不全的種子，即可播種。也可用細沙保濕儲藏數天後再播種。苗圃地應靠近水源，潮濕、肥沃的沙壤土、磚紅壤土及火山岩灰土等土壤為好。苗圃地翻耕後整平，做高 25 cm、寬 80～100 cm 的苗床。把黃皮種子均勻撒於床面，不相互重疊，粒距 2 cm 左右，播後覆蓋厚約 1 cm 的乾淨濕細土或細沙，蓋上一層厚約 2.5 cm 的稻草或一層遮陽網。淋透水，每隔 3～5 d 淋水 1 次，保持土壤濕潤，苗地忌過乾過濕。

半個月後，幼苗陸續出土，分次逐漸去除覆蓋物，並用 0.4% 的三元複合肥澆施。苗高 12～16 cm 時，分床移栽於嫁接圃，嫁接圃畦寬 120 cm、高 30 cm 左右，株行距為 20 cm×20 cm。移植時盡量少傷根，及時淋定根水保濕，讓幼苗盡快恢復生長勢。幼砧生長期間，每隔 15 d 追施腐熟稀薄人糞尿水肥，或 0.4% 的三元複合肥 1 次。苗圃地太濕也會引起爛根。做好除草、淺鬆土、除蟲、防病等工作。

經過 6～8 個月的精心管理，幼苗可長到 30 cm 左右、莖粗 0.5 cm 左右，可以進行嫁接。

二、接穗採取

嫁接前要挑選接穗，接穗應採自進入結果盛期、豐產、穩產、優質的良種母樹，在其樹冠頂部或中部外圍選取生長充實健壯、芽

眼飽滿的上年春梢或秋梢作為接穗。太老或太嫩的枝條都不適合作為接穗。

一般可以從春季的 3 月到秋季的 10 月進行，但通常以 4～9 月為最佳嫁接時期。

三、嫁接

（一）切接

1. 剪砧開接口

在砧木苗離地面 35～40 cm 處截斷，剪口下留複葉 2～3 片。在砧木水平截面上沿形成層或稍接近木質部位置，向下切一刀，切口深 1.5～2 cm。

2. 削接穗

在接穗下端，距離芽眼 0.3 cm 處斜削一刀，削成一個 45°角的斜面。然後反轉枝條，繼續斜切，深達形成層或稍入木質部，削出一個比砧木切口稍長些的平滑面。接穗上留芽 2～3 個，接穗長 15～20 cm，截斷接穗枝條。

3. 插接穗

把接穗的長面向內，插入砧木的接口內，使接穗與砧木的形成層對準貼緊。按緊接穗，不要鬆動，用塑膠薄膜全封閉覆蓋縛緊紮實，微露芽眼，以便於通氣和以後新芽吐出。

（二）補片芽接法

補片芽接法又叫芽片腹接法，成活率較高。3 月上旬至 11 月上旬都可以進行嫁接，其中 3～5 月嫁接成活率最高。若嫁接不成功，可在原砧木上進行其他嫁接法，砧木利用率高。缺點是成活後抽芽生長慢，對苗木快速出圃不利。

嫁接時，在砧木苗離地面 35～40 cm 處，用刀尖按長 3 cm、寬 0.7～1.0 cm，自下向上劃兩條平行線切口，深達木質部，切口上部交叉連成舌狀，然後從尖端將皮挑起，並往下撕開，切除大部

分，僅留基部一小段，便於夾放芽片。接著選 1～2 年生的果枝中下段帶芽的芽條，從上面切帶木質部的芽片，注意保持芽眼在芽片的中心，芽片應比砧木的接位略小，並撕去木質部，以增加形成層的接觸面。操作時動作要快，並注意保持芽片和砧木的木質部表面清潔，芽片兩邊與砧木皮層應留有小空隙。芽片放好後，用嫁接薄膜條紮緊，微露芽眼，留有小空隙，以利於癒合成活。乾旱季節可全綁。經過 8～10 d，檢查芽，如果成活，可以剪除芽片上方 10 cm 處的砧木，促使萌芽。

四、嫁接後的管理

（一）檢查成活

黃皮嫁接後的 15～20 d，接穗的幼芽開始萌動發芽，若接芽新鮮、葉柄一觸即落的幼苗，則代表已經成活。檢查嫁接苗成活的情況，沒有成活的要及時補接。

（二）解綁

當第一次新梢老熟，也就是葉片轉綠時，嫁接口基本癒合，也就不需要塑膠薄膜包紮了，而且這時塑膠膜還會影響到幼芽生長。此時可以用刀在背面將包紮膜劃一刀，使薄膜帶鬆斷即可。

（三）抹芽定幹

除去砧木上的萌芽，以促進幼芽生長。接穗幼芽萌發後也要按照留強去弱、留正去歪的原則疏除過多的芽，只留取一個健壯幼芽作為主幹即可。當幼苗生長到 50～60 cm 時即可定幹，方法是在幼苗高 45～50 cm 處剪頂。

高接換種的嫁接，每次新梢抽出 3～5 cm，保留 3～4 條分布均勻的壯枝作為主枝，以後注意整形修剪。注意防蟲和防病，保護嫩梢生長。

（四）水肥管理

在接穗萌發出的第一次新梢老熟後即可開始施肥，這時以淋施

稀薄的肥液為主，之後每抽梢前和新梢生長期都要施肥一次。另外，嫁接苗早期要注意旱時澆水，澇時排水，防止過乾過濕，保持土壤濕潤，滿足幼苗對水分的需要。

第三節 建 園

一、園地的選擇及開墾

黃皮原產於副熱帶地區，喜溫暖氣候，年平均氣溫在 20 ℃ 以上為適宜。黃皮對光照的適應性較強，既喜光，也耐半陰，但不能過於蔭蔽。黃皮對土壤要求不嚴，山坡地的沙壤土、沙質土、紅壤土均能適應。地下水位最好 60 cm 以上，有颱風的地區還要營造防護林。在排水良好、土質肥沃、土層深厚的地塊種植，能確保樹勢強健、產量高、壽命長。

為使園地土壤疏鬆，全園深耕 50 cm 以上。結合整地，撒施生石灰 500 kg/hm^2，改良土壤；施有機肥 15 000 kg/hm^2，做基肥。

二、合理密植

土地平整後，按確定好的株行距，進行人工或機械挖穴。黃皮的栽植密度一般以株行距 3 m×4 m 或 4 m×4 m 為宜。栽苗前一個月，按照株行距挖好長、寬、深為 0.6 m×0.6 m×0.6 m 的定植穴。每穴施土雜肥 80～100 kg、過磷酸鈣 1.0～1.5 kg，與土混合放於穴的下層，再把表土回填，回填後的定植穴應高出地面 15 cm。

選健壯的嫁接苗，苗木規格要求：嫁接苗主幹離地面 10 cm 處，直徑 1～1.5 cm 或嫁接口直徑 0.8 cm，苗高 40 cm 以上，健壯、無病蟲害，末次枝梢充分老熟。

在定植穴上方挖一小坑，將黃皮的苗放入。苗扶正，根系在穴內自然舒展，回填細土、輕輕壓實，種植深度以蓋過根頸 4～5 cm

為宜。用竹竿支撐固定苗木，根盤覆蓋稻草或地布，淋足定根水，以後看情況澆水，保持土壤濕潤。

第四節　肥水管理

一、幼齡樹施肥

幼年樹根系不夠發達，吸收肥水能力較弱，遇旱時要及時淋水抗旱，同時配合追肥。施肥的原則是以薄施、勤施為主。黃皮幼苗栽植成活後，第1次新梢完全轉綠方可澆濃度為0.2％的硫酸鉀型複合肥（15-15-15），每月澆1～2次。第2年起採用「一梢兩肥法」施肥，分別在新梢萌發1～2 cm時和新梢未轉綠時各施1次肥，每株施複合肥50 g、尿素50 g，或尿素100 g、磷100 g、鉀50 g，施肥量和次數可根據以後植物生長情況進行適當調整。1～2年的幼年樹，以氮肥為主，結合施磷肥、鎂肥。

二、結果樹施肥

黃皮屬於粗生果樹，結果樹一般每年施肥3次。

採果後促梢肥：開穴埋施，施肥量占全年施肥量的40％，有機肥結合速效肥，以氮、磷、鉀為主，同時應適當配施硼、鎂、鈣等中微量元素肥。4～10年生樹，每株每年可施尿素0.3～0.75 kg、複合肥0.75～1 kg。新梢抽生，配合農藥進行葉面肥噴施，如0.2％磷酸二氫鉀、0.02％愛多收等。

促花肥：抽花穗前施肥，施肥量占全年施肥量的25％，氮、磷、鉀比例為5：5：8，減少氮肥用量，防止花穗徒長。

壯果肥：一般在謝花後、疏果前施，以鉀肥為主，配施磷肥及少量尿素，可補充開花後能量的消耗，施肥量占全年施肥量的35％。

黃皮對鎂元素比較敏感，缺鎂的葉片會變成淡綠色或白色，葉

脈間出現黃化斑或淡色斑,最先在老葉上出現。抽新梢時,每株施硫酸鎂 30～60 g,或噴施 0.3％的硫酸鎂,或其他含鎂的高效葉面肥,以補充結果的黃皮樹對鎂元素的需要。

三、排灌水

黃皮喜濕怕澇,應加強水分管理。黃皮的抽梢期、開花著果期、果實膨大期都是水分敏感期,需要保持適度空氣濕度和土壤濕潤,如遇乾旱,應及時灌水。一般在晚間或早晨土溫較低時灌溉為佳。雨季及時排澇,防積水。土壤過濕易引起爛根,可用五氯硝基苯 2 000 mg/L＋敵克松 2 000 mg/L＋愛多收 20 mg/L 澆施。

第五節　整形修剪

一、幼齡樹的整形修剪

黃皮理想的樹形為矮幹圓頭形,應做好整形修剪工作。在種植成活苗高 40～50 cm 處摘心或短截,待新梢抽生 10～15 cm 時定梢,選生長健壯、分布均勻的分枝 3～4 條作為主枝。主枝老熟後,在 30 cm 處短截或摘心,促剪口下的芽萌發,選留分布均勻的 2～3 條作為副主枝。以後透過摘心、短截,使每一級分枝留 2～3 條長 25 cm 的枝條,迅速擴大和形成豐產的自然圓頭形樹形,進入結果期。

冬季修剪:在冬季結合清園進行修剪,剪除病蟲枝、衰弱枝、交叉枝、下垂枝等,使枝組分布合理。把剪除的枝葉及園面的枯枝落葉集中噴藥處理。

二、結果樹的修剪

結果樹的修剪主要放在採果後進行。根據黃皮的生長特性,已結果的枝條次年不再抽生結果枝,所以應及時重度短截結果枝,短

截後要加強肥水管理，促使其及時萌發秋梢，培養二次健壯的結果母枝，同時對長勢弱的枝條可從基部疏除。

三、老樹修剪更新

（一）修剪時間

一般在採果後進行，有利於抽生秋梢，不影響第 2 年開花結果。冬季修剪，則會將秋梢剪去，影響翌年開花結果，造成減產。

（二）修剪方法

壓縮樹冠頂部枝梢，促進中下部枝條萌發新梢，降低植株高度，便於管理和採摘。從有代替枝的地方剪除多年生枝條，可刺激局部或全樹隱芽發生，具有更新黃皮老樹的作用。修剪時將過密的枝條、弱枝、病蟲枝通通剪去，改善植株通風透光條件，促進植株生長。所剪下的枝條要集中起來噴藥，以杜絕病蟲來源。

（三）及時供應水肥

修剪的目的主要是讓老樹萌發強壯的新枝，如果水和養分不能及時供應，則無法及時抽出健壯的新梢。修剪的同時，除施足長效的基肥外，還要施速效的人畜糞尿水肥和化學氮肥，肥料不足會造成枝條生長不健壯且較短。如果管理及時到位，黃皮老樹在 1～2 年可以恢復長勢。

第六節　花果管理

一、調整花期

（一）控梢

1. 斷根、環割

10 月秋梢轉綠時，進行斷根、環割。對生長旺盛的結果樹進行鬆土斷根，環割主幹，減少其對水分的吸收，同時也減少根對碳

水化合物的消耗，從而提高樹體細胞液的濃度，有利於花芽分化。環割是用環割刀環割主幹半圈至1圈，以割斷樹皮皮層、不傷木質部為宜。樹勢弱的植株不宜進行。

2. 藥物控梢

秋梢老熟後，用15％多效唑30～35 g兌水15 kg，或其他控梢促花劑藥兌水噴葉，每隔7 d連噴2次。

控梢要掌握好分寸，過重會傷樹，太輕則達不到效果。一般只要使葉片微捲就可以了。如出現大量落葉，就說明控梢過度、嚴重缺水。出現缺水現象，立即淋水或對葉面噴水，使葉片舒展開來。

（二）促花芽分化

自1月開始，每隔10 d噴施1次1％複合肥或0.3％尿素＋0.3％磷酸二氫鉀溶液，對花芽分化很有效果。

二、疏花

對於抽穗過多的樹，可疏去一部分弱穗和帶葉穗，一般疏去總花穗數的20％為好。對於較長的花穗，可在花穗開花後至盛花前，剪去花穗的頂部，占整個花穗總量的1/4～1/3。

三、疏果

疏果一般在謝花後20～30 d、生理落果後進行。對結果過密的果穗，可在5～6月摘除小粒果、畸形果、過密果、病蟲果，以保證果穗中果粒大小較均勻，利於果粒增大，成熟期趨於一致。一般每穗留果20～40粒。疏果前補施1次含鉀水肥，對減少裂果、增加果實甜度有明顯的效果。

四、保果

果實膨大期至成熟期，要特別注意防治病蟲害、防裂果、防鳥啄食果實等。黃皮果實發育後期，若久旱遇大雨，果肉會迅速增長

膨大，而果皮無法迅速增長而被脹破造成裂果。所以結果期間，在果園安裝水帶，經常少量噴水，能有效防止裂果和落果。

第七節　病蟲害防治

一、主要病害

(一) 炭疽病

1. 症狀

葉邊緣下面形成暗褐色的近圓形斑點，上面著生不規則的小黑點，雨季迅速擴展，將小病斑連成大病斑，不久病斑即乾枯。冬季低溫和夏季乾旱均不易發生。在多雨、陰濕的天氣下發病，主要危害黃皮的果實、花穗和葉片。

2. 防治方法

發病初期，選用50％甲基硫菌靈可濕性粉劑800～1 000倍液，75％百菌清可濕性粉劑800倍液或50％多菌靈可濕性粉劑500倍液，或70％代森錳鋅可濕性粉劑800倍液進行防治。

(二) 煤煙病

1. 症狀

在葉果和枝梢表面著生一薄層黑色煤煙狀物。葉片受害後會影響光合作用，嚴重時葉片捲曲、褪綠。果實被汙染而降低或喪失商品價值。病菌借風雨傳播危害，蔭蔽潮濕環境有利於此病的發生。

2. 防治方法

加強果園管理，及時修剪，使樹冠通風透光，降低空氣濕度。及時防治蚜蟲、介殼蟲等害蟲，避免蟲害誘發煤煙病。

藥物防治：發病初期可用0.5∶1∶100的波爾多液、77％氫氧化銅可濕性粉劑500倍液或40％克菌丹400倍液噴治。

第十六章 黃　皮

（三）梢腐病

1. 症狀

主要危害枝梢，其次是葉片和果實。幼芽、幼葉容易染病，逐漸變為褐色而枯死，老葉、老梢較抗病。

2. 防治方法

出現病情，可噴70％甲基硫菌靈可濕性粉劑800～1 000倍液或40％多·硫懸浮劑400倍液。

二、主要蟲害

（一）蚜蟲

1. 危害特點

聚集新梢上刺吸汁液，使嫩梢萎縮，聚集過多或葉片轉綠後產生有翅蚜蟲飛遷，以高溫、乾燥天氣危害嚴重。枝、葉受害後，枝、葉生長不正常而誘發煤煙病。

2. 防治方法

可噴10％吡蟲啉可濕性粉劑1 500～2 000倍液或3％啶蟲脒微乳劑1 000倍液。

（二）粉蚧

1. 危害特點

該蟲常在果蒂部吸食汁液，影響果實發育，或導致落果，也容易誘發煤煙病。

2. 防治方法

可噴25％喹硫磷乳油800倍液，或10％啶蟲脒水乳劑600倍液防治。

（三）紅蜘蛛

1. 危害特點

以幼蟲、成蟲群集葉片、嫩梢、果皮上吸食汁液，引起落果、落葉。在高溫、乾旱的天氣容易發生，大雨過後，蟲口密度減少。

2. 防治方法

選用20％噠蟎靈乳油3 000倍液，或24％螺蟎酯懸浮劑3 000倍液，或1.8％阿維菌素乳油2 000倍液噴霧防治。

第八節 採 收

一、採摘時間和方法

黃皮採摘，用採果剪剪下果枝。採收的時間要根據各品種的特徵和果皮的顏色變化來進行。就近銷售鮮果和加工果汁的，可讓果實充分成熟，出現該品種的特有果皮顏色時，用剪刀將果穗剪下，此時黃皮具有獨特的甜度和芳香，深會受消費者歡迎。遠途運輸的鮮果，或用來儲藏加工成果脯的，果實的成熟度達到85％左右就可以採收了。

二、初結果樹採收

低齡結果樹由於樹體發育不夠成熟，營養生長仍很旺盛，受樹體的營養水準影響，花穗發育不健全，花的開放有先有後，導致同一穗的果成熟有先有後。為了增加效益，採用分批分次採果方法。第1、2批採收是單果採收。每天單個採摘成熟果，然後精選、分級包裝。用食品袋或用食品盒包裝，每袋或每盒500 g或250 g。第3批採收，當果穗有70％以上的果成熟時，整穗採摘。採後剪除細果、裂果、未成熟果，剪除部分果柄。然後按500 g或250 g紮成一紮銷售。採收時間宜在11:00前或16:00以後。

三、盛果期結果樹採收

黃皮結果樹進入盛果期後，樹體養分積累較多，花發育健全，開花著果較為一致，同一穗果成熟期也較為一致，同一植株的果穗

成熟期也基本一致。同一株應實行一次採收，同一園內可分若干批次進行採收，但時間不宜拖得太長，以免影響採後管理的進行。果實採摘後，就地剪除細果、青果、畸形果和部分果柄，可按 500 g 紮成一紮，整齊排放在果筐上，運送到市場銷售。

四、即採摘即銷售

黃皮果實在常溫下不易儲藏保鮮。採後不作任何處理，常溫下儲放，一般採後第 2 天開始失水，第 3 天色、香、味變差，第 4 天開始出現病害和腐爛，失去食用價值。若採後經冷卻散去田間熱，小袋包裝，低溫儲放，可保存 5～6 d。目前，黃皮儲藏保鮮技術研究滯後，因此，適合即採即銷售，減少採後爛果造成的損失。

熱帶果樹栽培技術

編　　　著	：周娜娜，王剛
發 行 人	：黃振庭
出 版 者	：崧燁文化事業有限公司
發 行 者	：崧燁文化事業有限公司
E - m a i l	：sonbookservice@gmail.com
粉 絲 頁	：https://www.facebook.com/sonbookss/
網　　　址	：https://sonbook.net/
地　　　址	：台北市中正區重慶南路一段61號8樓 8F., No.61, Sec. 1, Chongqing S. Rd., Zhongzheng Dist., Taipei City 100, Taiwan
電　　　話	：(02)2370-3310
傳　　　真	：(02)2388-1990
印　　　刷	：京峯數位服務有限公司
律 師 顧 問	：廣華律師事務所 張珮琦律師

-版權聲明

本書版權為中國農業出版社授權崧博出版事業有限公司獨家發行電子書及繁體書繁體字版。若有其他相關權利及授權需求請與本公司聯繫。

未經書面許可，不得複製、發行。

定　　　價：650元
發行日期：2024年09月第一版
◎本書以POD印製

國家圖書館出版品預行編目資料

熱帶果樹栽培技術 / 周娜娜，王剛編著 . -- 第一版 . -- 臺北市：崧燁文化事業有限公司 , 2024.09
面；　公分
POD版
1.CST: 果樹類 2.CST: 栽培
435.3　　113013421

電子書購買

爽讀APP　　臉書